岩溶区交通基础设施建设技术丛书
国家自然科学基金项目(No.41672290)

BEARING MECHANISM

AND THEORIETIC APPROACH FOR
LARGE STEP-TAPERED HOLLOW PILE IN KARST AREA

岩溶区超大直径变截面空心桩承载机理与计算方法

黄明　江松　上官兴　王元清　熊军　著

人民交通出版社股份有限公司
北京

内 容 提 要

本书以岩溶区桥梁桩基的建造关键技术为背景,系统介绍了超大直径波纹钢混凝土围堰挖孔变截面空心桩的理论设计方法、现场施工关键技术相关研究成果,以期为推动我国岩溶区桩基工程建造技术的发展提供参考。全书共分6章,主要内容包括绪论、超大直径阶梯形变截面空心桩竖向承载透明土试验、超大直径阶梯形变截面空心桩破坏性缩尺模型试验、超大直径阶梯形变截面空心桩的荷载传递机理与理论模型、超大直径阶梯形变截面空心桩沉降计算方法、超大直径阶梯形变截面空心桩工程应用等。本书结合实际案例,内容偏向于基本问题的理论分析及实用计算,可供基础工程及岩溶灾害防治领域从事管理、设计、施工、科研相关工作的技术人员参考,也可作为高等院校相关专业师生的学习用书。

图书在版编目(CIP)数据

岩溶区超大直径变截面空心桩承载机理与计算方法 / 黄明等著. — 北京 : 人民交通出版社股份有限公司, 2021.5

ISBN 978-7-114-17299-1

Ⅰ.①岩… Ⅱ.①黄… Ⅲ.①岩溶区—桩基础—桩承载力—研究 Ⅳ.①TU473.1

中国版本图书馆 CIP 数据核字(2021)第 090440 号

Yanrongqu Chaoda Zhijing Bianjiemian Kongxinzhuang Chengzai Jili yu Jisuan Fangfa

书　　名: 岩溶区超大直径变截面空心桩承载机理与计算方法
著 作 者: 黄　明　江　松　上官兴　王元清　熊　军
责任编辑: 李　坤
责任校对: 孙国靖　龙　雪
责任印制: 张　凯
出版发行: 人民交通出版社股份有限公司
地　　址: (100011)北京市朝阳区安定门外外馆斜街3号
网　　址: http://www.ccpcl.com.cn
销售电话: (010)59757973
总 经 销: 人民交通出版社股份有限公司发行部
经　　销: 各地新华书店
印　　刷: 北京虎彩文化传播有限公司
开　　本: 787×1092　1/16
印　　张: 14.75
字　　数: 350千
版　　次: 2021年5月　第1版
印　　次: 2021年5月　第1次印刷
书　　号: ISBN 978-7-114-17299-1
定　　价: 70.00元

编写委员会

主 任 委 员：黄 明 王元清

副主任委员：上官兴 熊 军 江 松

编 委（排名不分先后）：

简文彬 方 焘 胡文韬 范军琳 赵 斌
詹刚毅 王来永 钟栋材 喻文杰 邹 华
冯 龙 罗才松 耿大新 陈福全 张和平
李茂文 薛 飞 毛勤平 江 炜 姜宝峰
张旭东 唐达昆 张开顺 乔红彦 王碧军
钟 秋 张光武 胡家玲 罗 勇 刘新荣
钟祖良 邓尚强 唐 俊 管 强 杜 钊
付俊杰 程 山 张冰淇 许德祥 黄治璟
唐 克 邹福林 刘明辉

主 编 单 位：福州大学
中铁十一局集团有限公司
中铁十一局集团第五工程有限公司

参 编 单 位：华东交通大学
交通运输部公路科学研究院
中铁上海设计院集团有限公司
福建工程学院
中铁二十四局集团西南建设有限公司
江西省交通投资集团有限责任公司

前言

随着我国交通基础建设事业的迅速发展,岩溶问题已成为工程建设过程中面临的重大难题。在岩溶地区进行桥梁选线时,难免遇到下覆溶洞,给桥梁桩基的设计与施工带来较大困难,建设过程中溶洞坍塌事故时有发生,不但延误工期导致经济损失,甚至造成人员伤亡。溶洞地层中桥桩基础的施工,传统的方法主要为挖填、跨越、灌浆以及钢护筒护壁灌注成桩,在钻进过程中极易发生泥浆漏失、钻孔坍塌、钻头卡钻等问题。近年来,众多学者围绕溶洞影响下桩基的承载性能、失效特征或桩端下伏溶洞稳定性等方面开展了大量的工作,产生出一系列研究成果,但考虑到溶洞发育形态的无规律性,桩基与溶洞一旦发生相互影响就会使问题变得更为复杂,因此岩溶地区的桩基建设仍然是工程界的长期性难题。

以上官兴教授为首的科研团队另辟蹊径,转变传统岩溶地区桩基设计思路,从发掘溶洞上覆土层的承载潜能的角度出发,提出了一种新型超大直径阶梯形变截面空心桩,充分利用上覆土层的承载能力,以桩端不进入岩溶地层的方式来减小对下伏溶洞的扰动,施工过程中避免了桩身强行穿越溶洞诱发的各类病害,有效地解决了复杂岩溶地区桥梁桩基的建设问题。该新桩型已有多个成功应用的工程案例,目前正着手在全国范围内推广应用,考虑到该桩基与传统桩型有较大区别,桩基承载性能研究也滞后于实践,急需完善该类新型桩基的承载理论系统与技术体系。

本书总结了近年来作者针对岩溶区超大直径阶梯形变截面空心桩的相关研究成果。在国家自然科学基金(No. 41672290)和福建省自然科学基金(No. 2016J01189)等大力支持下,系统深入地研究了复杂溶洞地层中超大直径阶梯形变截面空心桩的承载性能及稳定性问题,给出了较为系统的设计计算理论与施工方法。作者对复杂溶洞地层中超大直径阶梯形变截面空心桩的承载性能及稳定性的相关研究成果进行总结整理,希望可以进一步完善超大直径阶梯形变截面空心桩在设计理论上的不足,为实际工程中该类桩型的设计及施工提供理论依据,进而推动我国岩溶地区桩基工程建设更快更好地发展。

本书共6章:第1章介绍岩溶桩基概况及现阶段面临的问题;第2、3章分别介绍了超大直径阶梯形变截面空心桩的承载性状及破坏模式的试验研究;第4章介绍了超大直径阶梯形变截面空心桩的荷载传递机理与理论模型;第5章介绍了超大直径阶梯形变截面空心桩的沉降计算方法;第 6 章介绍了超大直径阶梯形变截面空心桩的桩型及建造方法。

岩溶桩基的研究处于快速发展之中,作者对于一些理论与实际问题的认识难免存在局限,恳请读者批评指正。

黄明　等

2020 年 12 月

目录

第1章 绪论

本章主要介绍岩溶区超大直径阶梯形变截面空心桩的背景知识,包括该桩型的产生背景以及发展历程,有助于读者全面了解岩溶区超大直径阶梯形变截面空心桩的基本情况。

1.1 岩溶桩基概况

近年来,随着我国经济的飞速发展,铁路与公路的建设规模日益庞大,桩基础的建设与日俱增,桥梁桩基选址和建设时不可避免会遇到溶洞地层。溶洞的存在给工程安全带来了极大的不确定性,加之影响岩溶发育的因素比较复杂,溶洞的大小相差悬殊,形状千变万化,其断面形态极不规则,这些都给岩溶地区的桩基设计带来了很大的困难。岩溶区基桩极限承载性能研究一直是基桩设计计算领域的核心问题,赵明华和曹文贵及其科研团队针对桩端岩溶顶板稳定性问题进行了大量而卓有成效的研究工作(赵明华 等,2013;曹文贵 等,2013;刘晓明 等,2014;邹新军 等,2013)。更有学者针对桩基穿过串珠状溶洞后形成的桩—洞相互作用开展研究(邹新军 等,2013),但由于研究中采用简单的理想弹塑性模型,计算结果与实际有一定的出入。针对岩溶桩基承载性能(金书滨 等,2005)也开展了许多现场试验,考虑到岩溶的隐蔽性及不确定性且现场实测难度大、耗费高,许多学者尝试通过室内简化模型试验针对桩基传力性状、溶洞顶板的破坏和破坏模式等进行了直接观测(李传宝 等,2014)。有限元法可模拟复杂的边界,长期以来都是研究岩溶地基承载力的重要方法(邹新军 等,2013;Hsieh et al,1992),但由于岩溶区桥梁桩基受力的复杂性,而且实施过程较为困难,其工程应用受到一定限制。

以往岩溶地区桩基问题研究大部分集中于溶洞对传统桩基的承载性能的影响或桩端下伏溶洞稳定性方面,涉及最多的是桩端溶洞顶板安全厚度的问题,通过改变桩型发挥上覆土层承载性能方面的研究,目前也逐渐增多(褚东升 等,2014;陈光林,2013)。为减小桩端应力扩散,充分发挥上部土层承载而发明的变截面桩类型也逐渐增多,试验研究及数值理论分析集中于挤扩支盘桩(巨玉文 等,2013)和楔形桩(Manandhar et al,2013;Naggar et al,2008;Kodikara et al,2006;Sakr et al,2007)。对于阶梯形变截面桩,希腊工程技术人员最早对长42m、ϕ1.5m的灌注桩从地面以下3m内扩径至3m,静载荷试验和数值模拟表明扩大桩径能够显著提高竖向极限承载力并减小桩身位移,后来科威特大学Nabil FIsmael (2010)通过试验说明变截面桩身上部结构横截面的扩大,使桩的水平承载力增加而变形减小。针对阶梯形变截面桩的研究与应用,我国在20世纪80年代才开始,主要开展桩身结构的承载性能分析且模型也过于简单,并没有更多地集中到桩—土相互作用及地基稳定性研究上(李飞 等,2015)。近年来,由变截面桩拓展形成钉形水泥土搅拌桩在软土地基处理中得到了广泛应用(刘松玉 等,2009)。变阶阻的存在将对桩端端阻产生较大影响,因此变截面管桩比等截面管桩更能够发挥桩身的承载潜能(杨庆光 等,2015)。与变阶处荷载传递特性有一定相似的承台—桩—土体系的相互作用关系分析表明,承台下土体的承载作用较为显著,能有效分担上部荷载(雷金波 等,2010)。方焘 等(2012)利用自行研发的试验装置进行了阶梯形变截面小模型桩的试验研究,认为“桩顶荷载首先并主要通过变截面处以上桩身传递,变径比超过最佳变径比时,变径比越大桩的沉降也越大”。这一研究成果为开展超大变径桩承载机理的进一步研究提供了参考。考虑到超大变径桩刚度大兼具了墩式基础的特性,而桩身多次变阶又使其具备带台桩的一些特性,因此不同条件下其破坏特征极为复杂,其潜在破坏模式并非单一,需要通过试验或数值分析等手段进行深入剖析。基于荷载传递法构建超大变径桩计算模型,其核心内容是确定合理的桩侧、变阶及桩端的荷载传递函数。基于荷载传递法(Seed et al,1957)提出的经典模型有线弹性全塑性模型(佐藤悟,1965)、双曲线函数模型(Vijayvergiya,1977)、指数函数模型(Kezdi,1957)和抛物线函数模型(Gardner,2015)、抛物线—折线模型(Zhang et al,2014)、指数—折线模型(符勇 等,2011)和软化指数函数模型(Zhang et al,2012)等。土与结构接触面的剪切试验表明(Alonso et al,1984),在试验加载的初始阶段,随着剪应力的增大,土与刚性结构的相对位移变化较小,文献(赵明华 等,2013)提出以塑性摩擦片和非线性弹簧的并联组合元件模拟桩侧土体的侧摩阻力。刘齐健 等(2006)基于扰动状态概念,提出了桩基荷载传递函数模型及参数的辨识方法,与其他建模方法相比该传递函数具有鲜明的理论基础,而且借鉴扰动状态理论在细观演化过程分析上的优越性,较好地描述了桩—土界面在多因素耦合状态下的扰动特征。

大量的观测结果表明基桩的承载性状具有显著的时效性,且引起桩基承载性能时效性的因素也较为复杂,采用简单的传递函数法作为理论推导往往无法真实反映桩土体系的作用机制(徐兆邦 等,2014),因此若将时间效应系数加入传统的荷载传递函数中,则可描述桩侧和桩端阻力随时间的变化(黄雨 等,2006),或在传统双曲线模型中考虑桩土界面初始抗剪刚度随地基的固结增长(陈仁朋 等,2007)。以荷载传递法和剪切位移法为基础将土层分为多层并考虑为 n 个广义 Voigt 模型体串联构成,便可将时间的概念引入到单桩的沉降计算中(Wu et al,2012)。基于此并结合行波分解的波动分析程序,考虑桩侧土的非线弹性和阻尼作用(Li et al,2015),将阻力表示为位移和速度的函数来分析单桩沉降的时效性,充分体现了桩侧土体非线性黏弹塑性特征,但也仅从宏观极限位移判断桩侧土满足 M-C 准则来进行侧阻力计算,事实上,从细观角度对桩—土界面及区域内土体进行分析可知,在荷载作用下,受力体中仅部分单元处于扰动状态概念中破坏后的完全调整状态,而另一部分仍处于错动前的相对完整状态(刘齐建 等,2006),随着时间的变化两部分体积不断调整来满足变形协调与共同承载。

本书提出的一种新型超大直径阶梯形变截面空心桩,吸收了补偿基础、摩擦群桩和墩式基础的优点,充分利用上覆土层的承载能力,以桩端不进入溶洞的方式来减小对下伏溶洞的扰动,在初勘获得溶洞埋深后便无需继续进行下伏串珠状溶洞的详勘,施工过程中避免了桩身强行穿越溶洞诱发的各类病害,有效地解决了复杂岩溶地区桥梁桩基的建设问题。新型超大直径阶梯形变截面空心桩在岩溶区的应用存在诸多问题亟待解决,基于此,本书系统地研究了该类桩基的承载机理和破坏模式,提出了该类桩基的受力与变形计算理论,为制定该类新型桩基的设计标准与技术应用指南提供有力支撑。

1.2 超大直径阶梯形变截面桩的技术现状

1.2.1 大直径桥梁桩基的发展历程

桩基础是一种最古老的基础形式,早在汉朝时期,木桩技术就已运用于桥梁建设之中(李合群,2017)。随着现代社会交通基础建设事业的迅速发展,愈加复杂的地质条件、不断增大的桥梁跨径以及不断提高的桥梁运载需求均对桥梁桩基的承载能力提出了更高要求。在这样的背景下,除了引进轻质高强的建设材料,桥梁桩基也逐渐向大直径长桩方向发展。相较于小直径桩而言,大直径桩具有明显的优势,除了具有更高的承载性能外,还具备了较高的结构抗震、抗风及抵御冲击能力;施工中可有效地减少水中作业及承台工作量,在提高工程安全可靠性、加快工程进度的同时,大大降低工程造价。以广东九江大桥(2×160m 独塔斜拉桥)为例,其主跨基础采用变截面钻孔灌注桩高桩承台结构,表 1-1 对比了其采用不同桩径方案时的混凝土用量情况。由表可见,在满足工程要求的前提下,大直径桩的材料用量更小。在早期的定义中,将桩径 0.8m 以上的桩统一称为大直径桩,但随着桩基的发展,大直径桩的定义也有所改变。在桥梁工程中,我国现将直径 2.5m 以上的桩基定义为大直径桩(孔祥金 等,2000),将直径超过 4m 的大直径桩称为超大直径桩(李建良,2019)。

广东九江大桥主墩基础灌注桩设计方案比较 表 1-1

桩径(m)	桩数(根)	桩身混凝土(m^3)	承台混凝土(m^3)	基础混凝土(m^3)
3.0	63	6234	4250	10484
3.5	32	5634	3850	9484
4.0	18	4873	3200	8073

大直径桩在工程中的应用最早可追溯至 19 世纪末。为适应城市建筑发展给桩基承载性能及传统打桩技术带来的更高挑战,借鉴传统的掘井技术,美国研发了人工挖孔灌注桩,并将其应用于建筑和水利等基础工程中。至 20 世纪 40 年代,随着大功率钻孔机械的研发,钻孔灌注桩在美国成功问世,而后,委内瑞拉首次将旋转钻浇筑大直径混凝土桩应用于马拉开波法大桥基础工程中。至此,大直径桩在日本、英国及至世界范围各大桥梁基础工程中得到广泛发展及应用。我国自 20 世纪 60 年代初在河南采用人工冲击钻或回转钻成孔的混凝土灌注桩在桥梁桩基工程中应用,直至我国大型机械钻机问世,桥基钻孔直径才有逐渐加大的趋势。近年来,随着我国施工机械及理论研究的快速发展,桥梁桩基越做越大,已然成为现代桥梁桩基的发展趋势。表 1-2 列举了国内部分公路大桥采用 3m 以上直径桩基的情况。由表可以看出,目前国内公路桥梁桩基工程中,采用直径大于 3m 的大直径桩的情况已极为普遍。

国内部分公路大桥采用大直径桩的情况　　表 1-2

桩径(m)	桥　名
3.0	湖南石龟山大桥、黄石长江大桥、珠海横琴大桥、益阳资江大桥、江汉四桥、广州鹤洞大桥、芜湖公铁长江大桥、南京长江二桥、江苏江阴大桥、江苏苏通大桥、广东番禺大桥等
3.5	湘潭湘江二桥、湖南沅陵大桥等
4.0	铜陵长江大桥、南昌新八一大桥、湖南石龟山大桥等
4.5	福平高铁平潭海峡公铁两用大桥
5.0	湖南张家界鹭鸶湾大桥、江西湖口大桥等
10 以上	吉安深圳大桥

桩径增大使得桩身自重占桩基础的承载比重也随之增大，对于工程的经济效益而言显然不利。在这种情况下，相较于寻找一种轻质高强的桩基建设材料，通过优化桩身结构设计似乎是一种更为有效的手段。江松 等(2020)利用 FLAC 3D 软件对比了两个具有同样外形而分别采用空心与实心设计的超大直径阶梯形变截面桩的承载性能，结果表明：对于大直径桩而言，采用空心设计可有效消除由于桩径增大而带来的桩身自重增大的弊端，从而进一步提高了桩的承载能力。我国桥梁桩基采用空心桩结构最早可追溯到 20 世纪 50 年代，在苏联专家的指导下武汉长江大桥工程中建造了 $\phi(40\sim55)$cm 管桩以及 $\phi1.5$m 管柱基础。但受限于当时施工技术、设备等原因，早期空心桩施工并不顺利，直至 20 世纪 80 年代末，交通部(现交通运输部)“七五”计划将其列入重点科研项目，空心桩才逐渐得到重视。在交通部公路科研所(现交通运输部公路科学研究院)与河南公路局(现河南省交通运输厅公路管理局)的共同努力下，在 1988—1991 年之间，分别于洛阳伊河大桥、党湾涧河大桥分两个阶段试验，共完成了 10 余根 $\phi1.5$m 的预应力钻埋空心桩，并于 1992 年 5 月最终通过交通部(现交通运输部)的鉴定。近年来，随着我国桥梁桩基工程施工设备及技术的迅速发展，桩径越来越大的大直径空心桩已在我国乃至世界范围内得到了广泛的应用与发展。

1.2.2　无承台变截面大直径桩的提出

作为空心桩、大直径桩、无承台设计以及变截面设计等多项技术的集大成者，无承台变截面大直径桩以其承载性能与经济效益方面的优势，先后被成功应用于广东九江大桥、湖南湘潭湘江二桥、益阳资江二桥等桥梁桩基工程中。1985 年广东九江大桥在国内首次实行“桥梁工程项目总承包”招标，最终选择了 2×160m 独塔斜拉桥和 21×50m 顶推连续梁方案。为降低工程造价，在斜拉桥主墩基础建造时弃用了双壁钢围堰内加钻孔桩的常规方法，在水深 16m 情况下大胆推出高桩承台新结构，主墩设计为 24 根 $\phi2.5$m 钻孔灌注桩，施工中采用 1600kN 振动锤施打 $\phi3$m 钢护筒入土深 14m，由此冲刷后仍有 8m 的细砂覆盖层，此时考虑钢护筒的作用则 18 根 $\phi3/\phi2.5$m 桩与 24 根 $\phi2.5$m 桩的水平力承载力相当；由于桩尖嵌岩段只有垂直支承力没有弯矩，在充分发挥桩端花岗岩强度高(140MPa)的特点，又可将 $\phi2.5$m 嵌岩桩径缩小到 $\phi2$m，由此形成了一根 $\phi3/\phi2.5/\phi2$m 的变截面、大直径钻孔灌注桩。这种新的设计理念的应用为主墩基础总共减少了 6 根长桩，合计节省成本达 120 万元。

桩基变截面方案设计的难点在于现有的设计、施工规范中均没有涉及该类桩型的内力计算方法，没有如实考虑钢护筒作用而导致长期以来设计验算失效。广东九江大桥通航孔主墩基础 18 根变截面大直径桩,通过湖南省交通规划勘察设计院有限公司的精心设计和湖南路桥建设集团有限公司一分公司(简称"湖南路桥一公司")的精心施工,仅用 5 个月时间就胜利完成,开创了国内深水高桩承台桩利用钢护筒形成变截面桩的先河。九江大桥北岸 340m(6 × 50m + 40m)顶推连续梁施工中,有 6 个桥墩在水中,施工困难,并且工期紧迫,按原设计施工无法按期完成。1997 年初,在上官兴教授的倡议下,广东省公路勘察规划设计院(现广东省公路勘察规划设计院股份有限公司)将有承台的 6 根 ϕ1.5m 钻孔桩改为 2 根 ϕ3/ϕ2.5/ϕ2m 无承台变截面双桩双柱墩。由于取消了承台,给施工带来极大的方便,湖南路桥一公司仅用 3 个月时间就完成 12 根变截面桩的施工任务,充分显示了无承台的优越性,这是国内首例 50m 桥墩无承台桩基。随后湖南省在 1988—1992 年间有十多座大桥,施工单位都强烈要求将小直径群桩基础改为无承台变截面桩。湖南省交通规划勘察设计院(现湖南省交通规划勘察设计院有限公司)赵国强及时将湘潭湘江二桥水中 12 个桥墩全面修改为无承台变截面大直径桩,在中国钻孔桩发展史中写出了光辉的篇章。湘潭湘江二桥(90m 跨,20m 宽)成功实施的无承台变截面大直径桩在 1992 年武汉召开的第十次全国桥梁会议上,被专家誉为"中国钻孔灌注桩发展的里程碑"。在它的推动下,安徽铜陵长江大桥及时修改设计,又创钻孔桩径(ϕ4.6/ϕ4/ϕ2.8m)新纪录(蒋伟,2008)。2003 年苏通长江大桥 1088m 斜拉桥主墩设计中,正式采用变截面桩(ϕ2.8/ϕ2.5m)。苏通大桥变截面桩的成功实施,标志着我国桩基技术发展到一个新的高度。

1993 年,湖南省针对大跨径桥梁工况,将无承台变截面大直径桩技术进一步优化,形成了最终的无承台大直径变截面空心桩技术,并在哑巴渡等 8 座大桥工程得到成功应用。经过 20 多年的发展,无承台大直径变截面空心桩技术已愈加成熟,并成功应用于众多桥桩工程,同时为适应不同工程中所出现的各类工况巧妙地进行了桩型优化,发展出了更加符合特定工程的桩型,其中超大直径阶梯形变截面空心桩无疑是该项技术应用于处置岩溶地层工况的一大里程碑式的作品。

1.3 岩溶区超大直径阶梯形变截面空心桩技术

1.3.1 新型桩基础的产生

对于桥基下伏溶洞的情况,目前主要采用挖填、跨越、灌浆及钢护筒护壁灌注桩等措施。但是,施工钻进过程中容易发生泥浆漏失、钻孔坍塌、钻头卡住等一系列问题,特别是遇到图 1-1 所示的复杂溶洞地层,仍然采用这种灌注桩方式显然不合理。考虑到溶洞复杂多变,尽管目前研究硕果累累,但并没有从根本上解决岩溶地区桩基问题。因此,需要转换思路,解决根本问题。

考虑到覆盖型岩溶上覆土层通常具有一定厚度,假如桩基上部荷载能够由上覆土层完全传递,则将大大减小下伏串珠状溶洞对工程的危害,因此,若改变传统理念对桩型进行优化设计,充分利用上覆盖土层进行传力,规避下伏溶洞的影响,不但能够节约建设成本,在工期控制上也具有显著成效。本书提出的一种新型超大直径阶梯形变截面空心桩(图 1-2、图 1-3),吸收了补偿基础、摩擦群桩和墩式基础的优点,针对具有一定覆盖层厚度的岩溶地区中小跨径桥梁桩基,充分利用了上覆土层的承载能力,桩底采用不入岩以减小对下伏溶洞的扰动,在初勘获得溶洞埋深后便无需继续进行下伏串珠状溶洞的详勘,施工过程中避免了桩身强行穿越溶洞诱发的各类病害,可以解决复杂岩溶地区桥梁桩基的建设问题。

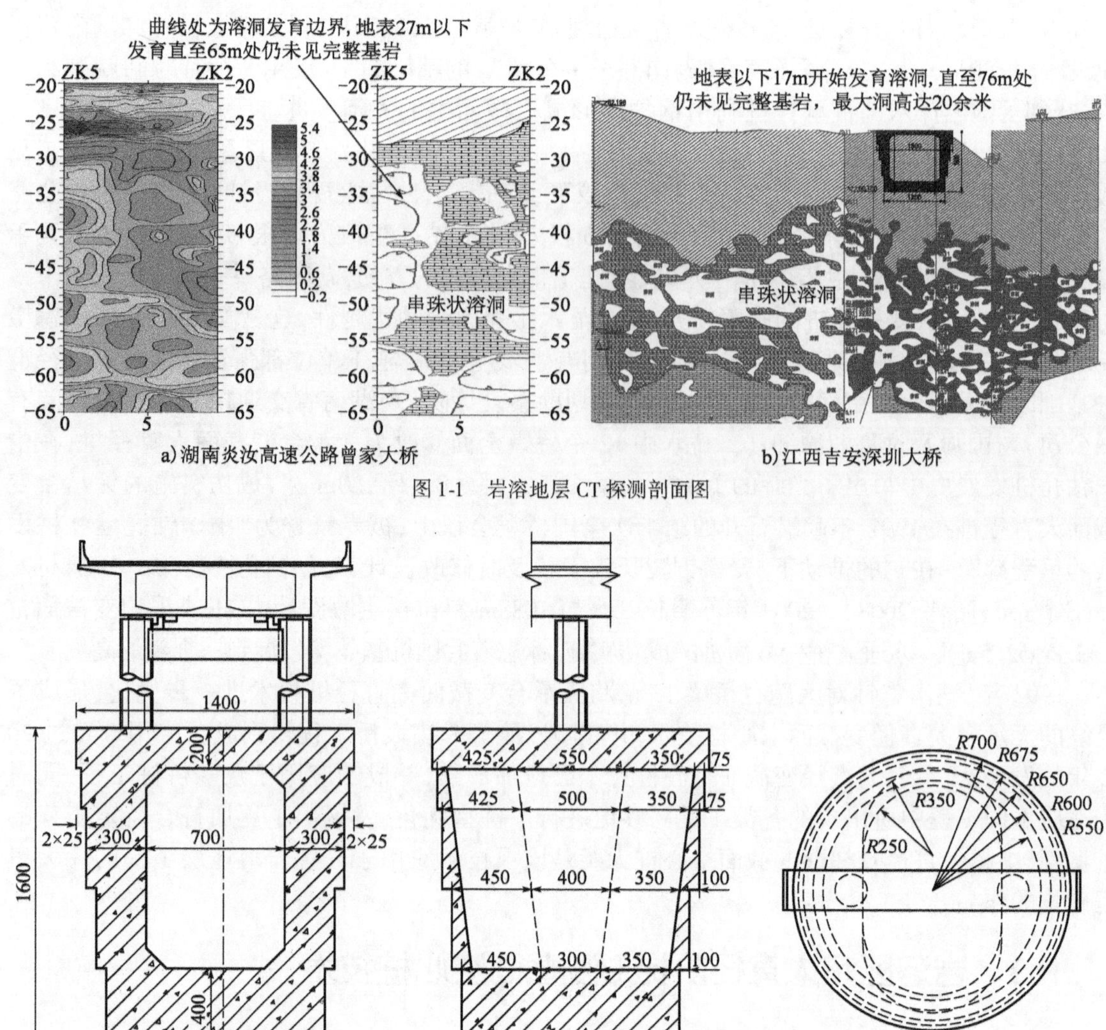

图 1-1　岩溶地层 CT 探测剖面图

图 1-2　ϕ14m 两墩柱超大直径阶梯形变截面空心桩结构布置图(尺寸单位:cm)

超大直径阶梯形变截面空心桩技术首次应用于2013年开建的江西吉安深圳大桥，该桥是一座跨三条铁道的城市立交桥。其中，井吉铁路基础下方是岩溶发育地区，地表以下17m开始发育溶洞，直至76m处仍未见完整基岩，最大洞高达20余米。原L1桥墩下方80余米深度范围存在一系列串珠式溶洞，且未见厚度4m及以上的完整基岩。部分桩开钻后，出现溶洞漏水、塌孔等现象，严重危及铁路安全，被迫停工。针对以上难题，上海市政工程设计研究总院向桥梁专家上官兴教授寻求解决办法。经多方讨论决定采用ϕ14m超大直径阶梯形变截面空心桩方案，在右幅三个桥墩基础完成了ϕ14m超大直径阶梯形变截面空心桩的施工。对于左幅桥，考虑到原方案中两个ϕ14m桩横向距离太近，拟订新方案将左幅L1桥墩移动至右幅R2和R3桥墩之间，并改用ϕ15m超大直径阶梯形变截面空心桩方案，工程得到迅速推进。施工情况如图1-4所示。

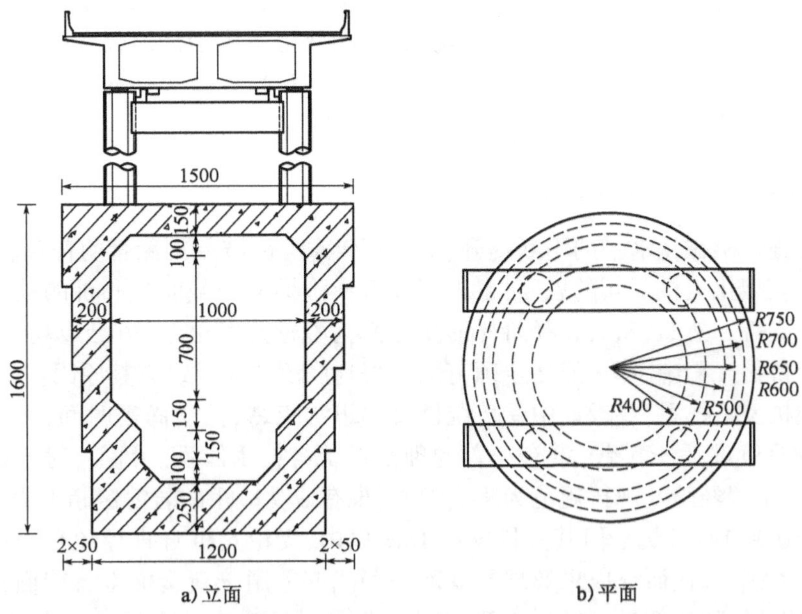

图1-3　ϕ15m四墩柱超大直径阶梯形变截面空心桩结构布置图（尺寸单位：cm）

图1-4　江西吉安深圳特大桥超大直径阶梯形变截面空心桩现场施工

相较于以往出现的无承台大直径桩,变截面空心桩桩型进行了较大的改变,其桩长更短,桩底采用不入岩的方式来减小对下伏溶洞的扰动,在初勘获得溶洞埋深后便无须继续进行下伏串珠状溶洞的详勘,施工过程中规避了桩身强行穿越溶洞诱发的各类病害;其直径更大,使其对于上覆土层的承载能力的利用更加充分,承载性能更加突出。

1.3.2 现阶段面临的问题

随着我国施工机械化水平的不断提升,加之近年来公路波纹钢涵管的普及和推广,为挖孔桩护壁结构的轻型化提供了新的思路,也为超大直径阶梯形变截面空心桩的推广提供了较好的技术及设备支持。然而,超大直径阶梯形变截面空心桩开发至今,虽已成功应用于江西、湖南等地的部分桥桩工程中,却未能在全国范围内得到广泛的应用。究其原因:一方面是工程技术人员对该类桩型不熟悉,在设计中受传统桩型的思维束缚,接受尚需时间;另一方面是该类桩型理论研究远远滞后于实践,没有完善的理论系统与技术体系。目前,对于该类桩型的设计、施工主要以工程经验及现行规范为主。然而,现有成功应用的岩溶区超大直径阶梯形变截面空心桩直径达到 14m 以上,但其桩长仅在 16m 以内,无论是桩身直径还是长径比均与传统桩型有着较大差别,以往研究成果及现行规范是否能够适用于新型桩也有待商榷。目前对于大直径桩、变截面桩的研究虽已较为成熟,然而现阶段的研究对象主要针对直径 4m 以下的传统大直径桩,而对于直径超过 10m 以上的超大直径桩的研究极少,仅存在少数施工技术及工程应用概况的介绍(张忠苗,2007;陈祥福 等,2011),而对其承载特性和桩身荷载传递机理等研究明显不足。为了更为有效地推广岩溶地区新型桩基的应用,迫切需要对岩溶区超大变截面空心桩的受力性状及承载性能开展研究,由此建立完善的理论计算方法与技术体系,为该类桩基的适用性判别、设计计算与施工优化提供可靠的参考。

本章参考文献

曹文贵,李媛,翟友成,2013. 基于 Info-Gap 理论的基桩下伏岩溶顶板稳定性的主动分析方法[J]. 岩石力学与工程学报(2):393-400.

褚东升,杨云安,宋瑞斌,2014. ϕ15m 超大直径空心桩在复杂岩溶地层中的应用[J]. 水运工程(2):180-184.

陈光林,2013. 超大直径波纹钢空心桩的开发研究[D]. 南昌:华东交通大学.

陈仁朋,周万欢,曹卫平,等,2007. 改进的桩土界面荷载传递双曲线模型及其在单桩负摩阻力时间效应研究中的应用[J]. 岩土工程学报,29(6):824-830.

陈祥福,徐至钧,2011. 变刚度群桩设计原理与工程应用[M]. 北京:科学出版社:266.

陈亚东,陈思,于艳,等,2015. 带承台单桩工作机理模型试验及三维离散元数值模拟[J]. 土木工程学报(S2):185-190.

符勇,曹吉鸣,楼晓明,等,2011. 桩周土性对单桩承载性状影响的模拟研究[J]. 岩土工程学报(S1):503-509.

方焘,刘新荣,耿大新,等,2012. 大直径变径桩竖向承载特性模型试验研究(Ⅰ)[J]. 岩土力学,33(10):2947-2952.

黄雨,叶为民,唐益群,等,2006. 打入桩荷载—沉降性状的时间效应分析[J]. 岩石力学与工程学报,25(8):1710-1713.

金书滨,黄生根,常仲昆,2005.岩溶地区桩基承载性能试验研究[J].中国岩溶(2):147-151.

巨玉文,梁仁旺,白晓红,等,2013.挤扩支盘桩中支盘破坏形态的试验研究[J].工程力学(5):188-194.

蒋伟,2008.钻孔桩 σ-y 沉降曲线计算法及在工程中的应用[D].南昌:华东交通大学.

孔祥金,任永利,2000.大直径桩的现状与远景[J].工程力学,3(A03):423-427.

李合群,2017.中国古代夯土城墙基础加固技术[J].北方文物(4):36-41.

李传宝,程谦恭,梁鑫,等,2014.采空巷道上方高速铁路桩板路基模型试验研究[J].岩土力学(11):3101-3110.

李飞,孙太亮,张砚梅,2015.变截面桩基础的数学实验选型研究[J].合肥工业大学学报(自然科学版),38(10):1387-1391.

李建良,2019.超大直径人工挖孔灌注桩的温度裂缝控制研究[D].广州:广州大学.

刘齐建,杨林德,2006.桩基荷载传递函数扰动状态模型及应用[J].同济大学学报(自然科学版),34(2):165-169.

刘松玉,朱志铎,席培胜,等,2009.钉形搅拌桩与常规搅拌桩加固软土地基的对比研究[J].岩土工程学报(7):1059-1068.

刘忠昌,单明,王述红,等,2009.黏性土地基混凝土墩式基础工作机理试验研究[J].混凝土(2):42-44.

刘晓明,何青相,赵明华,2014.岩溶地基上桥梁桩基设计优化方法研究与实例[J].中南大学学报(自然科学版)(5):1653-1658.

雷金波,陈从新,2010.基于双曲线模型的带帽刚性桩复合地基荷载传递机制研究[J].岩土力学,31(11):3385-3391.

林春金,张乾青,梁发云,等,2014.考虑桩—土体系渐进破坏的单桩承载特性研究[J].岩土力学(4):1131-1140.

任美锷,刘振中,1983.岩溶学概论[M].北京:商务印书馆:331.

徐兆邦,周健,李素华,2014.城市桥梁基桩承载性能时间效应试验研究[J].岩土力学(S1):227-232.

杨庆光,田捷,刘杰,2015.阶梯形变截面管桩沉桩阻力计算方法与模型试验研究[J].工业建筑(11):104-110.

张忠苗,2007.桩基工程[M].北京:中国建筑工业出版社:542.

赵明华,刘苏,尹平保,等,2013.考虑桩土界面初始临界摩阻力影响的基桩沉降计算方法[J].中南大学学报(自然科学版)(8):3425-3431.

邹新军,唐国东,赵明华,2013.串珠状岩溶区桩基沉降计算与稳定分析[J].建筑结构(13):95-98.

佐藤悟,1965.基桩承载力机理[J].土工技术(20):1-5.

Alonso E E,Josa A,Ledesma A,1984. Negative skin friction on piles: a simplified analysis and prediction procedure[J]. Geotechnique,34(3):341-357.

Conte E, Troncone A, Vene M, 2015. Behaviour of flexible piles subjected to inclined loads[J]. Computers & Geotechnics, 69:199-209.

Faizi K, Armaghani D J, Sohaei H, et al., 2015. Deformation model of sand around short piles under pullout test[J]. Measurement, 63:110-119.

Ismael N F, 2010. Behavior of Step Tapered Bored Piles in Sand under Static Lateral Loading[J]. Journal of Geotechnical & Geoenvironmental Engineering, 136(5):669-676.

Gardner W S. Consideration in the design of drilled piers[M]. Design, Construction and Performance of Deep foundation, 1975.

Hsieh C W, Wang M C, 1992. Bearing capacity determination method for strip surface footings underlain by voids[J]. Transportation Rearch Record, 1336:90-95.

Jiang S, Huang M, Fang T, et al., 2020. A new large step-tapered hollow pile and its bearing capacity[J]. Proceedings of the Institution of Civil Engineers-Geotechnical Engineering, 173(3): 191-206.

Kezdi A. The bearing capacity of piles and pile group[C]. Proceedings of 4th International Conference on Soil Mechanics and Foundation Engineering, London, 1957:46-51.

Naggar M E, Elkasabgy M, Khan M, 2008. Compression testing and analysis of drilled concrete tapered piles in cohesive-frictional soil[J]. Canadian Geotechnical Journal, 45(3): 377-392.

Kodikara J, Kong K H, Haque A, 2006. Numerical evaluation of side resistance of tapered piles in mudstone[J]. Géotechnique, 56(7):505-510.

Li Z Y, Wang K H, Lv S H, et al., 2015. A new approach for time effect analysis in the settlement of single pile in nonlinear viscoelastic soil deposits[J]. Zhejiang Univ-Sci A(Appl Phys & Eng), 16(8):630-643.

Manandhar S, Yasufuku N, 2013. Vertical bearing capacity of tapered piles in sands using cavity expansion theory[J]. Soils and Foundations, 53(6):853-867.

Zhang Q, Li S, Li L, 2014. Field Study on the Behavior of Destructive and Non-Destructive Piles Under Compression[J]. Marine Georesources & Geotechnology, 32(1):18-37.

Sakr M, Naggar M H E, Nehdi M, 2007. Wave equation analyses of tapered FRP-concrete piles in dense sand[J]. Soil Dynamics & Earthquake Engineering, 27(2):166-182.

Seed H B, Reese L C, 1957. The action of soft clay along friction piles[J]. Transactions, ASCE, 122: 731-754.

Gardner W S, 2015. Design of Drilled Piers in the Atlantic Piedmont[C]//Foundations and Excavations in Decomposed Rock of the Piedmont Province: ASCE.

Vijayvergiya V N, 1977. Load-movement characteristics of piles[J]. Coastal and Ocean Division, American Society Civil Engineering(2):269-284.

White W B, 2002. Karst hydrology: recent developments and open questions[J]. Engineering Geology, 65(2):85-105.

Wu W B, Wang K H, Zhang Z Q, et al., 2012. A new approach for time effect analysis of settlement for single pile based on virtual soil-pile model[J]. Journal of Central South University, 19(9): 2656-2662.

Zhang Q, Zhang Z, 2012. A simplified nonlinear approach for single pile settlement analysis[J]. Canadian Geotechnical Journal, 49(11): 1256-1266.

第2章

超大直径阶梯形变截面空心桩竖向承载透明土试验

本章以超大直径阶梯形变截面空心桩在竖向荷载作用下的承载性状为研究目的，系统介绍透明土体材料的光学原理、材料配置及其物理力学特性，并开展室内透明土模型试验；详细介绍试验内容及方法，并对试验结果作出较为全面的分析。有助于读者更详细地了解超大直径阶梯形变截面空心桩在竖向荷载作用下的工作机制，并对后续模型试验提供一定的参考。

2.1 透明土的起源与发展

人工合成的透明土，就是由透明的固体颗粒（也称为“骨料”）和与之折射率相同的孔隙流体通过搅拌混合形成。它具有与天然土体相似的物理力学性质，可以模拟天然土体参与模型试验测试，其中固体和孔隙流体分别用于模拟实际的土体颗粒和孔隙水。由于固体和液体的折射率相同，固对外界表现出透明特性。基于各种光学技术和图像处理技术便可获得完整的变形图像。

早期，由于人们对固体材料的认知还处在比较浅显的阶段，通常采用碎玻璃代替（Allersma，1982；Konagai K et al，2010），但碎玻璃并不能很好地模拟土体颗粒，物理力学性质相距甚远，并且与孔隙流体也不能很好地混合，在压力下容易破坏，并不是合适的透明材料。这段时期属于透明土前期探索阶段。真正意义上的透明土起源于1990年，Mannheimer等（1993）配置了性质接近泥的透明材料，并利用这种透明材料探究了泥土流动现象。在之后的几年时间内，Pincus等（1994）配置了性质接近泥浆的透明材料，验证了其力学性质与实际泥土的相似性。之后，Chaney（1999）、Iskander（2002）及Iskander等（1998）利用硅粉和与之折射率相同的孔隙流体配置了透明黏土。在这个时期，人们发现无定型硅石粉末或凝胶在性质上与黏土颗粒相近，且是透明可观的，搭配折射率相同的孔隙液体，在一定光学手段下接近透明性质。1999年，Chaney等（1999）利用硅粉和与之折射率相同的孔隙流体合成了透明黏土，并验证了其与实际黏土的相似性。2002年，Iskander等（2002）利用硅胶和透明液体材料合成透明土，通过三轴试验验证了其与实际砂土的相似性。此后，Sadek（2002）及Iskander（2003）认为不同颗粒级配的硅粉可以和硅胶组合作为骨料和孔隙流体合成透明土。

我国研究人员针对透明土本身性质开展了相关研究。余跃心(2005)采用无定形硅粉和矿物油分别作为骨料和孔隙液体来配置透明土,发现其配置材料具有模拟黏土和砂土的性质。吴明喜(2006)用熔融石英砂和具有相同折射率的孔隙液体合成透明砂土,进行了三轴试验,获得了不同试验条件下的各项力学参数。王秀华 等(2008)采用无定形硅粉、硅胶和溴化钙溶液制作透明土,运用了光学技术来观察土体内部的变形情况。孔纲强 等(2013)利用玻璃砂、正十二烷、15 号白油合成了透明土,验证了其与实际砂土性质的相似性。宫全美 等(2016)制作了不同应力状态下的透明黏土,通过室内试验数据分析,验证了透明黏土进行模型试验的可行性。李亮(2014)利用 15 号白油与溶剂油 EI 与熔融石英砂合成透明土,测定了溶液随温度、体积比、浓度的变化趋势,对混合液测定了吸光度等参数。

此后,研究人员利用透明土技术开展了大量的模型试验,其中以桩基试验为主。曹兆虎 等(2014,2015)利用正十二烷、白油和玻璃砂合成透明土,分析了多个切面的运动位移场,得到了沉桩过程中的三维变形场;设计了闭口管桩和开口管桩的桩基灌入试验,将获得土体位移场与理论计算结果对比分析,具有较好的一致性;设计了楔形桩沉桩试验,对比了其与等截面桩沉降试验的差异,在等混凝土用料的前提下分析了楔形桩的优势所在;之后进一步模拟了楔形管桩沉桩后的端后注浆过程,获得了桩周土体位移场及注浆过程中扩大头的变形规律。齐昌广 等(2015,2017)利用熔融石英配置透明砂土,进行了细长桩屈曲试验,其应力与位移变化与经典朗肯土压力理论相同;设计了塑料套管混凝土桩挤土试验,分析了挤土过程中土体位移规律与静压桩的区别。张敏霞 等(2017)设计了竖向荷载作用下等截面桩与支盘桩的沉桩试验,认为支盘桩能够将荷载传递到桩周土体进而扩大桩周变形场范围,支盘桩较等截面桩可以提高桩基承载力。周航 等(2017)对比了 XCC 桩和普通圆形桩沉桩挤土的位移场区别,提出了用于计算挤土径向位移的修正扩孔理论。张强(2016)利用玻璃砂配置透明砂土进行沉桩模型试验,分别在单桩和多桩条件下对比了 Y 形桩和圆形桩的承载特性,论证了 Y 形桩桩型在提高承载力和降低沉降上的优势。于绅绅(2016)、常艳(2015)利用正十二烷、白油和熔融石英砂配置透明砂土,设置桩径、桩长和承台尺寸的试验变量,分析了不同桩型对桩基承载性能的影响,完善了桩基设计。

2.2　桩侧透明土材料的合成

2.2.1　透明土光学原理

1)折射率及折射现象

光在真空中的速度 c 与光在某一种介质中的传播速度 v 的比值,称为这种介质的绝对折射率。

$$n=\frac{c}{v} \tag{2-1}$$

材料的折射率越高,使入射光发生折射的能力越强。生活中处处可以看到折射现象,如图 2-1所示。

a)

b)

图 2-1 折射现象图

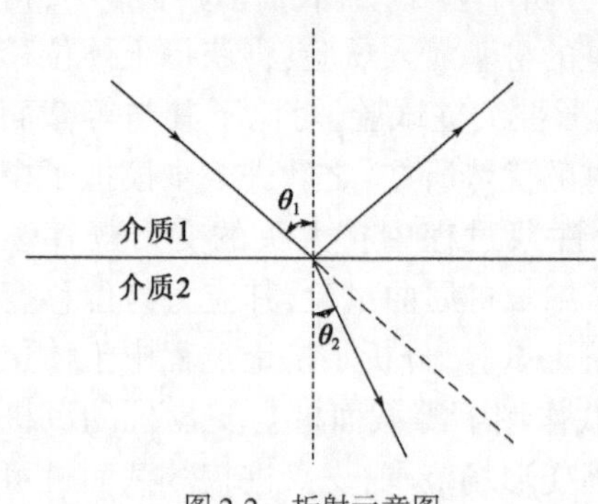

图 2-2 折射示意图

光从介质 1 射入介质 2 发生折射时，入射角 θ_1 与折射角 θ_2 的正弦之比 n_{21} 称为介质 2 相对介质 1 的折射率，即“相对折射率”，如图 2-2 所示。

2）折射率匹配与物质透明的光学分析

天然土体并不是透明的，首先构成天然土体的颗粒本身不是透明材质，其次土体中存在大量孔隙，使得光在传播中偏离了直线的轨迹。即便是对于颗粒材质具备透明特性的材料（如冬季的雪和生活中的食用盐），在视觉上依然不具有透明效果，原因是透明颗粒之间存在的大量孔隙被气体或液体填充，这些空隙填充物与固有的固体颗粒折射率不同，光在折射率不同的介质分界面上发生反射、折射、散射，改变了原有直线方向，宏观表现为不透明性。我们想要获得具备透明特性的物质，要基于材料本身的透明特性，进而考虑材料对于光的折射和反射的程度，使得光线能够最大限度地穿过材料被我们的眼睛观察到。物质聚集为一体，即使物质本身透明，由于物质颗粒间会存在微粒杂质，也会使得折射率出现差异。解决这个问题，需要利用折射率相同的其他物质来代替孔隙间的杂质，使得不论是原物质本身还是新加入的孔隙物质折射率都相同，物质整体就表现出透明性。此外，入射光源的强度及入射角度，材料颗粒的大小、级配情况、纯度均会影响透明效果。

采用透明土，即透明固体充当骨料模拟实际土体的土颗粒，采用透明液体充当孔隙流体模拟实际土体的孔隙水，由于两者的折射率相同或者相近，就表现出透明性。同时配置的透明土在物理力学性质上与实际土体具有较高的相似性，可以利用人工配置形成的透明土代替实际土体进行试验。

2.2.2 透明土合成材料选择

1）合成透明土骨料的总结与选择

选择固体材料作为透明土的骨料，首先需要满足的是与实际土体具有相同的或者相近的物理力学性质，稳定性较好，能够长期保存且不与其他物质发生反应，具备较好的透明性，最后考虑自身固有的折射率是否能够与备选的孔隙液体相匹配以达到统一的折射率。目前，国内外开展的众多透明土试验中，根据所模拟土体的种类，透明土固体颗粒大致上分为两类。

第一类是无定型硅石凝胶和硅石粉末，如图 2-3 所示。透明的硅石粉末适合用来合成透明黏土，也可以合成透明软岩材料，区别在于固结压力不同，透明软岩的固结压力要远远大于透明黏土的固结压力。

第二类是熔融石英砂和透明玻璃砂，折射率为 1.447，是常用的模拟透明砂土的材料如图 2-4所示。玻璃砂具有更好的透明性，且物理化学性质稳定，也是常用的模拟透明砂土的材料。

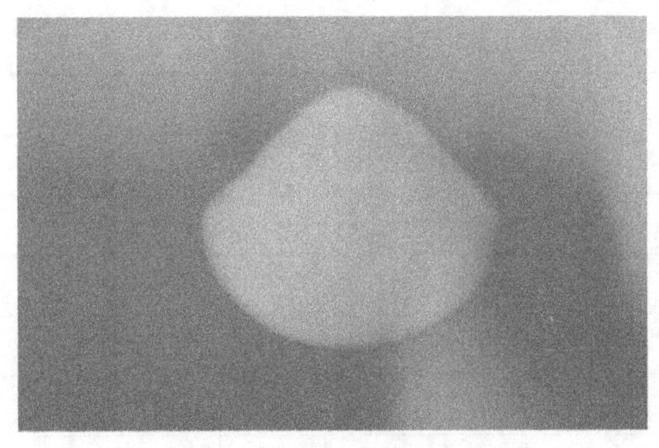

图 2-3　200 ~ 300 目硅石粉末

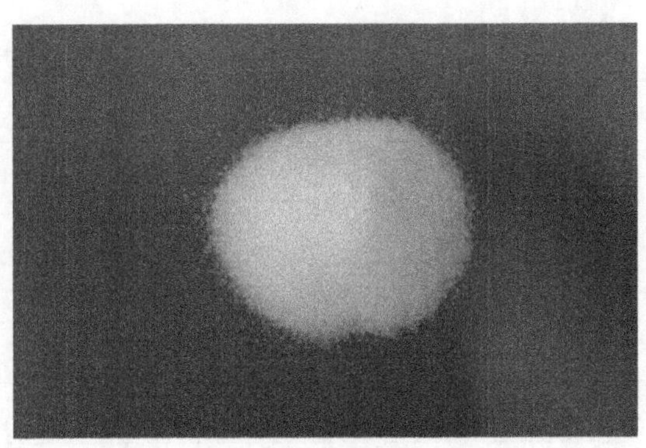

图 2-4　玻璃砂

2）合成透明土孔隙流体的总结与选择

选择孔隙流体模拟实际土体中的孔隙水。主要考虑能够最大限度地接近水的各项性质，要具有较好的稳定性，利于长期保存，便于和固体颗粒混合均匀；要具备与选择的透明颗粒相同或相近的折射率，具有一定的透明特性；无毒无害，确保试验的安全。孔隙流体主要分为两类。

第一类是无机类液体。常用的无机类孔隙流体为溴化钙溶液、氯化钙溶液等，对于此类无机类孔隙流体，溶液浓度是调控折射率最重要的影响因素，折射率随浓度增加而增大。温度也会产生一定影响，液体较固体对温度的敏感性更高，一般来说液体的折射率随温度的升高而降低。

第二类是有机类液体。常用的有机类孔隙流体为各类烷烃如正十二烷、正十三烷、15 号白油、蔗糖溶液、四氯化碳等，有机类孔隙流体不受浓度因素的影响，折射率在温度稳定的情况下一般是不变的。要配制出特定折射率的孔隙流体，需要选择折射率差异较大的不同有机物混合，分别高于和低于特定折射率，利用不同比例的混合达到特定透明固体颗粒固有的折射率。

考虑到超大直径阶梯形变截面空心桩桩周土体为黏性土体，购买的透明颗粒为硅石粉末，其折射率为 1.41 ~ 1.46。此外，也选取了玻璃砂进行荷载沉降试验作为对照组。选取的孔隙流体为正十三烷、正十二烷、15 号白油和液体石蜡，如图 2-5 所示。选择的各种孔隙液体参数指标见表 2-1。通过不同比例混合来确定最佳的孔隙流体配比。

图 2-5　不同孔隙流体

正十三烷、正十二烷、15 号白油与液体石蜡各项指标　　表 2-1

指标	正十三烷、正十二烷	15 号白油	液体石蜡
CAS 号	629-50-5	8020-83-5	8042-47-5
性状	无色透明油状液体	无色透明油状液体	无色透明油状液体
分子式	$C_{13}H_{28}(C_{12}H_{26})$	—	—
密度(g/mL)	0.756/0.75	0.877	0.836 ~ 0.856
折射率(室温 25℃实测值)	1.428/1.421	1.462	1.470
闪点(℃)	79	220	185

2.2.3　透明土的配制与透明效果分析

1) 阿贝折射仪

分别测试购买的正十二烷、正十三烷、液体石蜡和 15 号白油的折射率(李强,2013),不同粒径的硅粉折射率不同,通常硅粉的粒径越大折射率越大,其范围处于 1.41 ~ 1.46 之间。配置不同比例的两种混合液,设置多梯度分组。利用阿贝折射仪测量其折射率。测量方法:利用玻璃棒沾取少量孔隙流体,抬起抬手,涂抹在折射仪存放待测液体的玻璃板上,间隔一小段时间,等到折射仪元件和孔隙液体温度相同后闭合抬手,观测数据,如图 2-6 所示。

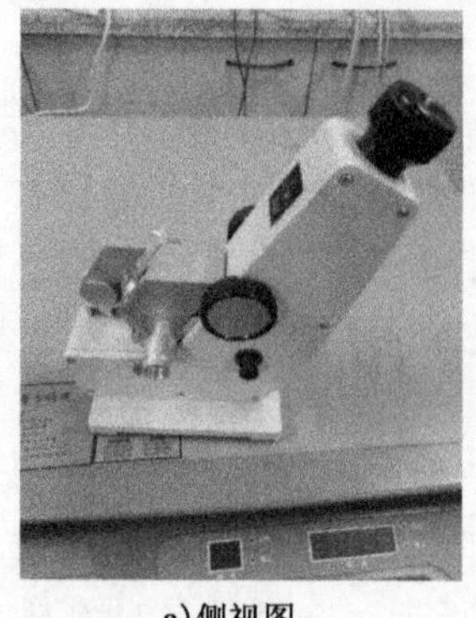

a) 侧视图

b) 正视图

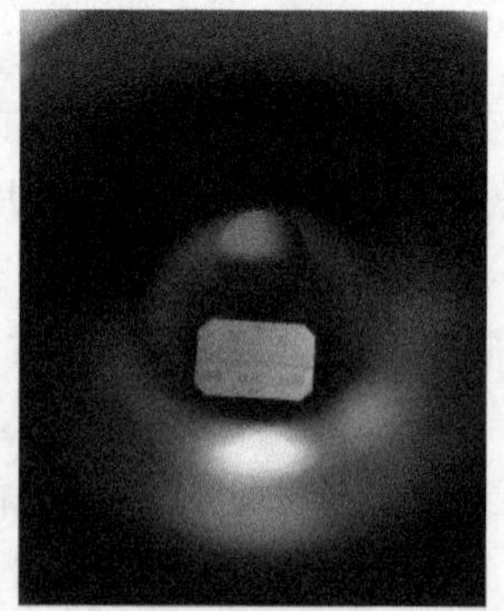

c) 观测数据

图 2-6　阿贝折射仪测量方法

2）温度对于孔隙流体折射率的影响

进行待测液体折射率随温度变化规律的测定试验。设置温度梯度为10℃、20℃、30℃、40℃、50℃、60℃共6组（以实测温度为准）。将待测的四种孔隙液体，分别取少量装入试管中，每种试剂配制3组，测定的折射率在3组中取平均值以减少偶然因素的影响。试验中将一批次共12支试管放入恒温箱中，设定恒温箱的温度为10℃，关闭密封盖确保保温效果并开启开关，等待20min直至试管内待测液体温度达到恒温箱设置的温度。由于室温与恒温箱设定温度相差较远，从恒温箱取出的待测液体温度会迅速改变，因此每次只取出一支试管，尽可能快地完成折射率的测定，测定结果见表2-2。

折射率随温度变化规律　　表2-2

温度（℃）	10	22	30	42	52	60
正十二烷折射率	1.423	1.422	1.421	1.42	1.4195	1.419
正十三烷折射率	1.428	1.427	1.4255	1.4245	1.424	1.4235
15号白油折射率	1.467	1.466	1.465	1.4645	1.463	1.461
液体石蜡折射率	1.472	1.471	1.47	1.469	1.4685	1.468

注：表中温度为实测温度。

不同孔隙液体折射率随温度变化情况如图2-7所示，孔隙液体的折射率随温度的升高而降低。通过回归分析得到拟合曲线，拟合方程均为一次方程且相关系数的平方（R^2）均大于0.95，说明拟合方程对数据的拟合度较好。孔隙液体的折射率随温度的变化接近线性变化。

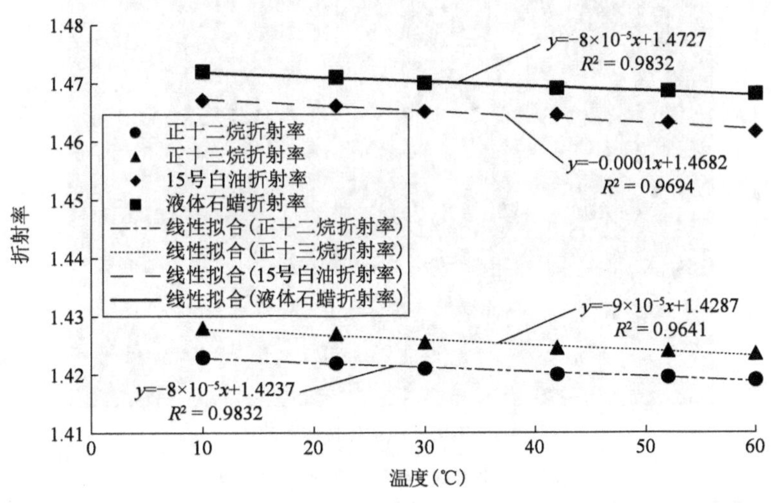

图2-7　折射率—温度曲线

孔隙液体在10～60℃范围内随温度升高而线性降低，最终孔隙液体的折射率取室温25℃时的数值，正十二烷为1.421，液体石蜡为1.470，正十三烷为1.428，15号白油为1.462。

3）配置透明土的透明度分析

影响透明度最重要的因素是孔隙流体与骨料折射率匹配程度，所选骨料硅粉的折射率并不确定，处在1.41～1.46之间，需要进行与不同折射率孔隙流体试配观察其表现出的透明度来确定。在配制过程中，利用玻璃棒轻轻搅拌使固液混合均匀，之后放入真空泵进行抽真空，排除混合液中的气泡，及时记录数据并考虑周围温度、湿度等环境条件的影响，如图2-8所示。

a)

b)

图 2-8　孔隙流体及骨料混合

孔隙液体受温度影响产生变化，试验验时确保温度始终保持在 25℃。为配置出不同折射率梯度的孔隙流体，采用以不同体积比混合的方法来使混合液折射率产生规律差异。具体操作为：采用 6 支试管，先依次加入 10mL 种类 1 的孔隙液体，之后在 1 到 6 号试管中再依次加入 10mL、20mL、30mL、40mL、50mL、60mL 种类 2 的孔隙流体，如图 2-9 所示。利用玻璃棒搅拌使混合液混合均匀，注意每次搅拌前需要将玻璃棒清理干净以免前一支试管中的液体干扰后面试管中的液体，搅拌后静置 30min，然后利用折射仪测量折射率，测试结果见表 2-3。

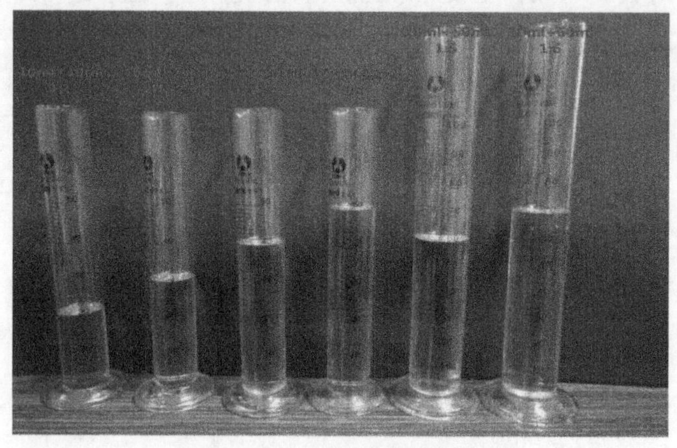

图 2-9　不同孔隙流体按体积配比

孔隙液体折射率随体积比变化规律　　表 2-3

序号	体积比 V_r	1:1	1:2	1:3	1:4	1:5	1:6
1	正十二烷(mL)	10	10	10	10	10	10
	液体石蜡(mL)	10	20	30	40	50	60
	混合液折射率	1.442	1.456	1.46	1.464	1.465	1.466
2	体积比 V_r	1:1	2:1	3:1	4:1	5:1	6:1
	正十二烷(mL)	10	20	30	40	50	60
	液体石蜡(mL)	10	10	10	10	10	10
	混合液折射率	1.442	1.435	1.429	1.427	1.426	1.425

续上表

序号	体积比 V_r	1:1	1:2	1:3	1:4	1:5	1:6
3	体积比 V_r	1:1	1:2	1:3	1:4	1:5	1:6
	正十三烷(mL)	10	10	10	10	10	10
	15 号白油(mL)	10	20	30	40	50	60
	混合液折射率	1.441	1.452	1.455	1.457	1.459	1.46
4	体积比 V_r	1:1	2:1	3:1	4:1	5:1	6:1
	正十三烷(mL)	10	20	30	40	50	60
	15 号白油(mL)	10	10	10	10	10	10
	混合液折射率	1.441	1.439	1.435	1.433	1.432	1.431

混合液折射率随孔隙流体体积变化曲线如图 2-10 所示。图 2-10 中横坐标用体积比 1:6、1:5、1:4、…、6:1 表示，每段比例在横坐标之间的距离相等。混合液的折射率随体积比的增大而降低，体积比增大，混合液中折射率小的孔隙液体所占比例增大，使得混合液折射率降低。通过回归分析得到拟合曲线，拟合方程为 3 次多项式方程，相关系数的平方(R^2)均大于 0.98，说明拟合方程对数据的拟合度较好。横坐标在以体积比 1:6、1:5、1:4、…、6:1 表示的前提下，孔隙液体的折射率随体积比的变化接近三次多项式方程曲线。

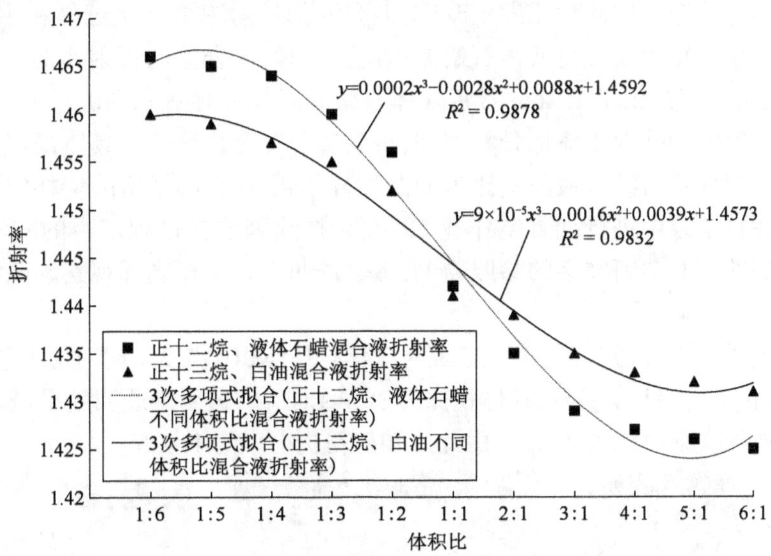

图 2-10　混合液折射率随孔隙流体体积比变化曲线

正十二烷与液体石蜡体积比从 1:1、1:2、1:3、1:4、1:5 变化到 1:6，折射率分别从 1.446、1.456、1.460、1.464、1.465 变化到 1.466，分别增加了 0.69%、0.27%、0.27%、0.069%、0.068%，随着其中一种孔隙液体体积占比不断增大，折射率改变的速率明显降低，这是因为混合液的折射率已经接近此液体的固有折射率，再增加同种孔隙液体，引起的折射率改变不再明显。

混合液折射率随孔隙流体体积变化曲线如图 2-11 所示。图 2-11 中横坐标用体积比实际值表示。混合液的折射率随体积比的增大而降低，混合液中折射率小的孔隙液体所占比例增大，使得混合液折射率降低。通过回归分析得到拟合曲线，拟合过程中根据数据特征将体积比增大的过程分为两段：一段体积比在 0 ~ 1 之间，一段体积比在 1 ~ 6 之间。不同段拟合方程均为一次式方程，相关系数的平方(R^2)均大于 0.85，拟合方程对数据的拟合度较好。横坐标以体积比实际值表示的前提下，孔隙液体的折射率随体积比的变化接近分段一次式方程曲线。

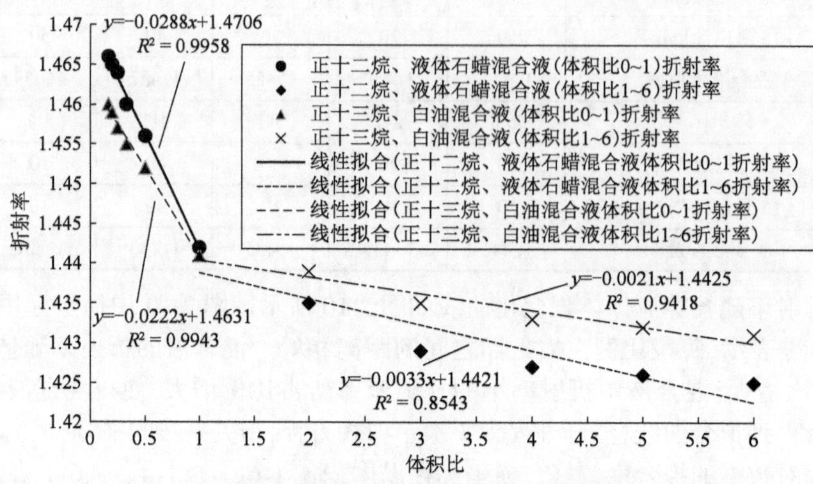

图 2-11 混合液折射率随孔隙流体体积比变化曲线

混合液中两种孔隙液体体积比发生改变，混合液的折射率更加接近体积占比增大的孔隙液体的固有折射率。正十二烷与液体石蜡体积比为 1 时，混合液的折射率为 1.446，体积比为 1:6 时混合液的折射率达到了 1.466，接近液体石蜡的固有折射率 1.470。

利用不同折射率的孔隙流体加骨料拌和，观察透明度变化情况。具体操作为：每支试管取 20mL 混合液，按照硅粉与混合液质量比为 1:2，取硅粉 8g 在相同规格的烧杯中进行搅拌混合，混合均匀以后在真空泵中进行抽真空作业 2h，完全排除因搅拌过程产生的气泡，之后取出烧杯放置在准备好的印有清晰文字的参照物上，透过透明土与烧杯底部观察参照物上的文字，分别拍照记录。

对比不同组透明土的透明度，正十二烷与液体石蜡体积比为 2:1 时对应的透明土透明效果最好(图 2-12)，正十三烷与 15 号白油体积比为 3:1 时对应的透明土透明效果最好(图 2-13)，两种情况下混合液的折射率都为 1.435，由此可知硅粉折射率为 1.435。

a) 体积比1:1

b) 体积比1:2

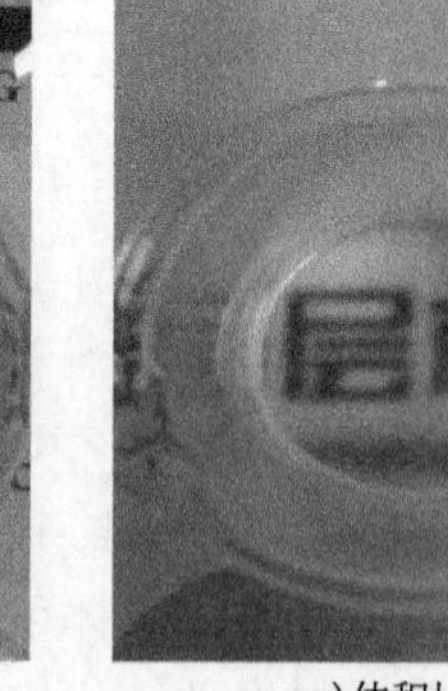

c) 体积比1:3

图 2-12

d)体积比1:4

e)体积比1:5

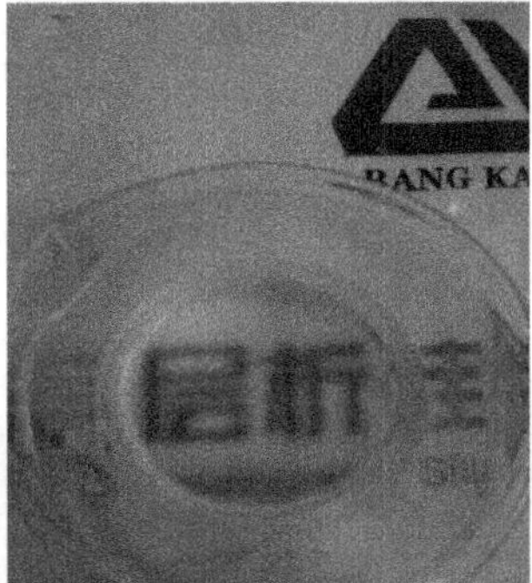
f)体积比1:6

g)体积比1:1

h)体积比2:1

i)体积比3:1

j)体积比4:1

k)体积比4:1

l)体积比6:1

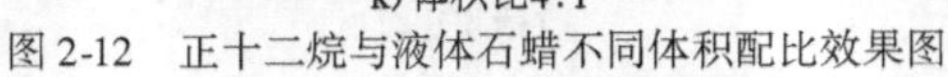
图2-12　正十二烷与液体石蜡不同体积配比效果图

a)体积比1:1

b)体积比1:2

c)体积比1:3

图　2-13

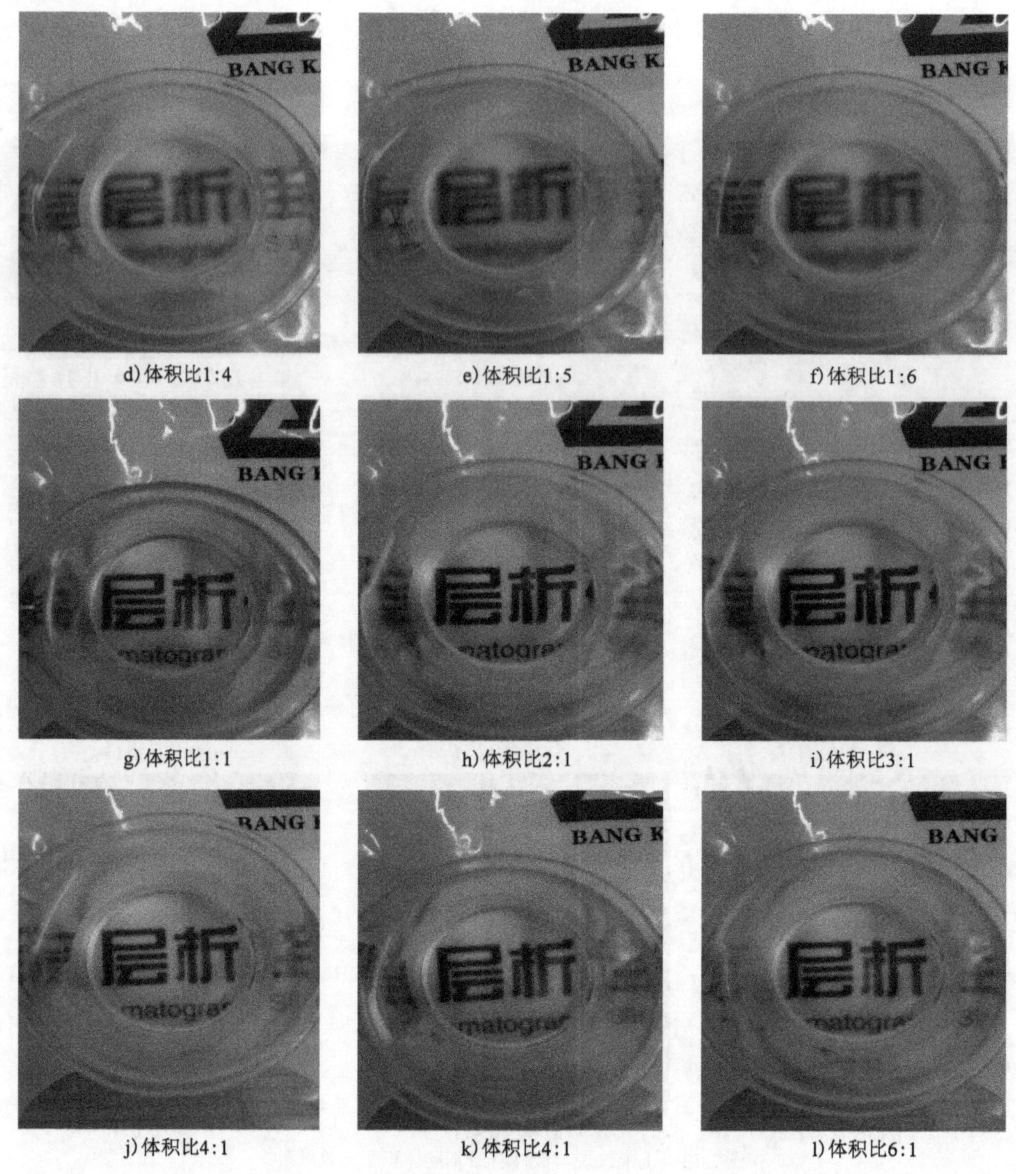

d)体积比1:4　e)体积比1:5　f)体积比1:6

g)体积比1:1　h)体积比2:1　i)体积比3:1

j)体积比4:1　k)体积比4:1　l)体积比6:1

图2-13　正十三烷与15号白油不同体积配比效果图

2.2.4　透明材料颗粒微观结构分析

扫描电镜可以观察到矿物的微观变化,为反映材料的状况提供依据。利用扫描电子显微镜(SEM)扫描,进行微观观察,如图2-14所示。

硅粉在SEM扫描下的微观形态基本上是以颗粒晶体单独存在,晶体颗粒大小不一,大颗粒硅粉与小颗粒硅粉直径最多相差数倍。大多数硅粉颗粒分散排布表现为球形颗粒,部分为椭球形颗粒,部分球形颗粒相互融合组成不同形状(如哑铃状的双球体形状),其中小部分硅粉颗粒由于运输过程中不可避免的碰撞产生破坏,表现为不规则的絮状物分布在颗粒周围,如

图 2-15 所示。

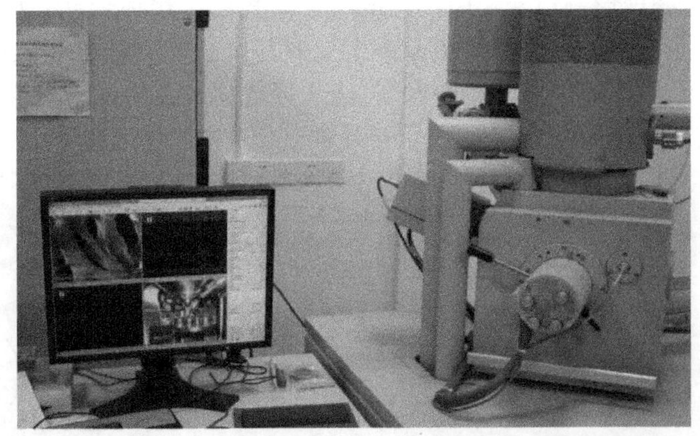

图 2-14　SEM 扫描观察

a)

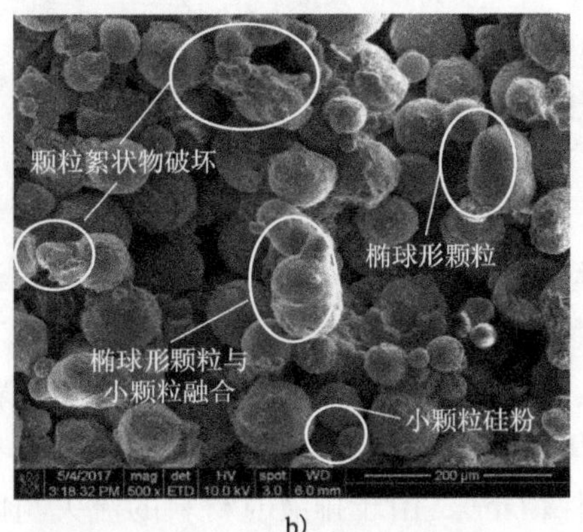

b)

图 2-15　硅粉微观图

由于透明材料自身特性，使用 SEM 制样困难且效果不佳，选择采用尼康 Nikon ECLIPSE Ti 倒置显微镜观察透明材料微观结构。倒置生物显微镜对于透明材料具有较好的观测效果。测试时，将透明材料切薄片制样进行观测，如图 2-16 所示。

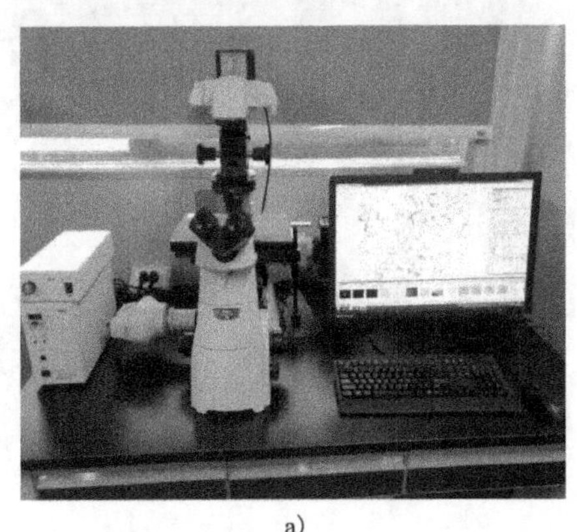

a)

b)

图 2-16　倒置显微镜观测

图 2-17 为硅粉和矿物油溶液在一定固结压力作用下固结后的透明材料的微观结构图,图中硅粉颗粒由固结前的球形颗粒变为固结后的带有棱角的多边体形状,这是由于固结压力磨损了硅粉颗粒,改变了硅粉形状。受挤压而产生变形甚至破碎的硅粉颗粒周围充斥着矿物油溶液,两种材料在固结压力的作用下相互融合,进而形成固液胶结体。由于在固结过程中伴随着排液过程,在流失部分矿物油的同时不可避免地带走少量固体硅粉颗粒,使刚刚形成的固液胶结体出现了部分空隙,材料中游离的硅粉颗粒和矿物油溶液会填补到空隙形成新的胶结体。

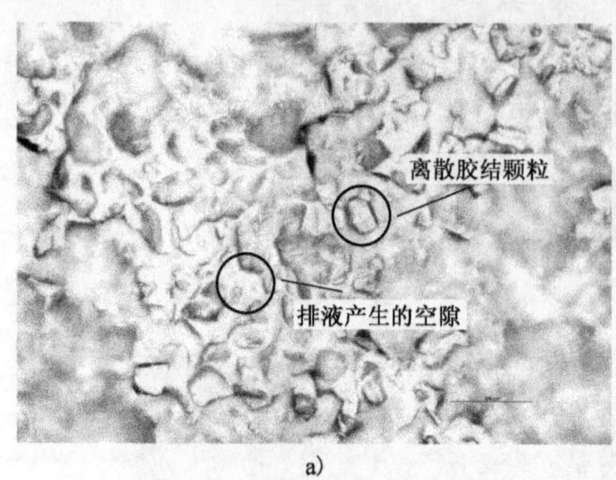

a)

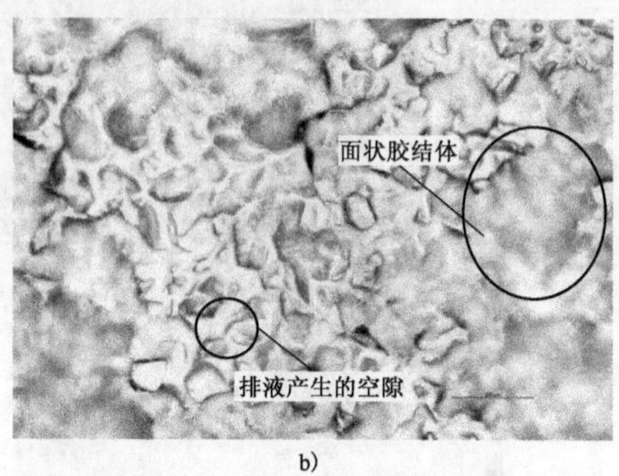

b)

图 2-17　透明材料微观结构区域 A

由于固结初始阶段固结压力较小,固液胶结体强度较小极易被破坏且此时材料中有大量游离的矿物油溶液和硅粉颗粒,这种材料空隙不断产生又被填充的频率很高。随着固结压力不断增大,材料中游离的矿物油溶液和硅粉颗粒所占比例变得越来越少,形成的固液胶结体结构更加稳固。到了固结后期,材料中已几乎没有游离的硅粉颗粒和矿物油溶液,材料流失产生的空隙会保留下来,由于排液时材料的流失与固结时硅粉颗粒和矿物油溶液的分布密度有关,因此不可能各个位置均匀排液,空隙位置的分布同样也不均匀。空隙破坏了部分固液胶结体的结构完整性,空隙周围的胶结体分布更多是离散的胶结体颗粒为主,而在没有空隙的部分,胶结体分布更多以完整性较好的块状或面状胶结体为主。综上可知,透明材料固结排液时会损失部分材料,使得固液材料出现分布不均的细小空隙,但整体的胶结效果较好,如图 2-18 所示。

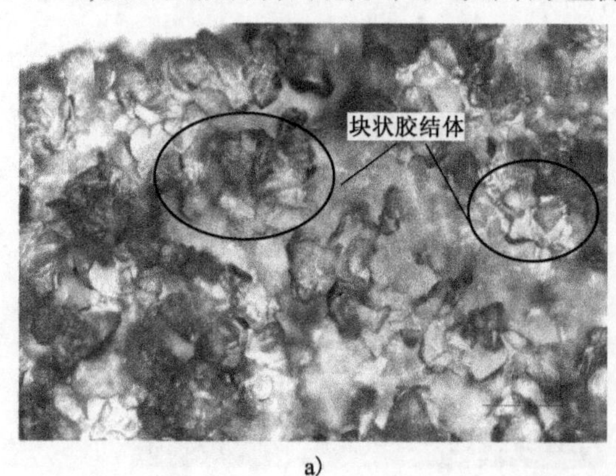

a)

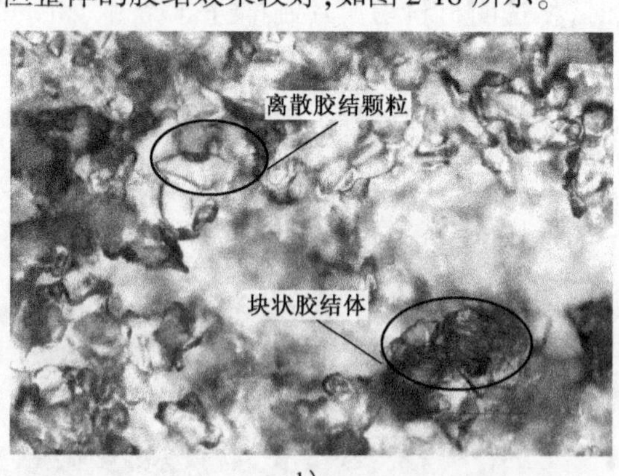

b)

图 2-18　透明材料微观结构区域 B

2.3　透明材料物理力学特性研究

2.3.1　透明黏土密度及含水量

透明黏土与透明软岩的制备除与透明砂土所选骨料和孔隙流体不同外，主要区别在于透明黏土和透明软岩需要进行加压固结，区分透明黏土与透明软岩的控制因素在于固结压力，基于本书所选材料并参考文献（张顺金，2014），认为固结压力在0～200kPa范围内为透明黏土，固结压力在0.8～3MPa范围内为透明软岩。

透明土的固体骨料为无定型硅石粉末，混合液的密度为750～850kg/m³。因此由硅粉骨料和烷烃油类孔隙流体配制而成的透明土密度较小，在980～1100kg/m³之间；而天然状态下的土的密度变化范围较大，一般的黏性土密度在1800～2000kg/m³之间。由此可以看出透明土体在密度方面与天然土体还是有一定差异的，量值为天然黏土的50%左右。

土体中水的质量和土体中固体土颗粒的质量之比，称为土的含水量（率）ω，以百分数计，即：

$$w=\frac{m_w}{m_s}\times 100\% \tag{2-2}$$

式中：m_w——土体中水的质量（g），为含水状态下土的质量与采用烘干等脱水措施后的土的质量的差值；

m_s——土体中固体土颗粒的质量（g），为采用烘干等脱水措施后的土的质量。

土的含水量一般用“烘干法”测定。但由于透明土体中的孔隙流体与普通的水体性质不同，为油类物质，其沸点普遍较高，使得在烘箱中烘干时不易蒸发。选择延长在烘箱中烘干的时间，以便孔隙流体可以尽可能多地蒸发，烘干时间选择72～96h。计算采用的公式如下：

$$w=\frac{m_s-m_g}{m_g}\times 100\% \tag{2-3}$$

式中：m_s——烘干处理前的湿土质量（g）；

m_g——烘干处理后的干土质量（g）。

按照上述的操作方法，选择大小相近且质量相似的6块透明土进行试验，试验结果见表2-4。分析数据发现利用硅粉和孔隙流体配制出的透明土含水量较高，这一方面是由于硅粉较强的吸油能力，另一方面是因为孔隙流体的质量比硅粉骨料的质量要大。其平均含水量为62.4%，判断其性质更接近软黏土的性质。

含水量变化表　　表2-4

分组编号	1	2	3	4	5	6
烘干处理前湿土质量（g）	24.718	24.268	25.087	28.312	26.071	24.710
烘干处理后干土质量（g）	15.23	14.879	15.41	17.423	16.123	15.234
土体中水的质量（g）	9.488	9.389	9.677	10.889	9.948	9.476
含水量（%）	62.30	63.10	62.80	62.50	61.70	62.20
平均含水量（%）	62.4					

选取福州盆地地区软黏土和福州南—泉厦漳地区软黏土参数作为对比参照对象，见表2-5。发现透明黏土和实际黏土在含水量上较为接近，其透明土体密度大约为福州盆地地区软黏土和福州南—泉厦漳地区软黏土的62.5%。

福州软黏土参数(姚仲泳,2011) 表2-5

土层分类	平均土体密度ρ(g/cm^3)	平均含水量ω(%)
福州盆地地区淤泥	1.49~1.66	54.7~81.6
福州盆地地区淤泥质土	1.59~1.83	34.6~62.5
福州南—泉厦漳地区淤泥	1.41~1.92	55.3~99.5
福州南—泉厦漳地区淤泥质土	1.63~2.00	37.6~58.4

2.3.2 透明黏土固结试验

固结试验所用的固结仪由固结容器、加压设备和量测设备组成，如图2-19所示。试验时，用金属环刀小心采取透明土样，环刀的高为20mm、直径为61.8mm，放置于圆筒形固结容器中的刚性护环中，在固结容器盒内透明土样的四周加入孔隙流体使土样饱和，透明土样的上下侧面各垫有一块透水石和相应大小的滤纸，透明土体在受压后土体中的孔隙流体可以上下双向排出，由于受金属环刀和刚性环的限制，透明土样在竖向压力作用下只能产生竖向的变形而不会发生侧向膨胀。在上部透水石上方加盖金属圆形盖，调整固结容器盒放置于加压框架之下，微调金属圆形盖与加压框架的位置，使荷载能够垂直地作用在固结容器盒的中心。

图2-19 固结试验

由于透明土样含水量比较高，较为软弱，施加1~3kPa的预压力，一方面使金属圆形盖和透明土样上下之间接触良好，另一方面防止透明土样在较大压力作用下溢出。将百分表的指针与固结容器盒相接触，调整好位置后进行调零。为了减少土的结构强度被扰动，加荷率(前后两级荷载之差与前一级之比)取≤1，透明黏土较为软弱，第一级压力从12.5kPa开始，按50kPa、100kPa、200kPa、300kPa、400kPa、600kPa、800kPa、1000kPa递增施加压力。

本试验只考虑得到透明黏土的压缩曲线，绘制e-p曲线和e-lg$p$曲线，进一步得到压缩系数等参数，未测定透明黏土的沉降速率和固结系数，只需测定透明土样在各级压力p_i作用下的稳定压缩量ΔH_i，按照下面公式计算出相应的孔隙比e_i，绘制出透明土的压缩曲线。

$$e_i = e_0 - \frac{\Delta H_i}{H_0}(1 + e_0) \tag{2-4}$$

$$e_0 = G_s(1 + \omega_0)\left(\frac{\rho_w}{\rho_0}\right) - 1 \tag{2-5}$$

式中：ΔH_i——各级压力 p_i 作用下的稳定压缩量(mm)；

e_0——透明黏土样初始孔隙比；

H_0——透明黏土样初始高度(mm)；

G_s——透明黏土骨料相对密度(g/cm^3)；

ω_0——透明黏土样初始含水量；

ρ_0——透明黏土样初始密度(g/cm^3)；

ρ_w——水的密度(g/cm^3)。

选取福州地区淤泥质土和某工地普通黏土作为代表，与透明黏土共同进行固结试验。将透明黏土和取样黏土在各级荷载作用下的孔隙比作为竖坐标，将荷载大小作为横坐标，作出透明黏土与取样黏土的 e-p 曲线，将横坐标改取荷载 p 的常用对数值，即按照半对数直角坐标绘制 e-lg$p$ 曲线。由 e-p 曲线可以确定透明黏土和取样黏土的压缩系数 a(MPa^{-1})等压缩指标，由 e-lg$p$ 曲线可以确定透明黏土和取样黏土的压缩指数 C_c 等压缩性指标。试验得到的孔隙比见表2-6；将数据绘制成 e-p 曲线(图2-20)和 e-lg$p$ 曲线(图2-21)。

不同荷载孔隙比变化　　表2-6

土层分类	不同荷载下孔隙比						
荷载(kPa)	0	12.5	50	100	200	300	400
透明黏土	1.32	1.22	1.1	0.95	0.8	0.68	0.6
软黏土	1.37	1.33	1.25	1.14	1	0.89	0.82
普通黏土	1.1	1.02	0.9	0.75	0.6	0.54	0.5

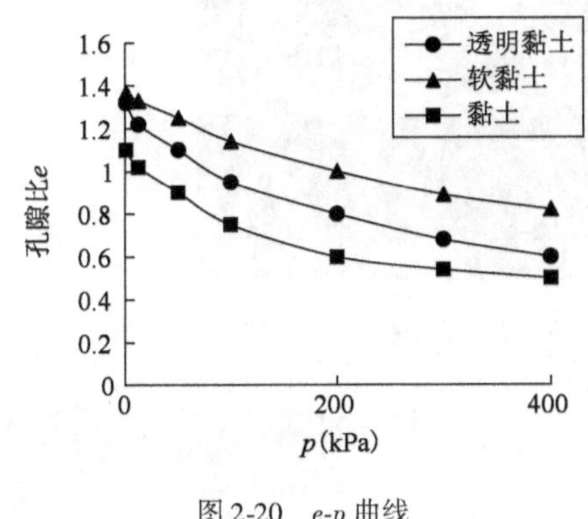

图2-20　e-p 曲线

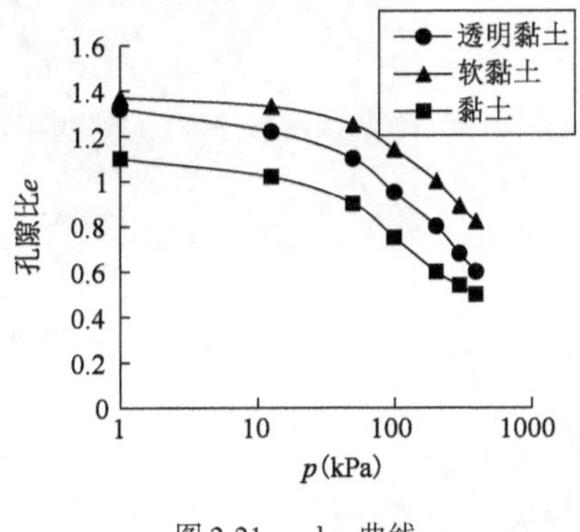

图2-21　e-lg$p$ 曲线

透明黏土的压缩系数 a_{1-2} 为1.5MPa^{-1}，软黏土的压缩系数 $a_{1\text{-}2}$ 为1.4MPa^{-1}，黏土的压缩系数 a_{1-2} 为1.5MPa^{-1}；透明黏土的压缩性指数为0.5，软黏土的压缩性指数为0.47，黏土的压缩性指数为0.5。配置的透明黏土属于高压缩性土，由 e-p 曲线和 e-lg$p$ 曲线可以看到透明黏土与实际黏土在压缩特性上具有较高的相似性。加载初期，土体的含水量较大，土体强度不高并且压缩性很大，随着压力逐级递增，土样间的孔隙比不断减小并且含水量同时降低，土体被压密使得强度增大，压缩性逐渐减小，符合一般压缩规律。选取福州盆地地区软黏土和福州南—泉厦漳地区软黏土参数作为对比参照对象，见表2-7。由表可看出透明黏土在孔隙比和压缩系数指标上与淤泥质土具有较大的相似性。

福州软黏土参数(姚仲泳,2011)　　表 2-7

土层分类	平均孔隙比 e	平均压缩系数 $a_{1\text{-}2}$ (MPa^{-1})
福州盆地地区淤泥	1.71	1.75
福州盆地地区淤泥质土	1.32	1.01
福州南—泉厦漳地区淤泥	1.82	1.87
福州南—泉厦漳地区淤泥质土	1.3	0.85

2.3.3 透明黏土直剪试验

根据《土工试验规程》(SL 237—1999)中所规定的操作步骤,在制备土样时,首先在加压固结设备中施加等级递增的固结压力进行加压固结,获得不同前期固结压力的透明黏土试样(图 2-22、图 2-23);土样稳定后采用环刀取样,需要注意的是环刀内径为 6.18cm,为保证取样时土样的完整性,制备土体的模具直径选择 8cm,以确保取样时不会破坏环刀内的土样。剪切后的透明土试样如图 2-24 所示,获得每级垂直荷载下的最大剪力,不同压力下的透明土抗剪强度见表 2-8,将得到的数据根据库仑定律通过直线拟合得到 c、φ 值。

图 2-22　SD-JⅡ型三速电动等应变直剪仪

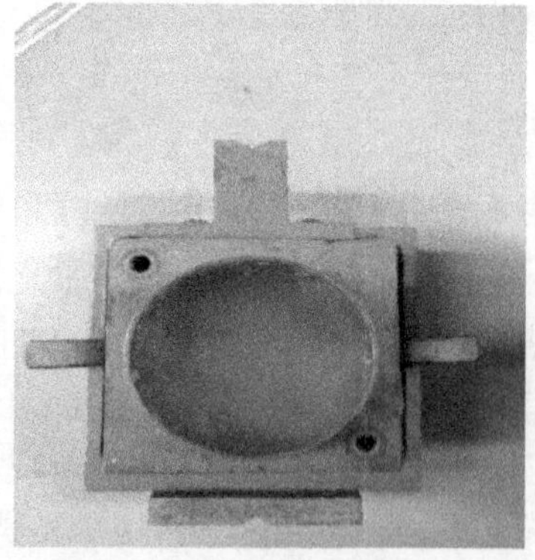

图 2-23　制备的透明黏土试样

图 2-24　剪切后的透明黏土试样

不同压力下的透明黏土抗剪强度　　表2-8

前期固结压力(kPa)	法向压力(kPa)	抗剪强度(kPa)		
		样品1	样品2	样品3
37.5	12.5	8.7	8.2	8.1
	25	11.3	10.4	11.6
	37.5	18.2	18.5	18.7
50	12.5	9.1	9.3	9.2
	25	12.4	11.5	12.5
50	37.5	20.8	22.2	21.4
	50	25.1	24.3	25.6
100	25	16.2	16.7	15.9
	50	28.3	28.4	27.6
	100	47.1	48.2	49.3
150	50	30.1	31.2	31.9
	100	55.1	50.1	52.3
	150	74.1	76.1	78.2
200	37.5	20.3	21.4	19.6
	50	35.1	36.2	34.2
	100	68.3	67.2	68.6
200	150	86.1	87.5	85.6
	200	115.2	116.1	109.5

利用公式$\tau = c + \sigma\tan\varphi$计算力学参数内摩擦角、黏聚力值。以200kPa前期固结压力作用下的透明黏土土样为例，其剪切位移—剪应力关系如图2-25所示。由图可看出当法向压力较小时(37.5kPa和50kPa法向荷载)，在达到6mm的极限剪切位移之前透明黏土体存在峰值剪应力，对比剪应力峰值出现的位置，发现37.5kPa法向荷载下的透明黏土体极限剪应力出现在剪切位移2mm处，50kPa法向荷载下出现在剪切位移2.5mm处，法向荷载的增加使得剪应力峰值出现得更晚，即在更大的法向压力作用下土体的抗剪能力有所增强。当法向荷载较大时(100kPa、150kPa和200kPa法向荷载)，剪应力在6mm的极限剪切位移前不再出现剪应力峰值，随着剪切位移的增加，剪应力增加的幅度不断变小。

曲线存在一段较明显的转折段，转折段之前剪应力增加明显而转折段之后剪应力增加幅度减小，但仍能抵抗变形，表现出一定的应变硬化特性。透明黏土体的前期固结压力为200kPa，除了200kPa法向压力，在其余法向压力下，黏土体属于超固结土，其剪切位移—剪应力变化特性与天然黏土相似。

由剪切位移—剪应力关系确定的极限剪应力和法向压应力共同确定出剪应力—法向压应力的关系曲线，通过曲线拟合可以得到在200kPa前期固结压力作用下的透明土体的黏聚力c为5.6142kPa、$\tan\varphi$为0.5561，即可算出φ为29°，如图2-26所示。分析其余不同前期固结压力作用下的透明黏土体参数，37.5kPa前期固结压力下的透明黏土，c为2.4kPa，φ为22.2°；

50kPa 前期固结压力下的透明黏土，c 为 2.75kPa，φ 为 24°；100kPa 前期固结压力下的透明黏土，c 为 6.25kPa，φ 为 22.9°；150kPa 前期固结压力下的透明黏土，c 为 8.2kPa，φ 为 24.2°。配置的透明黏土的黏聚力，c 在 2～9kPa 之间，φ 在 22°～30°之间，随着前期固结压力的增大，内摩擦角或黏聚力有不同程度的增加，整体抗剪强度增大。

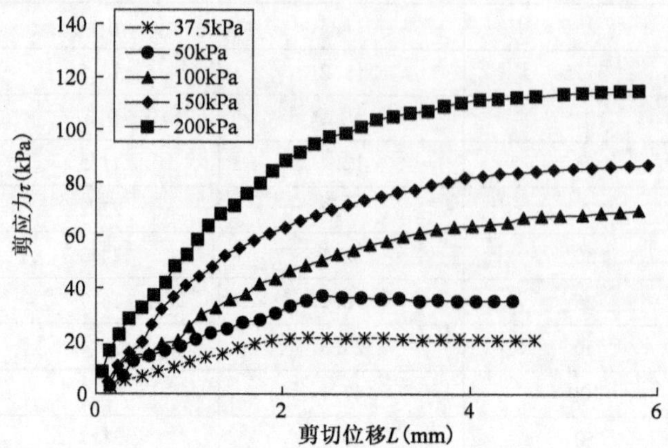

图 2-25　固结压力 200kPa 剪切位移—剪应力关系曲线

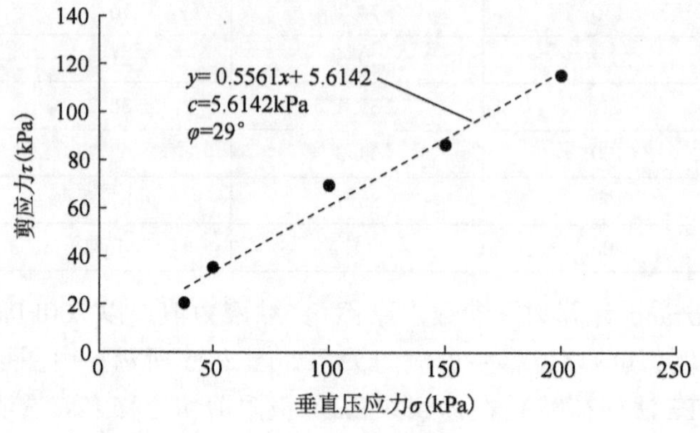

图 2-26　τ-σ 关系曲线

选取福州盆地地区软黏土和福州南—泉厦漳地区软黏土参数作为对比参照对象，见表 2-9。实际软黏土的黏聚力 c 普遍高于配置的透明黏土的黏聚力 c，实际软黏土 c 达到了 9～17kPa，透明黏土的黏聚力 c 为 2～9kPa，前者是后者的 2～5 倍；实际软黏土的土体内摩擦角 φ 普遍小于配置的透明黏土的土体内摩擦角 φ，实际软黏土 φ 仅为 2°～4°，透明黏土 φ 达到 22°～30°，前者是后者的 12% 左右。透明黏土在内摩擦角 φ 上偏大，在土体黏聚力 c 上偏小，在整体抗剪强度上有一定的相似性。

福州软黏土参数（姚仲泳，2011）　　表 2-9

土层分类	黏聚力 c（kPa）	内摩擦角 φ（°）
福州盆地地区淤泥	9.3	2.1
福州盆地地区淤泥质土	16.5	3.9
福州南—泉厦漳地区淤泥	12.8	2.4
福州南—泉厦漳地区淤泥质土	17.4	3.5

2.3.4　透明软岩岩体相似材料

1）透明软岩岩体相似材料制备

制备透明软岩岩体相似材料，需施加较大的固结压力，选择配置透明黏土的骨料成分硅粉作为配置透明岩体的材料。对透明软岩岩体施加的固结压力远大于对透明黏土施加的固结压力，相似材料在大应力下完成固结过程。利用定制模具在大应力下完成排液成型。

圆柱体模具由两瓣模组装在一起，两个半模的连接处有用于固定的螺母接口，在模具的下侧边缘有用于和底座连接的螺母接口，设计制作的透明岩体圆柱体试样直径为50mm、高为100mm，但实际固结中透明相似材料会在固结压力作用下发生排液固结，使得模具内的透明材料体积减小、高度降低，因此模具的尺寸设计为内径50mm、高120mm。

经试验验证，若直接将透明相似材料放入模具中进行固结，在达到最终固结压力后拆模时，透明岩体会与模具内壁粘连使得透明岩体易被破坏。因此为保护透明岩体试样在拆模时的完整性，在模具内侧增加一层纳米陶瓷贴膜，如图2-27所示，拆模时先将纳米陶瓷贴膜与透明岩体试样一同与模具分离，再小心揭开纳米陶瓷贴膜，可以得到完整性较好的透明岩体试样。试样制作过程如图2-28所示。

a）模具拆分图

b）模具组装图

c）纳米陶瓷贴膜

图2-27　模具

a）模具

b）固结过程

c）透明软岩体试样

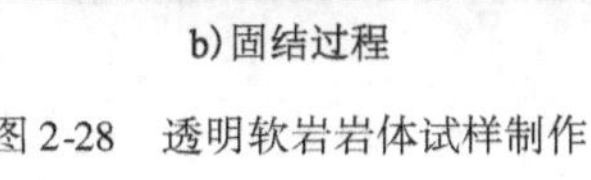
图2-28　透明软岩岩体试样制作

固结压力是决定透明软岩岩体强度特性的关键性因素，固结时间也会对透明软岩岩体强度产生一定的影响。本次试验，在施加固结压力时采用分级加载，每级荷载施加 24h，若一次荷载施加过大，会使得透明相似材料产生过大变形，影响最终的排液成型。如果分级加载的时间过长，会使得透明相似材料中的孔隙流体大量流失，造成透明度明显降低，经过多次试验，最终选择分 5 级加载、8 级加载和 10 级加载，加载的最终应力分别为 0.8MPa、1MPa、1.5MPa、2MPa、2.5MPa、3MPa。

2）透明软岩相似材料的单轴压缩试验

单轴压缩试验采用济南恒思盛大仪器公司生产的 WDW-10 万能试验机来进行，其技术指标见表 2-10。该仪器主要包括试验机主体（高精度步进电机、光电编码器、控制器等）、计算机及控制系统、压缩附具、拉伸附具、传感器等，广泛应用于金属和非金属的拉、压、弯等力学性能试验，如图 2-29 所示。

万能试验机技术指标 表 2-10

万能试验机技术指标	性 能 参 数
最大试验力	10kN
试验力测量范围	0.2% ~100% FS
试验力示值相对误差	±0.5% 以内
试验力分辨力	1/300000FS
横梁位移示值相对误差	±0.50% 以内
万能试验机技术指标	性能参数
最大试验力	10kN
试验力测量范围	0.2% ~100% FS
试验力示值相对误差	±0.5% 以内
试验力分辨力	1/300000FS

a) 试验机主机

b) 测试试样

c) 软件操作系统

图 2-29 WDW-10 万能试验机

透明岩体圆柱体试样单轴压缩试验操作步骤如下：

(1)将圆柱体透明岩体试样放在试验机主体的底座上，微调试样使之位于底座中心。

(2)打开 WDW-10 万能试验机电源同时打开计算机控制系统。

(3)利用快速升降键调整上部传感器与透明岩体试样的距离，在传感器与试样距离在 1cm 左右改用慢速升降键调整传感器与透明岩体试样的距离，最终使得传感器贴近透明岩体试样。

(4)在软件操作系统，选定数据板操作模式(本次试验为沥青混合料圆柱体法单轴压缩试验)，输入试验参数，包括试验人员姓名、试验编号、透明岩体试样尺寸等。

(5)在加载方式上选择按位移加载，加载速率为 0.02mm/min。

(6)由于之前调整传感器与透明岩体试样的相对位置，位移显示板会显示调整阶段的位移量，因此将位移量清零，同时勾选“结束自动复位”选项，点击“开始 F5”选项，直到试样破坏应力急剧下降使得 WDW-10 万能试验机自动停止。

测得的圆柱体透明岩体试样单轴抗压强度及弹性模量数据见表 2-11。

圆柱体透明岩体试样单轴抗压强度及弹性模量　　表 2-11

试样编号	加载级数	最终固结压力(MPa)	试样单轴抗压强度(MPa)	试样单轴抗压强度平均值(MPa)	弹性模量(MPa)	弹性模量平均值(MPa)
1	5 级	0.8	0.037	0.035	1.786	1.7405
2			0.033		1.695	
3	8 级	0.8	0.041	0.0425	2.108	2.159
4			0.044		2.210	
5	10 级	0.8	0.046	0.043	2.574	2.53
6			0.040		2.486	
7	5 级	1	0.051	0.0535	2.259	2.423
8			0.056		2.587	
9	8 级	1	0.052	0.0535	3.058	3.0905
10			0.055		3.123	
11	10 级	1	0.058	0.06	3.361	3.5725
12			0.062		3.784	
13	5 级	1.5	0.065	0.063	3.538	3.547
14			0.061		3.556	
15	8 级	1.5	0.069	0.0715	4.436	4.447
16			0.074		4.458	
17	10 级	1.5	0.072	0.074	4.638	4.568
18			0.076		4.498	
19	5 级	2	0.086	0.085	4.896	5.03
20			0.084		5.164	

续上表

试样编号	加载级数	最终固结压力（MPa）	试样单轴抗压强度（MPa）	试样单轴抗压强度平均值（MPa）	弹性模量（MPa）	弹性模量平均值（MPa）
21	8 级	2	0.084	0.087	5.567	5.5325
22			0.090		5.498	
23	10 级	2	0.091	0.092	5.867	5.8315
24			0.093		5.796	
25	5 级	2.5	0.110	0.103	5.678	5.6995
26			0.096		5.721	
27	8 级	2.5	0.116	0.114	6.217	6.001
28			0.112		5.785	
29	10 级	2.5	0.115	0.1175	6.987	6.931
30			0.120		6.875	
31	5 级	3	0.119	0.12	7.789	7.905
32			0.121		8.021	
33	8 级	3	0.126	0.125	8.324	8.3745
34			0.124		8.425	
35	10 级	3	0.131	0.1325	8.875	8.9195
36			0.134		8.964	

试样在不同最终固结压力及不同加载级数影响下的圆柱体透明岩体抗压强度平均值如图 2-30和图 2-31 所示。在最终固结压力相同的情况下，随着加载级数的增加，圆柱体透明岩体抗压强度有所增强但并不显著；在加载级数相同的情况下，随着最终固结压力的增加，圆柱体透明岩体抗压强度同样增强且较为显著。在影响圆柱体透明岩体单轴抗压强度的各项因素中，固结压力是决定性的因素。

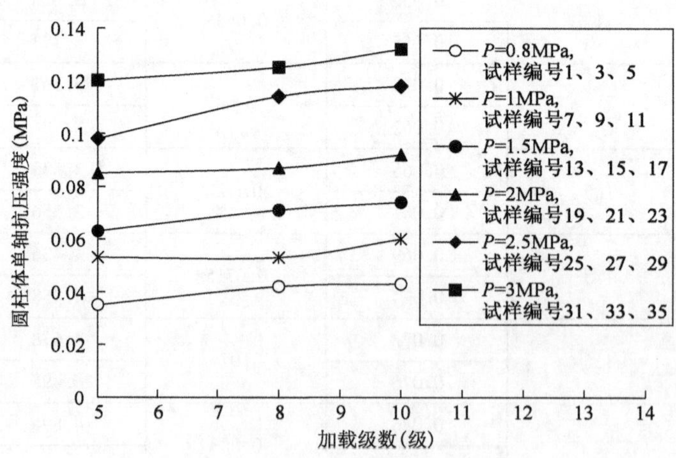

图 2-30 加载级数—单轴抗压强度关系曲线

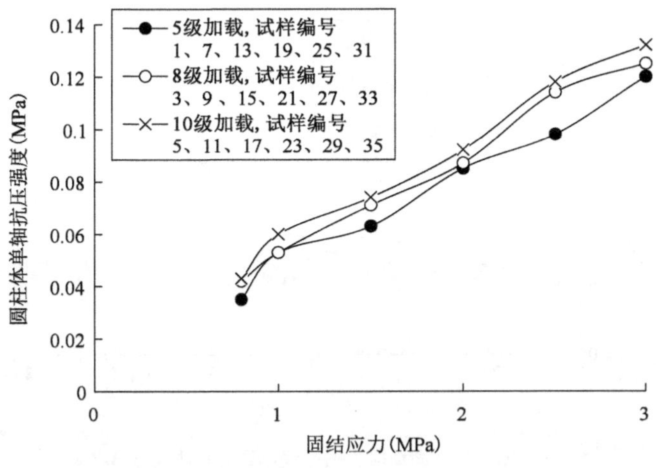

图2-31　固结应力—单轴抗压强度关系曲线

将表2-11所示的圆柱体弹性模量平均值以图的形式表示，如图2-32、图2-33所示。由图可看出，随着加载级数的增加，圆柱体透明岩体的弹性模量出现了一定程度的增加，但增加的程度有限。当最终固结压力 P 为0.8MPa时，5级加载增加到8级，弹性模量值由1.741MPa增加到2.159MPa，增加了24%。当最终固结压力增加后，圆柱体透明岩体试样的弹性模量有了较为明显的增加，在加载等级为5级条件下以固结应力为1MPa和固结压力为1.5MPa的圆柱体弹性模量为例，弹性模量由2.423MPa增加到3.547MPa，增加了46%。由此可见圆柱试样的固结压力变化对弹性模量的影响更为显著。

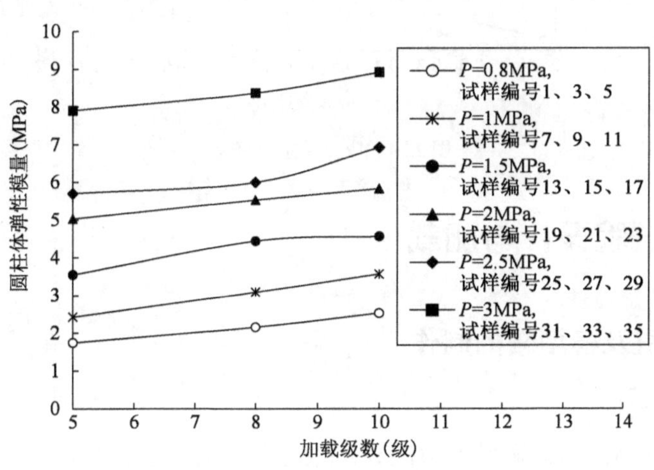

图2-32　加载级数—弹性模量关系曲线

以加载级数为5级且最终固结应力为0.8MPa的圆柱体透明岩体为例，其应力—应变曲线如图2-34所示。应力—应变曲线可以分为三个阶段，当应变小于0.5%时，随着应变的增加，应力增长比较缓慢；当应变处在0.5%～1%时，应力增加速率明显加快，当应变达到1%，此时的应力达到峰值为0.046；在峰值之后，随着应变继续增加，应力开始降低，表现出应变软化的特性。与软岩具有一定的相似性。

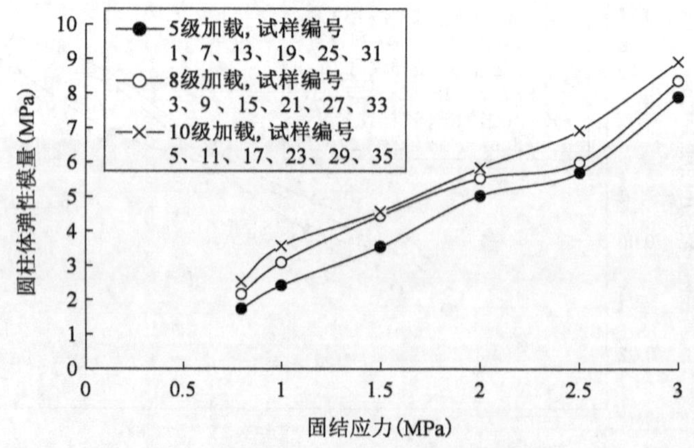

图 2-33 固结应力—弹性模量关系曲线

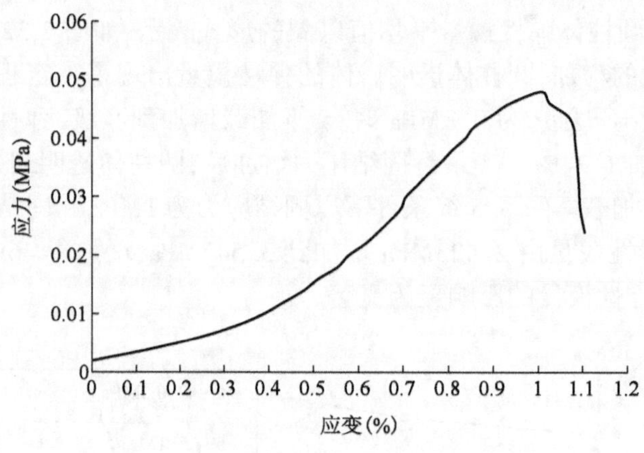

图 2-34 应力—应变曲线

2.4 模型试验设计与加载

2.4.1 模型桩及模型箱的制作

1)模型桩尺寸设计与制作

采用透明土进行小比例的缩尺模型试验，主要探索不同直径及不同变阶条件下变截面桩荷载传递过程中桩周土体的受力与变形特性。试验模型桩由于尺寸相对较小且形状各异，采用其他材料不方便加工，因此选择有机玻璃材质制作。

分别考虑超大直径阶梯形变截面空心桩的变截面次数、桩径、桩长等因素，分别制作了相应的模型桩，并制作了吉安深圳大桥实际工程中超大直径变截面空心桩的等比例缩尺模型桩(尺寸相似比为1∶300)，模型桩的具体尺寸如图2-35所示，模型桩实物图如图2-36所示。

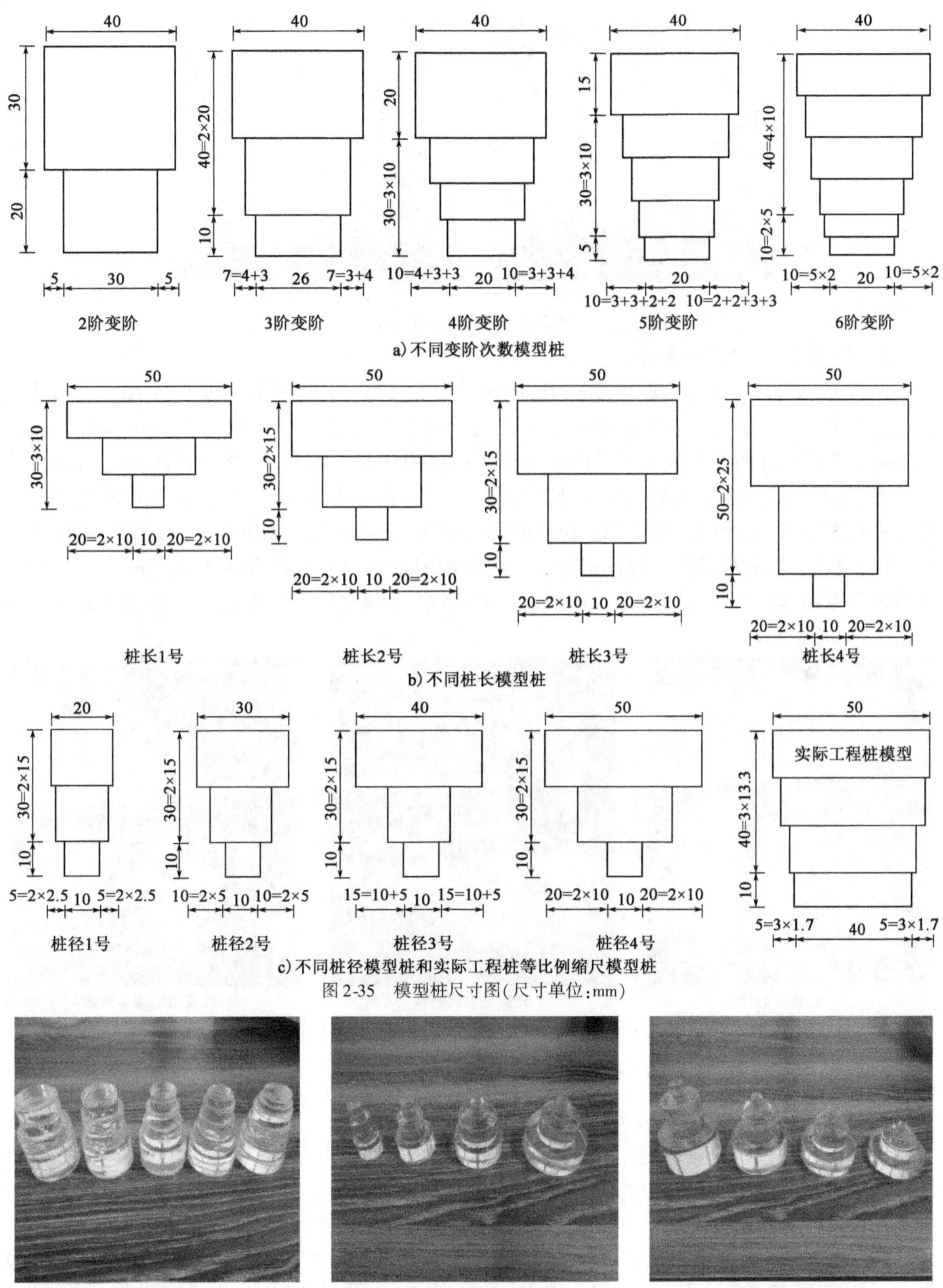

a) 不同变阶次数模型桩

b) 不同桩长模型桩

c) 不同桩径模型桩和实际工程桩等比例缩尺模型桩

图 2-35　模型桩尺寸图(尺寸单位:mm)

a) 不同变阶次数模型桩　　b) 不同桩径模型桩　　c) 不同桩长模型桩

图　2-36

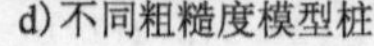

d)不同粗糙度模型桩

e)实际工程桩缩尺模型桩

图 2-36　各类模型桩实物

2)模型箱尺寸设计与制作

试验模型箱材质为有机玻璃亚克力,底板尺寸为 170mm × 170mm,板厚为 10mm;四块侧板尺寸为 170mm × 220mm,板厚 10mm;模型箱的内部尺寸长 × 宽 × 高为 150mm × 150mm × 220mm。考虑到透明黏土和透明岩体的制作需要排液固结的过程,不能直接将亚克力板直接胶封起来,因此选择在板与板的连接处利用激光打孔,孔径为 2mm,模型箱体在板厚处每边用激光穿孔 3 个,在 4 个侧面板处相应位置同样采用激光穿孔,利用旋进螺母的方式把底板和侧板连接成整体,再利用螺钉将板固定起来。在施加固结压力后侧板和底板之间的微小空隙可以作为孔隙流体固结排液的通道。透明砂土无需固结过程,只需普通胶封的模型箱即可。模型箱实物如图 2-37 所示。

a)亚克力板

b)亚克力板拼接

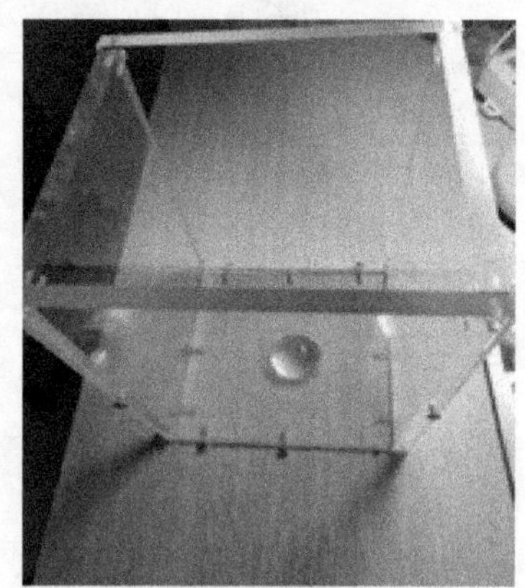

c)模型箱螺钉固定

图 2-37　模型箱

2.4.2　模型箱内大体积透明土的制备

1)模型箱内配置大体积透明砂土

将所选择的两种不同折射率孔隙流体分别单独按比例称量并进行搅拌混合,测试孔隙流体折射率。

操作步骤如下:

(1)利用玻璃棒沾取少量孔隙流体,抬起抬手,将流体涂抹在折射仪存放待测液体的玻璃板上,间隔一小段时间,等到折射仪元件和孔隙液体温度相同后闭合抬手,观测数据,不断微调混合液的折射率,使其与玻璃砂固有折射率相同。

(2)根据模型箱尺寸,试验所需的玻璃砂的体积,进行称量取砂。

(3)将配置好的混合孔隙液体导入到有机玻璃模型箱内,分多次将适量的玻璃砂倾倒入模型箱中,在倒砂的过程中利用玻璃棒轻轻拨动砂体,使倾倒过程中出现的气泡有空间可以溢出排掉,当砂体达到一定高度时,将模型箱放入真空泵进行抽真空,以完全排除其中的气泡。

分多次重复上述步骤,直到玻璃砂厚度达到试验所需的高度,为保证试验顺利进行,一般使混合液液面高于玻璃砂砂面 1 ~ 2cm,如图 2-38 所示。

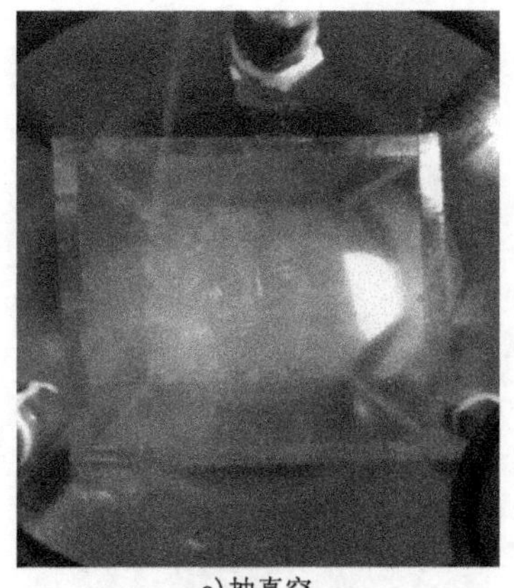

a)抽真空

b)大体积透明砂土效果图

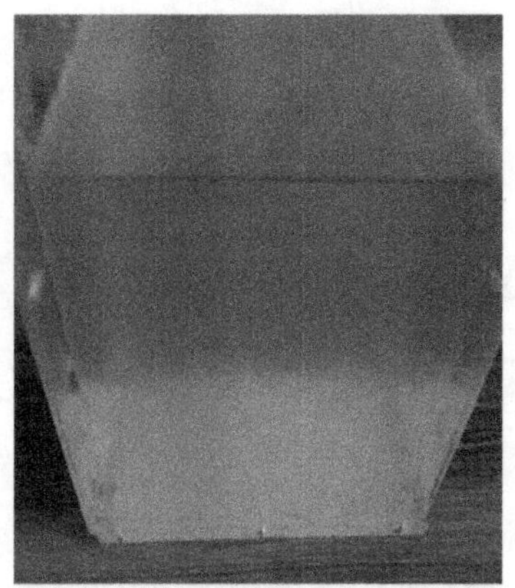

c)配置完成

图 2-38　大体积透明砂土

2)模型箱内配置大体积透明黏土及透明软岩

模型箱内配置大体积透明黏土及透明软岩的配置方法及步骤与透明砂土的配置相似,但模拟透明黏土与透明软岩的透明骨料成分硅粉与模拟透明砂土的熔融石英砂性质不同,在脉冲激光照射下并不能产生明显可观的散斑场。因此,需要额外加入其他材料作为示踪粒子,代替硅粉制造散斑面被相机捕捉到瞬态图像,再进一步进行图像分析。选择珠光粉作为示踪粒子,由于选择红色珠光粉,试验中配置好的透明土目视观感也呈红色。控制珠光粉含量为硅粉质量的 0.04%,由于含量较低且性质稳定不与透明材料发生反应,因此对于透明土体性质的影响可以忽略。在试验进程中珠光粉跟随硅粉一起发生运动,并代替硅粉产生散斑面使得相机能够捕捉到瞬态图像并进一步分析得到运动轨迹,如图 2-39 所示。

a)正视效果

b)俯视效果

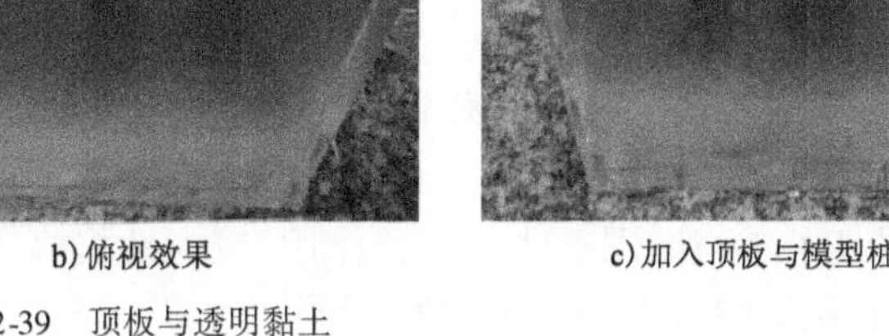

c)加入顶板与模型桩

图 2-39　顶板与透明黏土

固结装置采用了单独设计定制的固结加压装置,加压杠杆可以分级施加压力,可施加的最大压力为4.5kN(450kg),立柱间距250mm,上下空间400mm,均是以模型箱的尺寸设计定制而来。此外,用于加压的模型箱顶板由于局部压力很大,不再使用有机玻璃材质制作顶板而转用钢板。钢板尺寸设计边长比模型箱底板的边长小5mm,利用厚材质的双面胶在顶板四周围粘一圈(利用透明胶固定双面胶与顶板)以扩大钢板的边长使之稍稍大于底板边长,由于双面胶材质偏软,可以较好使顶板进入有机玻璃箱内,使固结顺利完成,如图2-40所示。

a)顶板

b)杠杆加压装置主体

c)准备加压

图2-40　杠杆加压固结装置

2.4.3　不同尺寸模型桩 *p-s* 曲线

超大直径阶梯形变截面桩属于端承摩擦桩。分别配置大体积透明砂土和大体积不同固结压力的透明黏土,在配置的过程中预埋模型桩,施加分级荷载,利用百分表测量桩顶荷载,百分表最小刻度0.01mm(超过百分表量程,重新调整百分表位置再次测量)。测定不同桩型及不同土性桩体沉降,绘制 *p-s* 曲线(赖琼华,2003;赵晓勇 等,2010)。试验加载依照慢速荷载维持法,每级荷载施加后每30min测读一次百分表数据。

不同桩径模型桩[图2-34c)]在透明砂土中的 *p-s* 曲线如图2-41所示。1号模型桩在较小的桩顶荷载下 *p-s* 曲线便从压密阶段迅速过渡到局部减损阶段;2号模型桩压密阶段曲线斜率降低,变化幅度变缓,局部减损阶段持续的时间较短便转入塑性阶段,*p-s* 曲线表现为直线形式,荷载每增加17N沉降增加1mm;3号模型桩和4号模型桩桩身尺寸进一步增加,*p-s* 曲线在塑性破坏阶段表现出逐渐变缓的发展趋势。

随着桩径的增加,变截面桩的沉降逐渐减小且承载力提高,2号模型桩较1号模型桩减小沉降的幅度大且承载力明显提高,当桩径增大到一定程度后,如3号模型桩和4号模型桩,沉降减小及承载力提高不再明显。由于磨砂面的存在,导致磨砂桩荷载传递机理与光面桩存在差异,当作用在桩顶的竖向荷载较小时变截面磨砂桩与变截面光面桩沉降相近,但随着荷载的增大,变截面磨砂桩较变截面光面桩在减小沉降方面的优势逐渐显现出来。这是因为磨砂面的存在提高了桩与周围土体的咬合作用,较大地提高了侧摩阻力并充分发挥了桩周土体的抗力,这与胡亚运(2015)得到的规律相同。

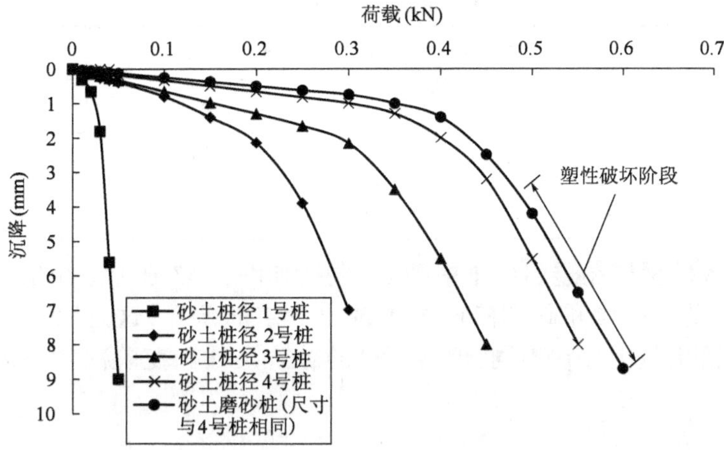

图 2-41 透明砂土不同桩径模型桩 p-s 曲线

不同桩长模型桩[图 2-34b)]在透明砂土中的 p-s 曲线如图 2-42 所示。图中 4 条曲线出现极限承载力时对应的沉降值比较相近,均在 2mm 处,进入整体破坏阶段后 4 条曲线的斜率也比较相近,桩顶荷载增加 10N,沉降增加 1mm。

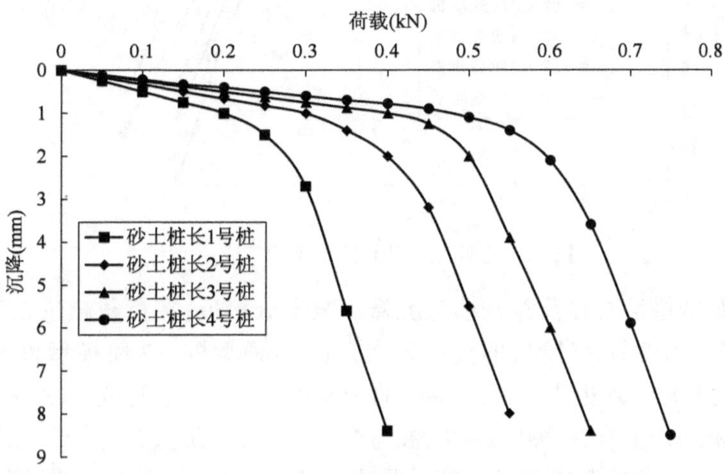

图 2-42 透明砂土不同桩长模型桩 p-s 曲线

随着桩长的增加并没有影响破坏阶段中土体的弹塑性表现。变截面桩在相同荷载下的沉降逐渐减小,说明增加桩身长度可以有效降低地基沉降,拐点逐渐向右方移动,表明桩的承载力逐渐加强。在较小的竖向荷载下桩长较大的桩型和桩长较小的桩型沉降差别不明显,曲线近似重合,仅在加载后期才有较大区别,说明大幅度增加桩长在荷载不是很大的情况下收益并不显著,即当桩长超过一定长度时对承载力的提高较为有限。

多阶变截面桩由于各阶桩段桩径不同,难以对比分析,引入变径比的概念,以往研究变截面桩大部分情况是变一次截面,而超大直径阶梯形变截面桩存在多次变阶,将桩身上部第一段桩径作为参照,以下每段桩身桩径均与第一段桩径存在一个变径比。按此约定,不同变阶次数模型桩变径比见表 2-12。

不同变阶次数模型桩变径比　　表 2-12

模 型 桩	变 径 比	模 型 桩	变 径 比
2 阶变阶桩	0.75	3 阶变阶桩	0.8、0.65
4 阶变阶桩	0.8、0.65、0.5	5 阶变阶桩	0.85、0.7、0.6、0.5
6 阶变阶桩	0.9、0.8、0.7、0.6、0.5		

不同变阶次数模型桩在透明砂土中的 *p-s* 曲线如图 2-43 所示。5 条曲线在压密阶段近似重合，在局部剪切阶段和破坏阶段才表现出一定的差异，这是因为 5 种模型桩尽管在各阶尺寸及变阶次数上存在不同，但模型桩的各阶尺寸和变阶次数上的不同程度有限所致。

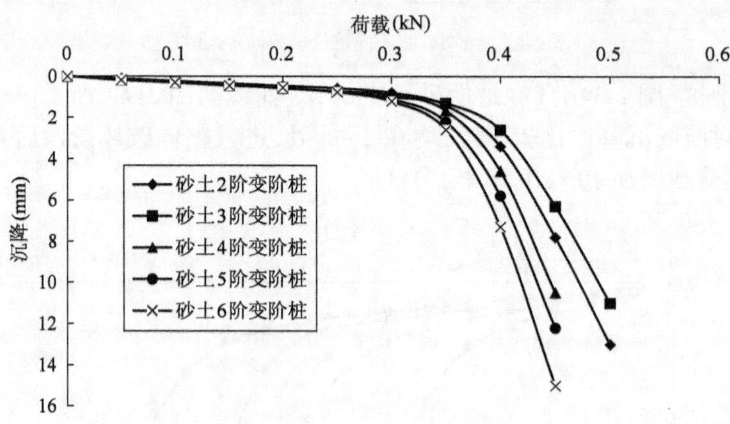

图 2-43　透明砂土不同变阶次数模型桩 *p-s* 曲线

不同变阶次数的模型桩在荷载较小时沉降情况十分接近，在荷载超过 0.3kN 后才显示出差异，从降低沉降的角度看，各阶桩的优势依次是：3 阶模型桩 > 2 阶模型桩 > 4 阶模型桩 > 5 阶模型桩 > 6 阶模型桩。这里影响沉降特性的因素有两个：一个是变阶次数，一个是变径比。可以看出变截面桩理论上存在最优变阶次数与变径比，当变阶次数与变径比与最优值差距变大后，桩的沉降变形也会越来越大，与文献（罗照，2012；孙太亮，2011；罗照 等，2011）中结论一致。此外，变截面桩对于沉降的减小是以损失部分承载力为代价的，当变截面桩的变径比与变阶次数离最优值差距越大时，桩的竖向极限承载力也就越低。基于本次试验设计，3 阶变阶桩，变径比 0.8、0.65 为最优变阶次数和变径比。

分析图 2-41 ~ 图 2-43 中模型桩的极限承载，见表 2-13。桩径组内，1 号模型桩达到极限荷载 40N 时沉降为 2.2mm，2 号模型桩极限荷载为 230N，3 号模型桩极限荷载为 340N，4 号模型桩极限荷载为 420N，磨砂桩极限承载力为 500N；桩长组内，1 号模型桩极限承载力为 300N，2 号模型桩极限承载力为 420N，3 号模型桩极限承载力为 500N，4 号模型桩极限承载力为 610N；变阶组内，3 阶模型桩的极限承载力为 400N，2 阶模型桩极限承载力为 380N，4 阶模型桩极限承载力为 370N，5 阶模型桩极限承载力为 350N，6 阶模型桩极限承载力为 345N，2 阶、3 阶、4 阶模型桩极限承载力出现在沉降 2.5mm 处，5 阶、6 阶模型桩极限承载力出现在沉降 2.2mm 处。

透明砂土各模型桩试验极限承载力　　表 2-13

<table>
<tr><th>组　别</th><th>模 型 桩</th><th>极限承载力（N）</th><th>对应沉降值（mm）</th><th>模型桩</th><th colspan="2">极限承载力（N）</th><th>对应沉降值（mm）</th></tr>
<tr><td rowspan="3">桩径组</td><td>桩径 1 号</td><td>40</td><td>2.2</td><td>桩径 2 号</td><td colspan="2">230</td><td>2.3</td></tr>
<tr><td rowspan="2">桩径 3 号</td><td rowspan="2">340</td><td rowspan="2">2.5</td><td rowspan="2">桩径 4 号</td><td>普通</td><td>420</td><td>2.4</td></tr>
<tr><td>磨砂</td><td>500</td><td>3</td></tr>
<tr><td rowspan="2">桩长组</td><td>桩长 1 号</td><td>300</td><td>2</td><td>桩长 2 号</td><td colspan="2">420</td><td>2</td></tr>
<tr><td>桩长 3 号</td><td>500</td><td>2</td><td>桩长 4 号</td><td colspan="2">610</td><td>2</td></tr>
<tr><td rowspan="3">变阶组</td><td>2 阶</td><td>380</td><td>2.5</td><td>3 阶</td><td colspan="2">400</td><td>2.5</td></tr>
<tr><td>4 阶</td><td>370</td><td>2.4</td><td rowspan="2">5 阶</td><td colspan="2" rowspan="2">350</td><td rowspan="2">2.2</td></tr>
<tr><td>6 阶</td><td>345</td><td>2.2</td></tr>
</table>

模型桩在不同固结程度的透明黏土中的 $p\text{-}s$ 曲线如图 2-44 所示，在荷载逐渐增大的初始阶段，压力与沉降量大致成正比，随着荷载加大，荷载沉降曲线出现曲线段，曲线梯度随荷载的增大而增大，当荷载超过极限承载力与沉降量又近似成为正比关系。

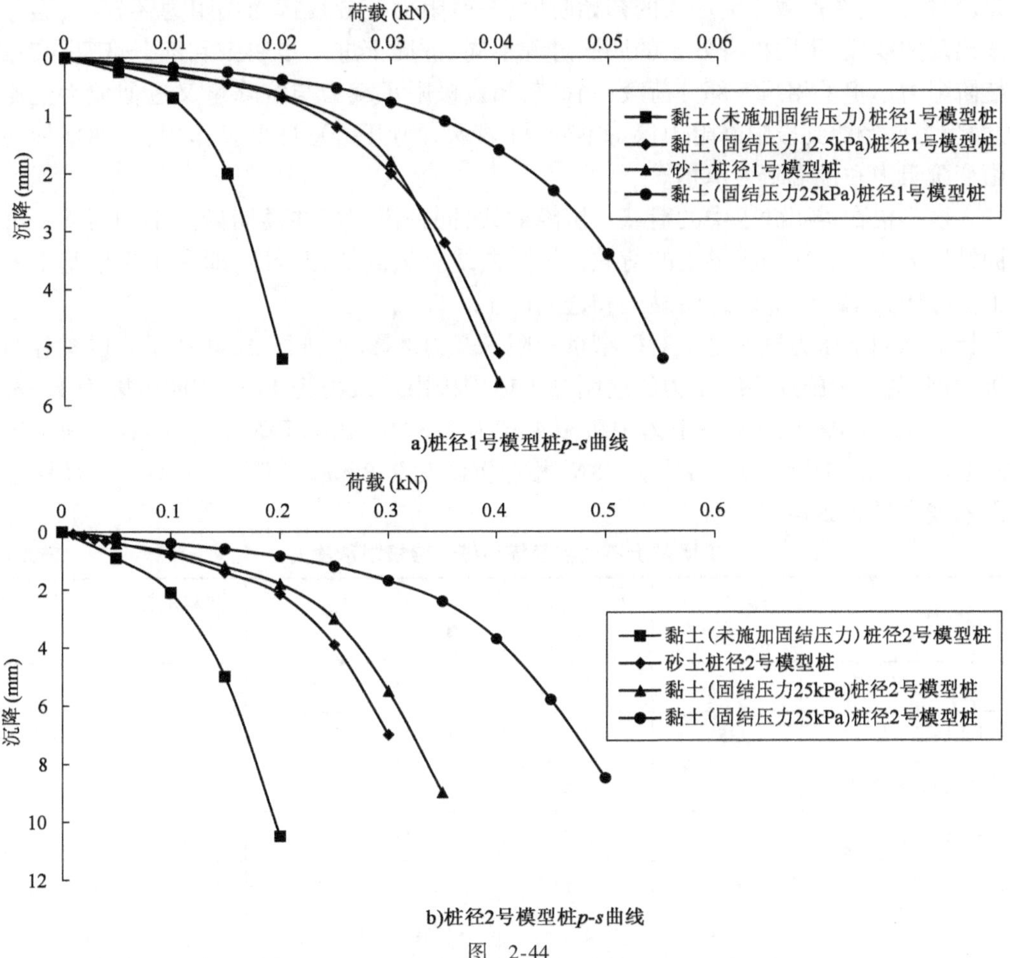

a)桩径1号模型桩$p\text{-}s$曲线

b)桩径2号模型桩$p\text{-}s$曲线

图　2-44

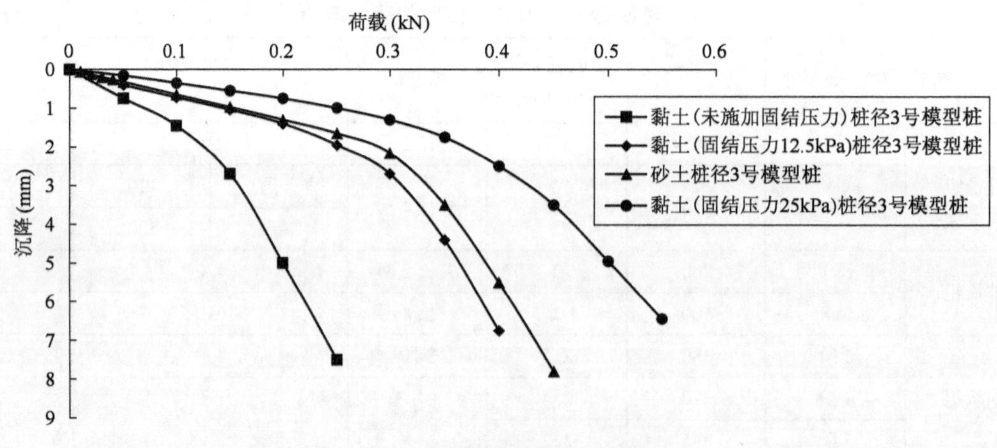

c)桩径3号模型桩*p-s*曲线

图 2-44　不同固结压力透明黏土模型桩 *p-s* 曲线

固结压力的不同较为显著地影响了透明黏土的弹塑性表现，随着固结压力的增加，透明黏土极限承载力和对应的沉降值均有提升。分析模型桩的荷载传递机理，桩侧阻力和桩端阻力并不是同时发挥，在荷载逐渐增大的初始阶段，侧摩阻力充分发挥而端阻力还较小；当荷载沉降曲线出现曲线段，不同桩身处土的屈服过程不同，桩周土进一步屈服和部分恢复同时进行，此时变阶阻力承担了相当一部分荷载；当荷载超过极限承载力与沉降量又近似成为正比关系时，侧摩阻力已经达到极限摩阻力保持不变，桩端承载力开始发挥重要作用，后期增加的荷载主要由变阶阻力和桩端阻力承担。

加入模型桩在透明砂土中的荷载—沉降曲线，同种模型桩在透明砂土中的荷载—沉降曲线与固结压力 12.5kPa 透明黏土的荷载—沉降曲线有较高的相似性，即在作为地基土的力学性质上固结压力 12.5kPa 的透明黏土和透明砂土相近。

分析不同固结压力透明黏土对模型桩极限承载力的影响，如图 2-44 所示。以桩径组 1 号模型桩为例，其在未施加固结压力的透明黏土体中极限承载力为 14N，相应沉降为 1.5mm；在固结压力为 12.5kPa 的透明黏土体中极限承载力为 33N，相应沉降为 2.1mm；在固结压力为 25kPa 的透明黏土体中极限承载力为 48N，相应沉降为 2.8mm。透明黏土不同桩径模型桩试验极限承载力见表 2-14。

透明黏土不同桩径模型桩试验极限承载力　　表 2-14

模型桩	极限承载力(N)	对应沉降值(mm)	模型桩	极限承载力(N)	对应沉降值(mm)
(未固结)桩径 1 号	14	1.5	(12.5kPa)桩径 1 号	33	2.1
砂土桩径 1 号	35	2.2	(25kPa)桩径 1 号	48	2.8
(未固结)桩径 2 号	125	2.8	(12.5kPa)桩径 2 号	250	2.8
砂土桩径 2 号	230	2.3	(25kPa)桩径 2 号	365	3
(未固结)桩径 3 号	150	2.5	(12.5kPa)桩径 3 号	310	2.7
砂土桩径 3 号	340	2.5	(25kPa)桩径 3 号	420	2.8

2.4.4 数字照相理论

1)PIV 原理与结构系统

PIV 技术是一种数字图像处理技术。在流场中分布清晰可辨的示踪粒子,利用脉冲激光光源照射待分析流场区域,按照试验需求通过二次或多次曝光,示踪粒子在二次或多次曝光时的瞬态图像记录在相机之中,对于相机中二次或多次曝光时的瞬态图像一般采用自相关法或互相关法进行处理,计算出流场中分布示踪粒子的流速矢量,并且可以通过进一步分析得到全体流场的位移云图及流场速度矢量图。

关于 PIV 原理,已有不少学者作出研究。李俊青(2015)介绍了 PIV 的系统结构和工作原理,设置洪水漫顶和波浪的试验条件,进行了坝顶流场的算例。杨小林 等(2005)介绍了 PIV 系统采集数据、计算分析过程,并分析了其测速原理,进行了叶轮轴向旋涡流场的算例。孙鹤泉 等(2002)阐述了 PIV 结构系统与互相关分析原理,进行了桩基码头模型涡流场分布算例。陈钊 等(2006)介绍了针孔相机模型的三维 PIV 原理和实现方法,并探讨了三维技术的发展前景。关于图像相关原理,学者也做了相关研究。张华俊(2014)介绍了影响数字图像相关法计算效率和计算精度的主要因素,以鲤鱼鳞片拉伸试验为实例进行验证。单宝华 等(2003)引用亚像素技术提出了一种散斑图像相关数字技术,计算了特征斑的重心,获取物体变形试验曲线。张蕊(2011)基于最小二乘原理,提出了亚像素位移测量的梯度法,并将理论应用于实际测量加以验证。

PIV 系统一般包括 4 个主要组成部分,分别是示踪粒子、光学照明系统、图像记录系统和图像处理系统。

(1)示踪粒子:示踪粒子作为代替流场固有粒子用以测定流场速度的载体,模拟流场固有粒子的运动,要求示踪粒子拥有良好的跟随性,同时散射性需要达到一定程度,能够在光学照明系统作用下产生反光面或散斑面被图像记录系统捕捉到。透明砂土中玻璃砂为示踪粒子,透明黏土中珠光粉为示踪粒子。

(2)光学照明系统:PIV 系统一般是采用脉冲激光器作为光源。在试验操作时,应该控制光源聚焦在 PIV 待分析的区域,使得示踪粒子能够产生效果最好的散斑面,有利于后期的图像处理。

(3)图像记录系统:相机通过二次或多次曝光,图像传感器将示踪粒子的瞬态图像记录下来,并将记录下来的瞬态图像传输到计算机中的图像处理系统中等待分析。

(4)图像处理系统:将变形前后的示踪粒子图像划分成若干区域,这些区域又称为查询区间,每个查询区间内分布着众多示踪粒子,通过图像相关理论进行分析计算可以获得同一示踪粒子在二次曝光瞬态图像之间的速度矢量场。

2)PIVview2C Demo 软件

PIVview2C Demo 软件包含了 PIV 和 PTV 算法。这款软件能够方便有效地对透明土图片进行预处理、数据分析以及后处理等各项操作,本次试验选择直接互相关函数进行运算。

使用 PIVview2C 软件将超大直径阶梯形变截面桩模型试验在施加荷载前后拍摄的图像散斑场进行分析,如图 2-45 所示。获得在不同荷载等级下的土体变形位移场,通过利用 PIVview 2C

图 2-45　PIVview2C Demo 软件界面

软件中的坐标转换功能，在拍摄照片中预先加入尺子作为参照物，达到坐标转换的目的，将位移场中的像素单位“pixel”换算成实际物理单位“mm”。将数据文件导入 Tecplot 软件中，进行数据处理，选择以等值线的方式显示位移场，最终得到了以“mm”为单位的等值线图和位移场。

将利用相机拍摄的一组照片进行图片编号、修改图片尺寸并设定统一格式；在 Image/Preprocessing 中设置各项预处理，可以设置面具掩饰区域来隐藏不需要分析的区域，也可以进行信噪比优化和直方图均衡优化等；在 PIV/PIV parameters 里面可以选择所有的参数：查询区域、相关算法、峰值算法、迭代算法、标定、PTV 等；在选择需要进行分析的区域划分网格，选择 Process current image，图像得到处理，产生很多位移矢量，可以对这些矢量表示按照所需进行优化处理；后处理中可以输出位移矢量、速度矢量等处理结果，处理结果可以输出为 PDF 图片格式，也可以输出 Tecplot 文件数据，用通用的 Tecplot 软件来进行处理。

试验中需要确保相机的拍摄面与片状激光器在模型箱上的照射面垂直以获得较佳的散斑效果；确定拍摄位置后，在连续拍摄中，相机的位置以及模型箱的位置应保持不变，减少扰动的干扰；在拍摄过程中，随着沉桩的进行，在模型箱的部分区域会出现过亮的现象继而影响相机的整体聚焦，可用不透光材质的材料遮挡在超亮区域的模型箱外围，使相机能够重新聚焦。

2.4.5　透明土试验仪器及无溶洞模型试验

1）透明土试验仪器及操作注意事项

（1）试验采用佳能 Canon EOS 700D 单反相机进行拍摄，图像像素为 1800 万像素，相机固定在三脚架上，如图 2-46b）所示。

（2）试验模型箱放置在试验平台上，调整相机与模型箱的相对位置使得相机能够完整拍摄待分析的透明土体部分，相机镜头所在平面与土体观测平面（激光照射散斑面）距离 300mm。

（3）调整相机拍摄模式为运动模式，适合于拍摄移动中的主体，对主体保持对焦，进行连续拍摄，适应于在不同桩顶荷载作用下桩体发生沉降的试验过程，考虑到相机拍摄的试验环境为黑暗条件，仅依靠激光器发射的片状激光来产生散斑面，因此调整相机参数，在标准设定中选择“更暗”的氛围效果拍摄，并将效果值调至最高级三级来适应试验条件。

（4）相机采用帧曝光，曝光时间为 100μs ~ 30s，由于手按键拍摄会使相机镜头产生微小偏移使得试验结果不理想，调整相机拍摄模式为遥控模式，选用远程红外遥控器控制拍摄操作，如图 2-46a）所示。

（5）试验前控制相机镜头轴线垂直于激光照射散斑面，同时调整相机的光圈，使相机视场尺寸满足试验需求。激光器选用南京来奥光机电有限公司的 EP532-3W 型片光源激光器，如

图 2-46c)所示。由于透明土并非完全透明,存在激光有效穿透距离,因此照射散斑面的强度沿着激光投射方向递减。

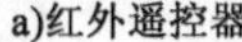
a)红外遥控器

b)Canon EOS 700D相机与三脚架

c)片光激光器

图 2-46　试验设备

2)无溶洞透明土模型试验

经过试验研究得出,固结压力越大,后期数字照相处理效果越不理想,选定模型试验中透明黏土的固结压力为 12.5kPa。模型试验分为有溶洞和无溶洞两类。按照前文中介绍的配置大体积透明黏土的方法进行配置,模型试验中需要加入模型桩,可在透明材料完成抽真空后加入模型桩再完成固结,固结完成后利用顶板上的透明胶取出顶板,调整模型箱、脉冲激光器和相机的相对位置,使相机的视场能够捕捉到待分析的模型桩及周围土体,同时激光散斑效果能够满足试验要求。利用连接木块和砝码施加竖向压力,在各级压力下利用红外遥控器拍摄下土样散斑面,传入计算机利用 PIVview2C Demo 软件进行分析,将分析结果文件利用 Tecplot 软件进行再分析,得到相应结果。模型箱试验如图 2-47 所示,透明砂土效果如图 2-48 所示,透明黏土效果如图 2-49 所示。

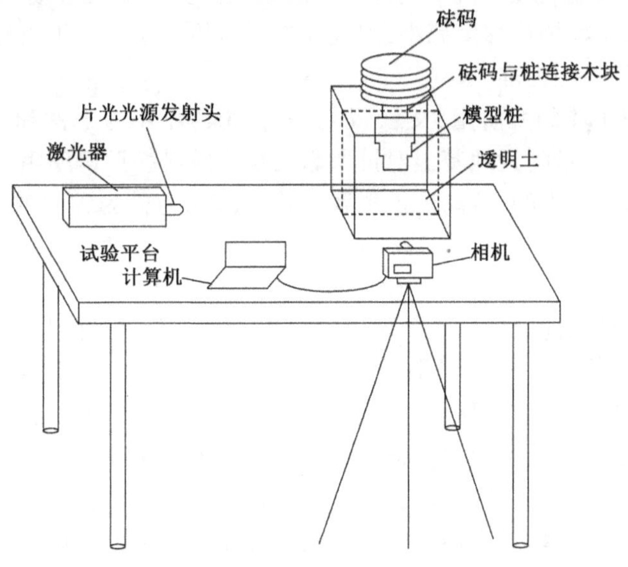

图 2-47　模型箱试验示意图

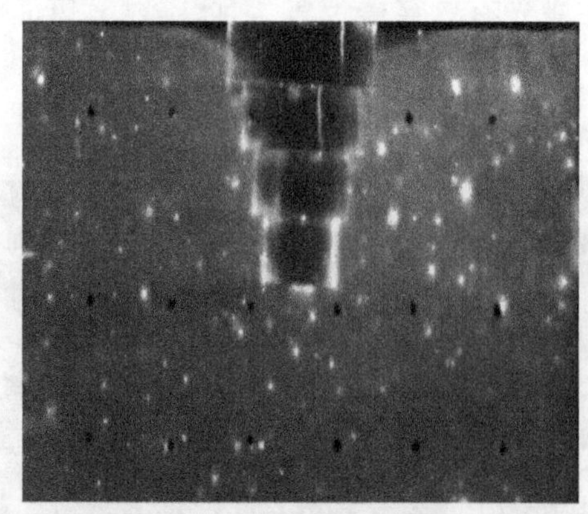

图2-48　透明砂土效果图

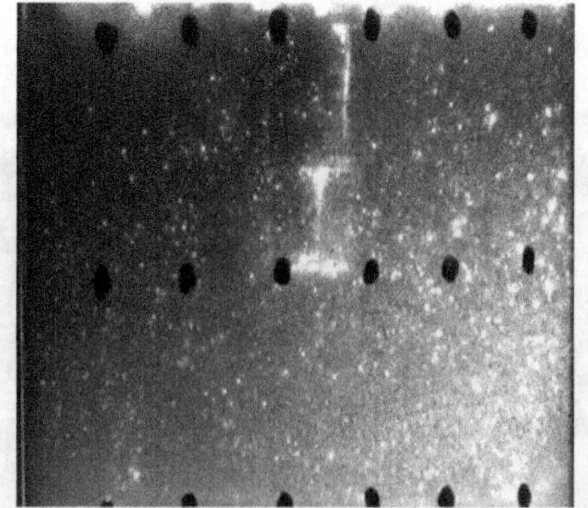

图2-49　透明黏土效果图

2.5　模型桩竖向承载的透明土试验结果分析

2.5.1　模型桩变阶次数对土体位移及荷载传递的影响

1）较小竖向荷载下模型桩变阶次数对位移矢量场的影响

桩顶荷载通过桩侧和桩端将荷载向桩周土体和桩端土体传递，相应土体因受力产生相应运动位移，表现为位移场，位移场的分布形式和数值大小可以反映荷载传递情况。超大直径阶梯形变截面桩作为一种新型桩型，由于在形状尺寸上与普通桩型的巨大差异进而产生了迥异的荷载传递方式，其明显的差异在于变截面的存在使得荷载的承担方式不再局限于桩端阻力和桩侧摩阻力而增加了变阶阻力。

激光器在模型桩右侧激光照射模型，经多次试验，发现两侧土体位移场并非完全相同，这是因为激光穿透透明土体制造散斑面的距离有限，且沿激光前进方向激光强度递减，在模型桩右侧的透明土体会因散斑点过于密集使得部分区域无法分析出位移场，在模型桩左侧会因激光强度较弱分析出的位移场位移值偏小，因此模型桩两侧的位移并不对称，以其中位移场较为完整、位移数值较大的一侧为准。

对于变截面下方土体的变阶阻，文献（荆少东，2004）中不考虑岔和盘（变截面）处地基土产生的支撑力，而把岔和盘附近地基土对桩所起的反力统一按照侧摩阻力进行拟合分析，但更多人将变阶阻力作为端阻力的一部分，这里我们将变阶阻力作为独立的一种荷载传递方式进行分析。

（1）2 阶模型桩

对于 2 阶模型桩加载前后的散斑图像对比分析，得到模型桩桩周土体的运动位移矢量场。如图 2-50 所示。桩身周围分布着较弱的位移场，位移方向向下，这是桩周土体因竖直向下的桩侧摩阻力作用而产生的响应位移。在模型桩不同截面尺寸变阶处，土体运动位移的程度有所增大，说明变阶处承担的荷载更大。桩周土体位移方向产生变化，在变阶处由竖直向下改变为斜向下方向即向下向背离桩体的方向运动。桩端处分布着较为明显的位移场，大部分土体位移方向竖直向下，桩端外缘处土体表现出背离桩体运动的斜下方位移，这是桩体轻微沉降造成的侧向挤压所致。

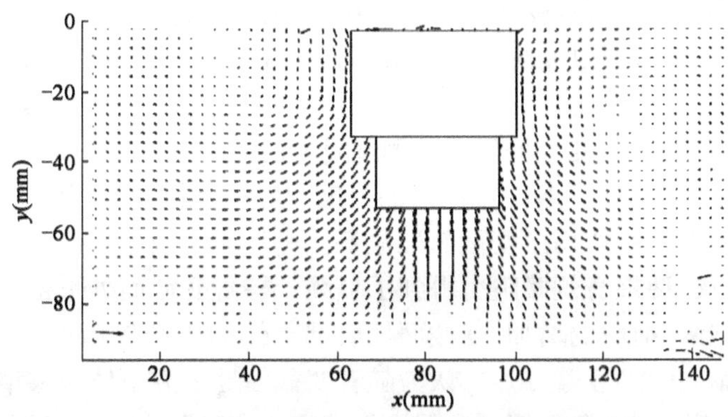

图 2-50 2 阶模型桩 300N 竖向荷载下位移场

从位移场强度分析,桩端位移场强度较大,这是因为竖向荷载水平偏低,桩—土相对位移量较小,侧摩阻力没有充分发挥出来,变阶阻力分担的荷载比例同样偏小,使得桩端阻力承担了较大比例的荷载。若荷载水平提高,桩—土相对位移量会增加,侧摩阻力和变阶阻力承担的荷载比例会明显增大,将显著降低最终传递到桩端的荷载水平。

(2)3 阶模型桩

3 阶模型桩的土体位移场如图 2-51 所示,不同截面尺寸的变阶处增加为两处,桩端竖直向下的位移场比起 2 阶模型桩有所减弱,说明传递到桩端的荷载减小,这是由于变截面处下部土体对桩的支撑作用,竖向荷载在变阶处传入下方土体,使得变截面桩的桩身轴力在变截面处有较大程度的衰减。

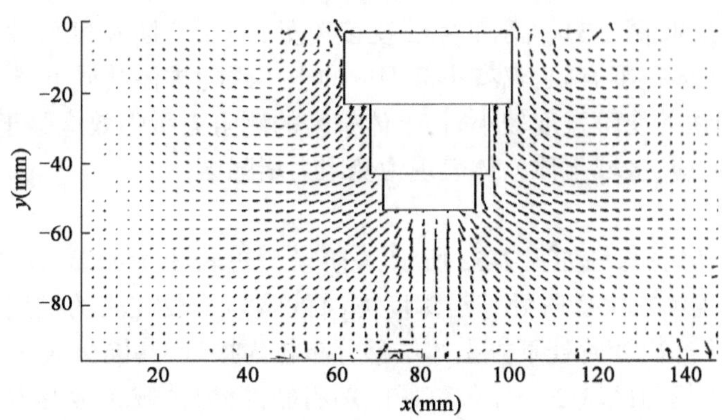

图 2-51 3 阶模型桩 300N 竖向荷载下位移场

变阶处的斜下方位移场强度明显增加,与 2 阶模型桩相比增加的变阶处使得土体位移场发生改变,第一段桩身桩周位移场为区域 1,第一次变阶处下方土体位移场为区域 2,第二次变阶处下方土体位移场为区域 3,如图 2-51 所示。由图可以发现沿深度方向区域 3 较区域 2、区域 1 内土体位移方向沿水平背离桩体方向明显加剧,这是桩体下沉的侧向挤压造成的,且越接近桩端侧向挤压越显著。对比 3 阶模型桩和 2 阶模型桩土体位移场,3 阶模型桩桩周土体(区域 1、区域 2、区域 3)位移强度均大于 2 阶模型桩桩周土体位移强度,3 阶模型桩桩端处土体位移强度小于 2 阶模型桩桩端处土体位移强度,可知两处变阶比一处变阶在变阶处分担了更多的荷载,增加的变截面处使得更多比例的竖向荷载传递到桩周土体中消散,到达桩端的荷载比例降低。

超大直径阶梯形变截面桩承受竖向荷载作用，当荷载传递到变截面处，一部分荷载继续沿桩身向下传递，一部分荷载通过变阶处传递给下方土体。这部分通过变阶处传递给土体的荷载，一方面压密了土体并改善土体性质，增强了桩侧摩阻力，另一方面使得土体沉降增大，减小了桩—土相对位移，在一定程度上阻碍了桩侧摩阻力的发挥。

文献（荆少东，2004）对比了各部位土样的密度，结果在受荷条件下，桩身变截面处下部的土体得到了一定程度的挤密作用。变截面处地基土密度呈上升趋势，变截面处地基土受压密实，改善了地基土性质，使桩身侧摩阻力得到了提高。桩身变截面处下部的土体分担了一部分桩顶传递来的压力，随着荷载的增加，变截面处底部土体的压密作用得到加强，有效分担了压力并降低沉降。文献（何兰宽 等，2012）认为随着变截面处下方土体位移增大桩—土相对位移降低，使得侧摩阻力得不到充分发挥。为保证下部桩段的摩阻力正常发挥，可以在变截面处设置垫层，允许下部桩段产生一定的位移量，待下部桩段摩擦力发挥到一定程度后，垫层的调节功能结束，变截面处的变阶阻力开始发挥作用。

变阶处下方土体桩侧摩阻力的增强或减弱与变阶处宽度有关。当变阶处变阶宽度较大时，图 2-51 所示的第一次变阶处，与变阶处直接接触的土体受到较大范围的桩体传递荷载，土体被压密但土体沉降显著，可以认为此区域内土体跟随桩体共同下沉，桩—土相对位移量明显降低，此时土体挤密的侧阻力增强效应不如桩—土相对位移量降低的侧阻力减弱效应显著，区域土体整体表现为侧阻力减弱区；在此区域的下方，土体没有与桩体直接接触，应力水平相对较低使得土体沉降较小，但此区域土体依然保有一定程度的压密效果，此时土体挤密的侧阻力增强效应强于桩—土相对位移量降低的侧阻力减弱效应，区域土体整体表现为侧阻力增强区。

当变阶宽度较小时，图 2-51 所示的第二次变阶处，由于变阶宽度尺寸限制使得桩体变阶处能够直接影响的土体范围有限，仅有小范围内的土体跟随桩体共同下降，考虑到此区域范围很小则可以忽略，即认为变阶宽度较小时，土体挤密的侧阻力增强效应强于桩—土相对位移量降低的侧阻力减弱效应，区域土体整体表现为侧阻力增强区。

（3）4 阶模型桩

4 阶模型桩的土体位移场如图 2-52 所示，4 阶模型桩较 3 阶模型桩在土体位移场上稍有不同，4 阶模型桩多了第三次变阶处。沿深度方向桩体第一段桩段的桩周土体位移场为区域 1，第一次变阶处和第二次变阶处下方土体位移分布较为接近，共同构成区域 2 土体位移场，第三次变阶处土体位移场与区域 2 土体位移场区别明显，设为区域 3，从区域 1 经区域 2 到区域 3，土体位移沿水平背离桩体方向位移不断加剧。第一次变阶处下方土体和第二次变阶处下方土体没有划分成两个区域而是共同组成区域 2，这可能是因为第一次变阶和第二次变阶的变阶高度偏小使得土体位移无法区别开来。第三次变阶处下方土体独自构成区域 3 且位移方向改变显著，这是因为第三次变阶处虽然变阶高度偏小，但是下方就是桩端，桩端下方土体对第三次变阶处下方土体有明显侧向挤压的作用，使得第三次变阶处下方土体位移沿水平背离桩体方向加剧。

4 阶模型桩第一段桩身桩周土体位移场方向竖直向下，侧阻力起主要作用，下面不同桩径桩段土体位移沿斜下方，变阶阻力和侧摩阻力共同承担荷载。第一次变阶处的压力可能会引起下方土体跟随桩体一起下降，当土的沉降较大时其下的局部桩身可能产生负摩阻力。

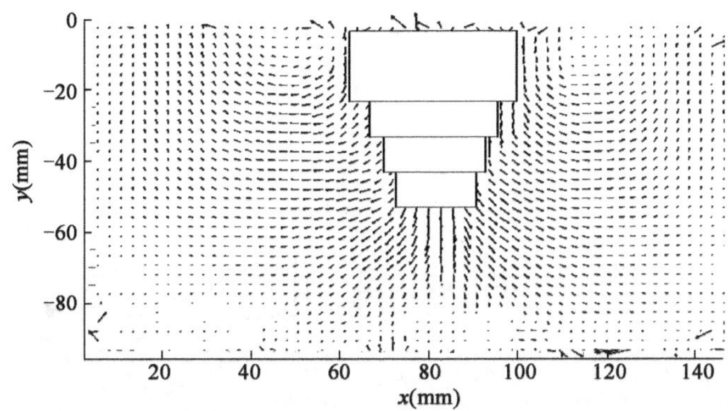

图 2-52　4 阶模型桩 300N 竖向荷载下位移场及等值线图

(4)5 阶模型桩

5 阶模型桩的土体位移场如图 2-53 所示,5 阶模型桩第一次、第二次、第三次和第四次变阶处土体位移场分布形式较为类似,位移方向基本一致,这是由于变阶次数较多,各阶变径比较为接近,使得各阶之间变径的差异不再明显,如图 2-53 模型桩左侧标注区域所示。模型桩右侧大范围区域内没有土体位移场分布,这是因为激光位于模型桩右侧照射模型,右侧散斑区域散斑强度过大且分布密集使得部分位移场无法分析,如图 2-53 模型桩右侧标注区域所示。

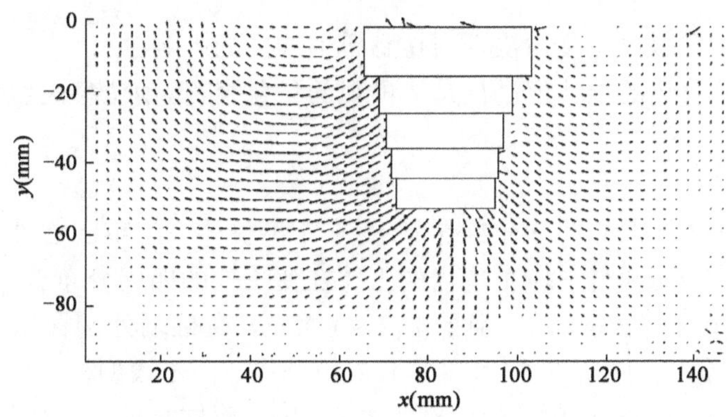

图 2-53　5 阶模型桩 300N 竖向荷载下位移场及等值线图

5 阶模型桩桩周土体位移场强度较高而桩端位移场强度较低,可知荷载在传递到桩端前已有一部分通过变阶阻力和侧摩阻力消散到桩周土体中,进而可知桩身轴力呈现上大下小的变化趋势,轴力在变截面处有较大程度的衰减,相应的变截面处土体附加应力出现明显增加,反映出下部土体对桩的支撑作用,文献(倪煌俊,2012)中称变截面处的这一特征为“翼缘效应”。

(5)6 阶模型桩

6 阶模型桩如图 2-54 所示,对比分析 2 阶、3 阶、4 阶、5 阶、6 阶模型桩的土体位移场,发现沿着整个桩身桩周土体的位移场强度在逐渐增强且位移场影响的土体范围也在不断扩大,而桩端土体的位移场强度减弱,说明变阶处的存在可有效改变桩顶竖向荷载的传递模式,可通过变阶作用实现荷载传递路径的变化,充分发挥桩周土体的承载性能,将相当一部分荷载消散到桩周更大范围内的土层中,减小桩端土体的变形位移和桩身整体的沉降,与传统等截面桩相比,其荷载分担比更为合理优化。

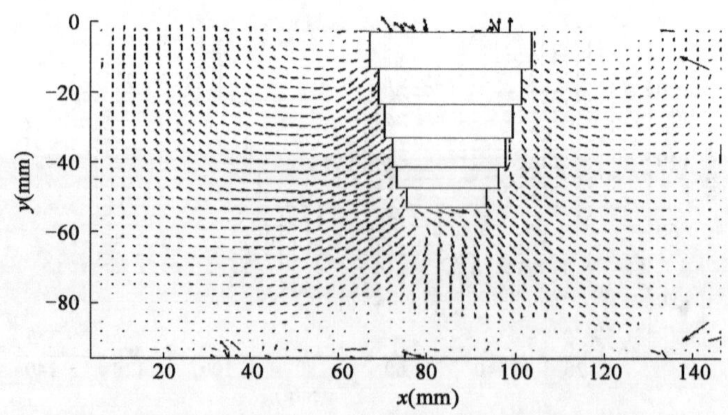

图 2-54　6 阶模型桩 300N 竖向荷载下位移场及等值线图

6 阶模型桩左右两侧位移场并不对称，右侧位移场强度明显偏小，如图 2-54 右侧标注区所示，同样是激光散斑过亮使得位移场无法分析所致。6 阶模型桩桩周土体位移场不同于 3 阶和 4 阶情况，表现为整体桩周位移场为统一区域，此区域内土体位移方向相同，可能是由于模型桩尺寸较小，较多的变阶处使得各阶之间变径比差异不再明显，模型桩近似表现为等阶梯状锥形桩，沿桩身深度方向对土体的传荷方式大致相同，使得桩周土体表现为统一的位移场区域。

2）较小竖向荷载下模型桩变阶次数对位移等值线图的影响

将模型桩土体位移场的位移值进行具体可观的量化，将运动位移矢量场进一步处理为位移等值线图。

（1）2 阶模型桩

2 阶模型桩的位移等值线图如图 2-55 所示，在距离桩体一定范围之外，有层层包围的"梨形"等值线分布，但在靠近桩体一定范围内的土体在变阶处的四周分布着小范围独立的"半梨形"等值线，且等值线的量值较高，达到了 1.2 ~ 1.4mm，在桩端处同样出现了小范围独立的"半梨形"等值线，等值线的数值同样达到了 1.2 ~ 1.4mm，由于模型桩变阶处和桩端处于土体的相对位置不同，模型桩变阶处的等值线图为左右取半，而桩端处的等值线图为上下取半，对比分析等值线的大小，可以发现土体位移主要发生在模型桩变阶处和桩端处。

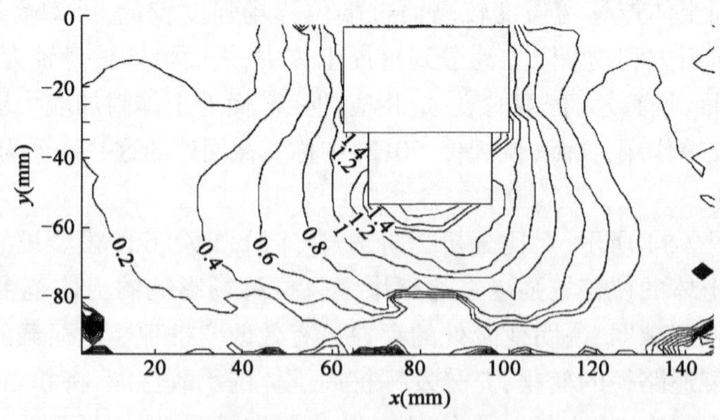

图 2-55　2 阶模型桩 300N 竖向荷载下位移场等值线图

（2）3 阶模型桩

3 阶模型桩的位移等值线图如图 2-56 所示，与 2 阶模型桩类似在靠近桩体一定范围内存在独立"半梨形"等值线区域。3 阶模型桩有二处变阶处：第一次变阶处由于靠近桩顶的有独立的"半梨形"等值线区域；第二次变阶处靠近桩端，没有独立的"半梨形"等值线区域，而是和桩端的位移等值线整合为统一的一个"半梨形"等值线区域。这说明当模型桩变阶处比较靠近桩端时，将其看作一个变截面处独立发挥作用并不合适，更多的是与桩端共同发挥端承的作用。

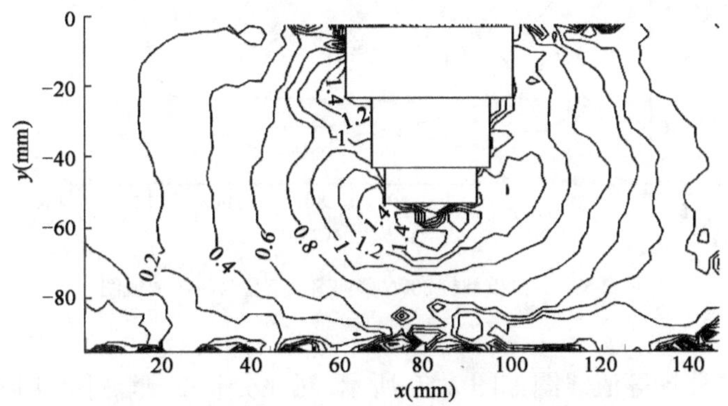

图 2-56　3 阶模型桩 300N 竖向荷载下位移场等值线图

（3）4 阶模型桩

4 阶模型桩位移场等值线图如图 2-57 所示，由图发现距离模型桩一定距离后出现"梨形"等值线，在此距离内土体直接受桩体挤压，土体位移较大且具有不确定性，称为临界距离。在此距离外土体的位移等值线均表现出"梨形"形状包裹桩体，不同层位移等值线以桩体重心为中心向外扩展分布，在位移等值线的大小上，以桩体为中心随着向外扩散位移等值线的数值呈现逐渐降低的趋势，说明桩体将荷载传递到周围土体中，土体将荷载逐渐向更远向更深处消散。

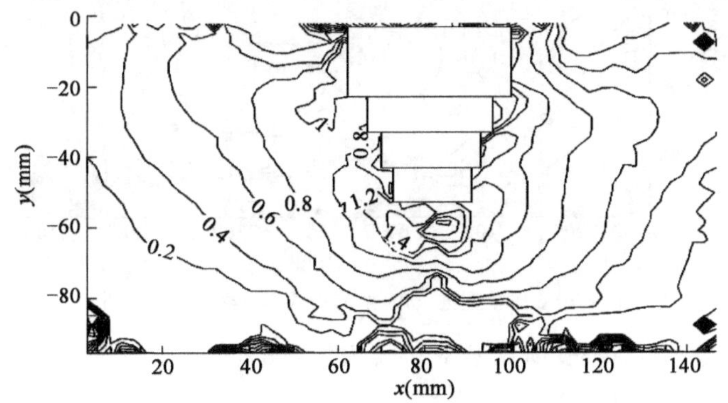

图 2-57　4 阶模型桩 300N 竖向荷载下位移场等值线图

（4）5 阶模型桩

5 阶模型桩的位移场等值线图如图 2-58 所示，图中等值线图左右对称性较差，这是试验加载时微偏心所致。但依然可以看出地基土中土体位移沿深度和水平方向逐渐减小，桩身附近土体位移值较大且沿深度和水平向衰减幅度明显，离桩身较远的土体位移较小且沿深度和水平向基本保持不变，这与文献（胡亚运，2015）中变截面螺纹桩地基土的附加应力分布规律相似。文献(胡培进 等,2007)也指出桩端平面以下土中的竖向应力沿深度收敛较快,在深度超过2~3倍桩底直径后,竖向应力减小显著甚至可忽略不计。

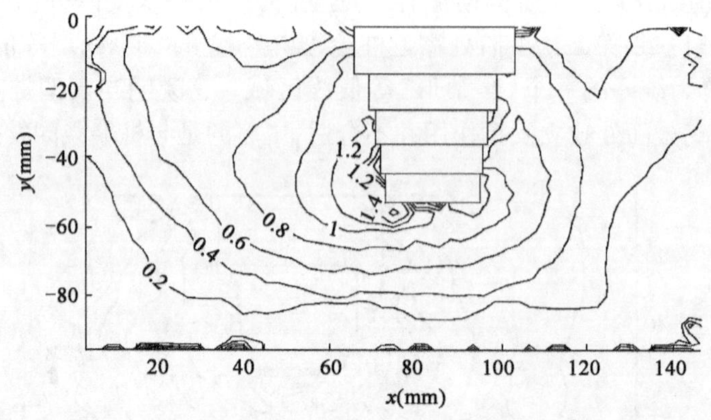

图2-58 5阶模型桩300N竖向荷载下位移场等值线图

(5)6阶模型桩

6阶模型桩的位移场等值线图如图2-59所示,对比分析2阶、3阶、4阶、5阶、6阶模型桩的位移等值线图,桩周土体的位移方向均沿斜向下方,最大位移1.2~1.4mm,沿土体位移方向位移值逐渐减小,表明荷载传递到更深远范围的土层消散。6阶模型桩由于变阶处较多,靠近桩体一定范围内的位移等值线图呈现"半串珠状"。可以推测当变阶次数更多时,模型桩变截面处土体位移场进一步演化为整体的位移等值线,独立的"半梨形"等值线区域已不明显。

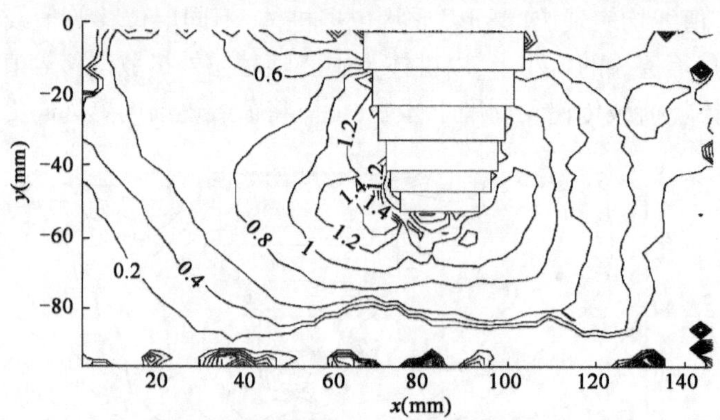

图2-59 6阶模型桩300N竖向荷载下位移场等值线图

3)较大竖向荷载下模型桩变阶次数对位移矢量场的影响

(1)2阶模型桩

2阶模型桩在350N荷载下土体位移场如图2-60所示,与300N桩顶荷载作用下的模型桩土体位移场相比,在更大的荷载作用下,桩身的沉降加剧,引起的桩周土体的斜下方位移和桩端位移在强度和范围上均有不同程度的增加。

桩体出现了较大幅度的沉降,荷载增加后的土体位移场在距离桩轴2倍桩径范围内的土体出现了不同程度的向上或斜向上的土体位移,这是桩体下降挤占下方土体空间,因挤压作用桩端和桩周土体发生滑移进而表现为土体轻微向上隆起。

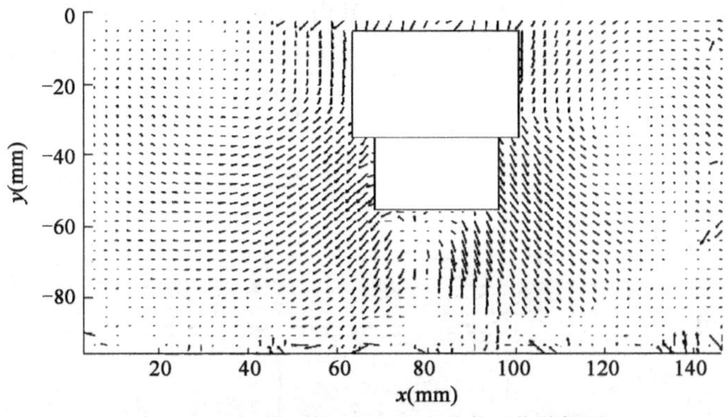

图 2-60　2 阶模型桩 350N 竖向荷载下位移场图

(2)3 阶模型桩

3 阶模型桩在 350N 荷载下土体位移场如图 2-61 所示,对比 2 阶模型桩土体位移场具有一定相似之处,当变阶次数较少时,可以明显看出土体位移场主要分布在模型变阶处和桩端处,等截面桩桩周位移场较小,沿深度方向不同桩段土体位移场水平背离桩体运动趋势加剧,越接近桩端土体水平侧向挤压越明显。

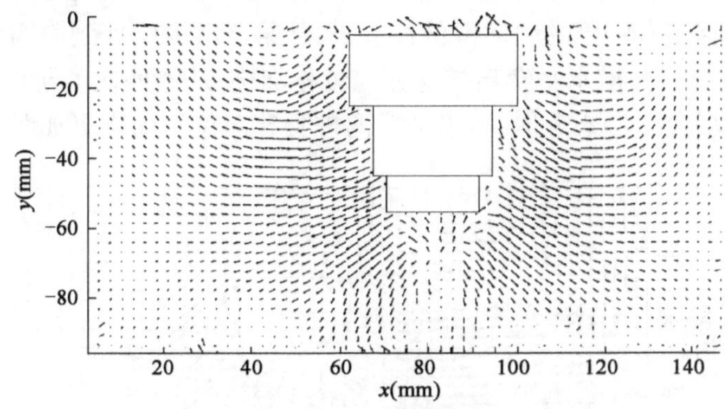

图 2-61　3 阶模型桩 350N 竖向荷载下位移场图

对比 2 阶、3 阶模型桩的土体位移场,在桩体下压的过程中,模型桩变阶处的下方土体产生斜下方的土体位移,在更大竖向荷载作用下这种斜下方的土体位移的量值也更大,并且以桩轴为中心向四周扩散其位移强度在扩散过程中不断减弱,说明变阶处的桩轴土体有效地将竖向桩顶荷载消散到桩周土体中及范围更宽广的土体中,充分利用了桩周土体的承载力。观察土体位移场,可以发现土体有整体剪切破坏趋势,靠近桩端变阶处的土体首先发生剪切破坏,继而变阶处范围内的土体发生滑移,滑移面不断延伸,当达到土体表面时出现整体剪切破坏。

(3)4 阶模型桩

4 阶模型桩在 350N 荷载下土体位移场如图 2-62 所示,尽管存在三次变截面处共有四段不同桩径的桩端,但位移场的分布形式并没有对应四段桩身分为四层位移场。

在第一段桩身上半段的区域 1,模型桩桩周土体位移方向接近竖直方向,主要是侧摩阻力承担荷载;从第一段桩身下半段到第二次变阶处的区域 2,模型桩桩周土体位移方向沿斜向下方向,即向下运动同时向水平背离桩体方向运动,于垂直方向之间的夹角可以达到 30°～45°,此时变阶阻力和侧阻力共同发挥作用;从第二次变阶处到桩端平面的区域 3,桩周土体位移方向偏斜程度更加显著,与垂直方向之间的夹角可以达到45°,甚至接近90°,达到水平位移,土体位移的强度也高于模型桩等截面部分桩周土体位移,这是桩端沉降的侧向挤压和桩端下方土体的侧向挤密共同造成的。整体观察位移场,土体有整体剪切破坏趋势。

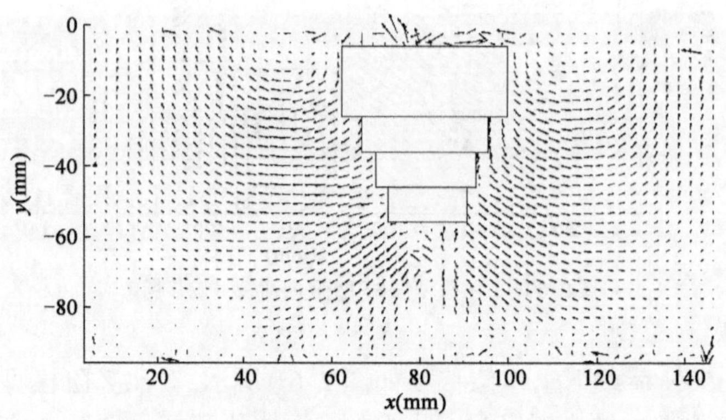

图 2-62　4 阶模型桩 350N 竖向荷载下位移场图

(4)5 阶模型桩

5 阶模型桩在 350N 荷载下土体位移场如图 2-63 所示,在第一次变阶处以上的第一段桩身的区域 1,土体位移场有轻微的斜向下位移趋势;从第一次变阶处到第四次变阶处的区域 2,土体位移场分布形式近似,沿水平背离桩身方向位移加剧;从第四次变阶处到桩端下一段距离的区域 3,土体位移场分布形式近似,沿水平背离桩身方向位移加剧更加明显,接近水平位移。

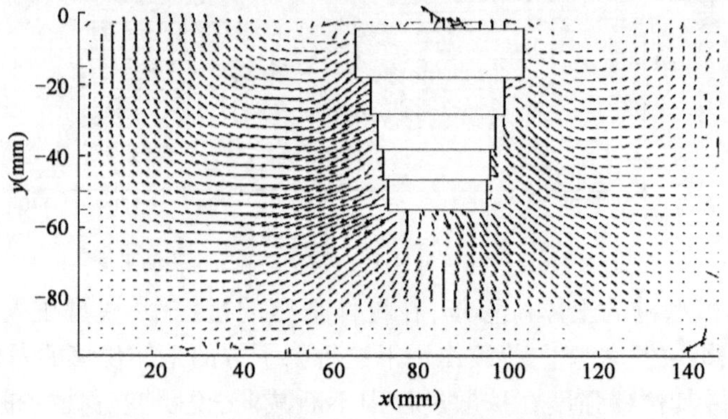

图 2-63　5 阶模型桩 350N 竖向荷载下位移场图

当模型变阶处距离桩顶较近时,桩周土体能够较早并较充分地发挥侧摩阻力,分担一部分桩顶竖向荷载。当模型桩的变阶处靠近桩端较近时,可以发现变阶处的土体位移场和桩端的土体位移场连接在一起,以整体的形式对桩周土体产生影响使之出现运动位移,此时可以认为靠近桩端的模型变阶处充当端承的一部分与桩端共同承担桩端荷载。土体同样有整体剪切破坏趋势。

(5)6 阶模型桩

6 阶模型桩在 350N 荷载下土体位移场如图 2-64 所示,对比 2 阶、3 阶、4 阶、5 阶和 6 阶模型桩,当变阶次数较多时,桩周土体表现出整体的斜下方运动位移,如图中标出的统一位移区,连接成一片的桩周土体位移场消散了较多的桩顶荷载。此外,不同变阶次数模型桩的外部尺寸存在差异,变阶次数越多,变径比区别增大,在同等荷载作用下,桩体沉降有所增加,土体位

移更加显著。土体中整体剪切破坏趋势线如图 2-64 所示。

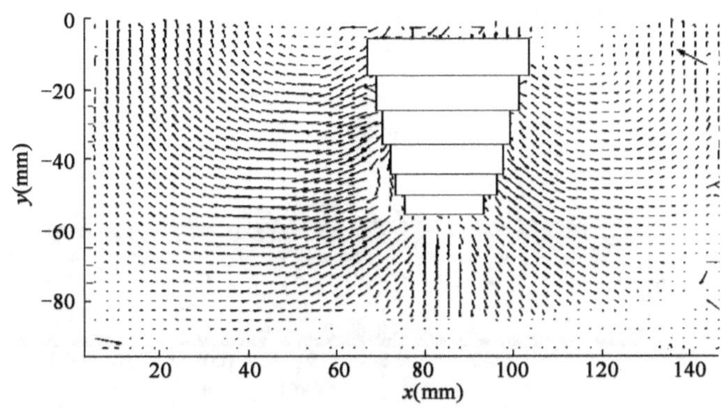

图 2-64　6 阶模型桩 350N 竖向荷载下位移场图

4)较大竖向荷载下模型桩变阶次数对位移等值线图的影响

(1)2 阶模型桩

2 阶模型桩在 350N 荷载下土体位移等值线图,如图 2-65 所示。与 300N 桩顶竖向荷载作用下的位移等值线(图 2-55)相比,在模型桩变阶处及桩端处位移值均有所增加。在靠近桩体的区域内最大位移达到了 1.4 ~ 1.6mm,较 300N 桩顶竖向荷载作用下的 1.2 ~ 1.4mm 增加了 15%。对比 2 次不同荷载作用下相同区域的土体位移场,土体运动位移的范围出现了扩展,表现为“梨形”等值线区域更为宽广,表明随着桩顶竖向荷载的增加,超大直径变阶桩的承载能力进一步得到发挥。在图 2-65 中标出 0.8mm 等值线,以 0.8mm 等值线为例标出桩体中心到等值线轮廓边缘的水平距离和竖直距离,对比可知水平距离与竖直距离接近,说明 2 阶模型桩变阶阻力和侧阻力共同承担的荷载值与桩端承担的荷载值相近。

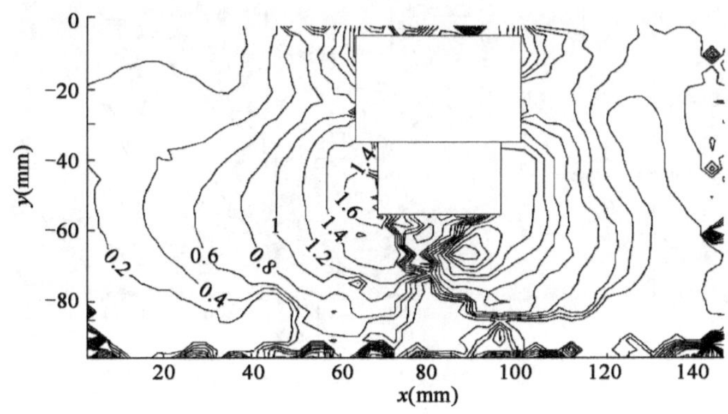

图 2-65　2 阶模型桩 350N 竖向荷载下位移场等值线图

(2)3 阶模型桩

3 阶模型桩在 350N 荷载下土体位移等值线图,如图 2-66 所示。对比 300N 荷载下土体位移等值线(图 2-56),发现在较大荷载作用下,水平位移增加的幅度要大于竖向位移的增加。这是因为在大荷载作用下桩体产生了较大幅度的沉降,桩体沉降一方面使土体压缩,另一方面土体受到挤压发生侧移增大了水平位移。对比桩体中心到等值线轮廓边缘的水平距离,可知 3 阶模型桩相较于 2 阶模型桩水平距离较大,说明在水平方向上距离桩体同等距离的土体位移更大,即桩体将更大比例的竖向荷载消散到桩周土体中并降低了传递到桩端的荷载比例。

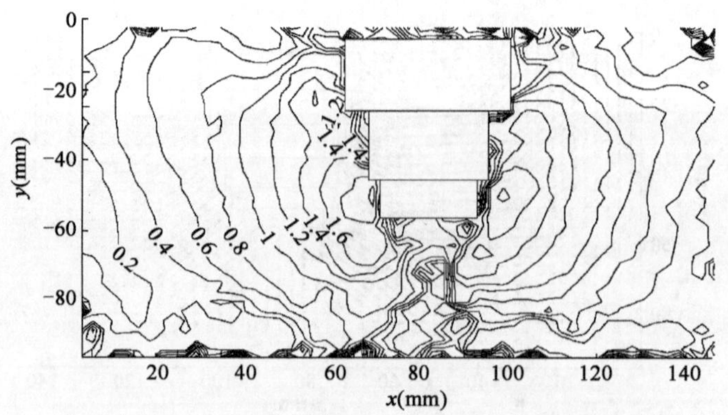

图 2-66　3 阶模型桩 350N 竖向荷载下位移场等值线图

(3)4 阶模型桩

4 阶模型桩在 350N 荷载下土体位移等值线图,如图 2-67 所示。在"梨形"等值线的下方存在一个向上凸起的区域。这是在桩顶荷载作用下桩体出现沉降,桩端下方持力层出现"人"字形缝隙,桩端土体逐渐由弹性变形发展为塑性变形,塑性区不断扩展产生土体滑移,这种塑性流动会挤压桩周土体,原先产生的"人"字形缝隙在挤压作用下闭合。此时,桩体下沉造成的缝隙已不存在,桩端下方持力层继续承担桩体荷载,由于土体被初次挤密,承载力得到初步提升。荷载继续加大,引发新的桩体下降和缝隙产生,再次循环上述过程,形成渐进破坏(肖宏彬,2005)。对比桩体中心到等值线轮廓边缘的水平距离,可知 4 阶模型桩相较于 3 阶模型桩水平距离较大,说明 4 阶模型桩桩周土体承载力发挥得更加充分。

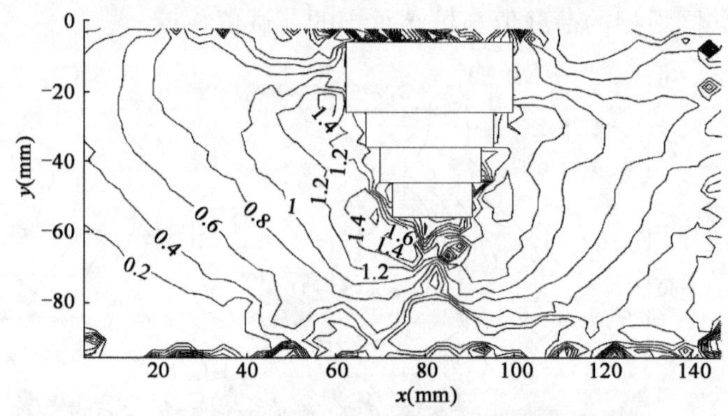

图 2-67　4 阶模型桩 350N 竖向荷载下位移场等值线图

(4)5 阶模型桩

5 阶模型桩在 350N 荷载下土体位移等值线图,如图 2-68 所示。对比不同变阶次数模型桩在相同荷载作用下的桩身沉降和土体位移,5 阶模型桩 0.8mm"梨形"等值线轮廓的水平距离和竖直距离大于 2 阶、3 阶、4 阶模型桩 0.8mm"梨形"等值线轮廓的水平距离和竖直距离。可知变阶次数越多,桩身沉降和土体位移呈递增趋势。对比桩体中心到等值线轮廓边缘的水平距离,可知 5 阶模型桩相较于 4 阶模型桩水平距离较大,说明 5 阶模型桩桩周土体承载力得到进一步发挥。

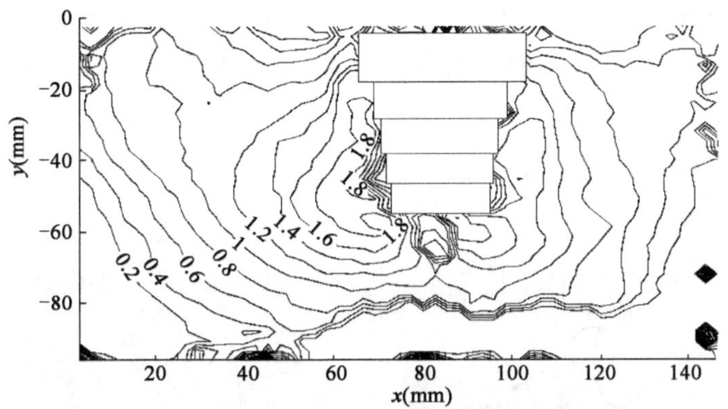

图 2-68 5 阶模型桩 350N 竖向荷载下位移场等值线图

(5)6 阶模型桩

6 阶模型桩在 350N 荷载下土体位移等值线图,如图 2-69 所示。5 阶、6 阶模型桩的最大土体位移达到了 1.6 ~ 1.8mm,比 2 阶、3 阶、4 阶模型桩最大位移 1.4 ~ 1.6mm 增加了 13%。综合分析模型桩位移等值线图,变阶次数越多更有利于发挥桩周土体的承载力,但对于控制桩身整体沉降不利。对比桩体中心到等值线轮廓边缘的水平距离,可知 6 阶模型桩相较于 5 阶模型桩水平距离相近,两桩承载性能接近。

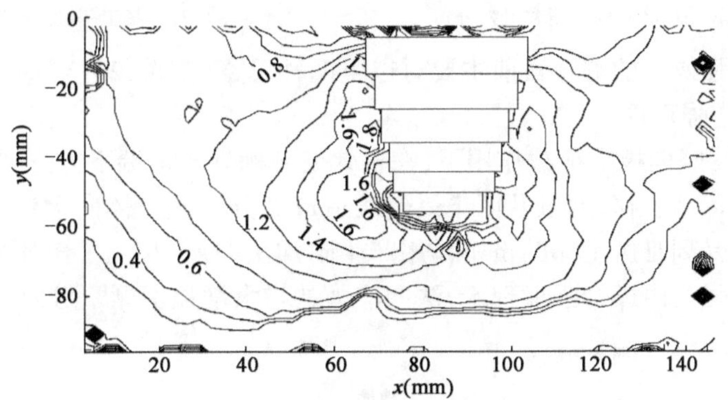

图 2-69 6 阶模型桩 350N 竖向荷载下位移场等值线图

分析不同变阶次数模型桩的荷载分担比,可知模型桩变阶次数增加后,桩周土体承载力得到了更为有效的发挥,即侧摩阻力和变阶阻力承担了更多荷载,有效降低了桩端阻力,但这种充分利用并不是随变阶次数增加而无限增长,当达到一定变阶次数后模型桩桩周土体分担的荷载量趋于稳定。

2.5.2 模型桩桩径对土体位移及荷载传递的影响

1)侧阻力增强效应

Vesic(李军,2015)利用现场试验验证了靠近桩端的桩段侧阻力会有增强的现象,从图 2-70 可以看出,侧摩阻力沿桩身并非按直线分布,而是呈曲线分布。桩身不同位置处侧摩阻力不同,沿着深度方向在接近桩端的桩体部分侧摩阻力不断增加。改变桩长条件,这种在桩端附近侧摩阻力增加的现象仍然存在。图 2-71 所示为某工程试桩侧摩阻力分布,由图可知,在不同竖向荷载作用下沿深度方向侧摩阻力先增大到峰值然后开始减小，在靠近桩端附近侧摩阻力再次出现增长，越接近桩端的部分侧摩阻力增大的幅度越显著。可知，靠近桩端的侧阻力增强效应普遍存在。

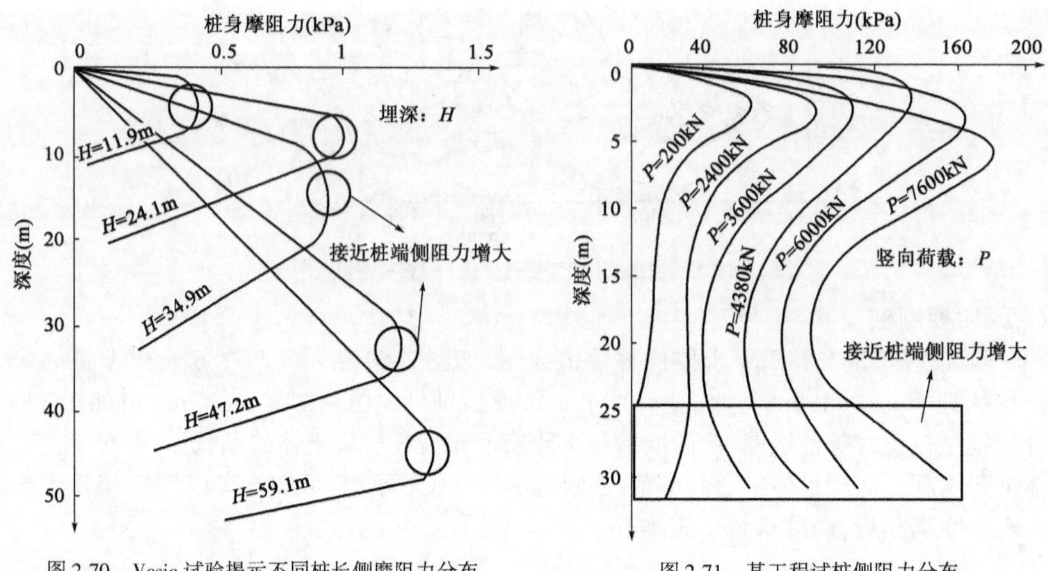

图 2-70　Vesic 试验揭示不同桩长侧摩阻力分布　　　　图 2-71　某工程试桩侧阻力分布

对于侧阻力增强效应的解释目前主要有以下两种思路(李军,2015;罗卫华,2016)。

(1)径向压力增强理论

如图 2-72 所示，竖向极限荷载作用下，在桩体变截面处及桩端下方形成塑性变形区Ⅰ区，桩端土体受力产生运动位移，通过Ⅱ区土体过渡造成部分区域土体向上运动形成Ⅲ区的压缩变形区。Ⅳ区土体受到Ⅲ区土体的挤密作用产生附加法向压力，上覆土压力的约束使得附加法向压力进一步增强。由库仑强度理论，法向应力的增大增强了侧摩阻力。

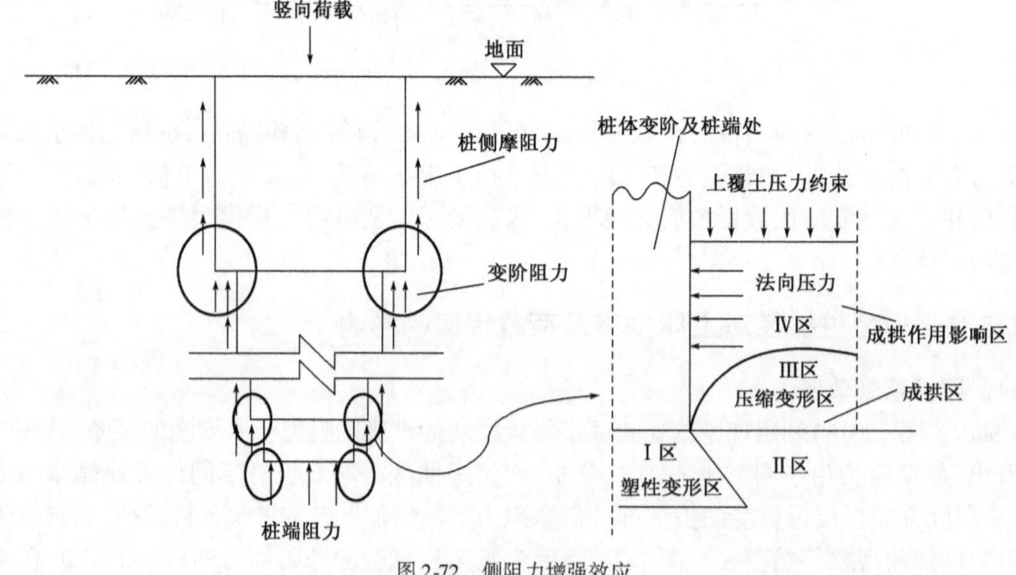

图 2-72　侧阻力增强效应

(2)成拱作用理论

随着桩体下沉,桩端土体在沉降挤压作用下形成两个性质的区域,塑性区和成拱区。桩端土体受压下沉并向两侧挤压,致使桩周塑性区域向桩端附近扩大形成压力拱,成拱作用加速了桩端以上成拱作用影响区内的桩体相对位移的发展,同时上覆土压力对成拱作用影响区产生约束,成拱作用影响区法向应力增大,侧摩阻力增强。

根据上面分析可知,此过程是在桩端土体出现塑性变形的前提下出现的,因此若桩端位移较为明显且桩端土体强度较高,在大应力的极限状态时塑性区和成拱区的范围扩大,法向压力增加使得侧摩阻力增大。

以上两种理论存在相似之处,都是桩端土体产生塑性位移,挤密靠近桩端附近的桩周土体,进而增加法向应力,增强侧阻力。径向压力增强理论中Ⅲ区土体和Ⅳ区土体分别对应成拱作用理论中成拱区和成拱作用影响区。不同桩型的位移场中,尽管土体位移的大小、方向不完全相同,但在模型桩的变阶处土体的位移比起其他位置要更加剧烈,方向斜向下背离桩身,说明桩身变阶处在荷载传递中发挥重要作用。竖向荷载作用后,桩身发生沉降,变截面处下方土体直接受到桩身传递的垂直方向荷载并发生向下的响应位移,靠近变阶处下部桩身的土体在侧摩阻力的作用下同样向下位移,两者相互影响相互促进产生了更大的位移,进而承担了更大的荷载。随着桩身的下降压缩周围土体,原来相当一部分土体的空间被下降桩体体积占据,除了造成周围土体被压缩,还产生了一定的挤土效应,此时桩周土体高孔压消散土体阻力增大,挤土引起的土体竖向有效应力大于上覆土层的有效自重应力,使得变阶处下部的土体产生径向远离桩身的位移,并向上向远处发展,“绕过”变阶处向上运动。向上运动的土体对上部桩身产生径向的朝向桩身的附加压力,使得桩侧摩阻力得到加强,就是变阶阻力和桩端阻力对桩侧摩阻力的强化效应。

2)竖向荷载下模型桩桩径对位移矢量场的影响

对不同桩径尺寸的模型桩加载前后的散斑图像对比分析,按桩径从小到大分别记为1号模型桩、2号模型桩、3号模型桩和4号模型桩,得到各种桩径尺寸模型桩的桩周土体的运动位移矢量场。

(1)1号模型桩

1号模型桩的位移场如图2-73、图2-74所示。1号模型桩由于桩径较小,模型桩变阶比比起其他模型桩更小,变阶影响有一定程度的下降,在较小的竖向桩顶荷载(30N)作用下,桩周土体和桩端土体均出现了土体沉降区。由于变阶效应的弱化,桩周土体的沉降位移场没有明显地区分出模型桩变阶处的斜下方位移和等截面处跟随桩身的下降位移,在桩端处出现了位移场强度稍大的沉降变形区。在50N桩顶竖向荷载作用下,桩周土体和桩端土体运动位移向更深更远处发展,土体位移值进一步变大,土体位移场影响范围进一步增加,但土体运动位移的方向并没有明显的改变,桩周土体位移场更接近等截面桩的土体位移长,1号桩的沉降破坏是在桩侧阻力和桩端阻力均达到极限值且发生在桩端土体无法继续承载的情况下。

1号模型桩由于桩径偏小,变阶处和桩端能够影响的土体范围有限,在荷载作用下变阶处和桩端下方的塑性变形区范围过小,对两侧土体的挤密强度不够,无法使塑性区域土体向上扩展形成压力拱,侧阻力增强效应并不明显。由于模型桩存在多次变阶,每个变阶处都会产生相应的变阶成拱区,再加上桩端成拱区,实际上桩体周围的成拱区是各部分变阶成拱区和桩端成拱区相互影响形成的。

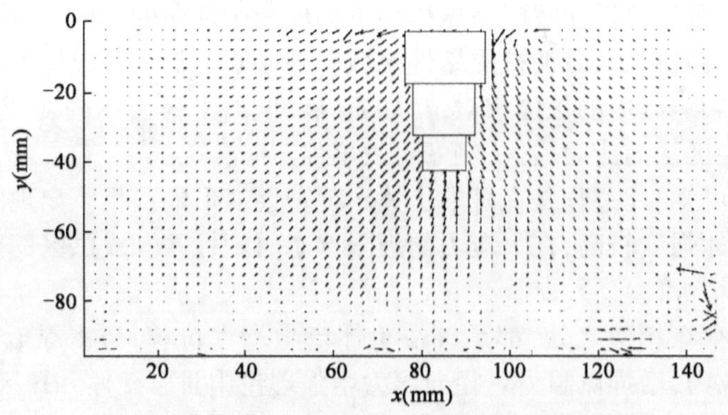

图 2-73 1 号模型桩 30N 竖向荷载作用下位移场图

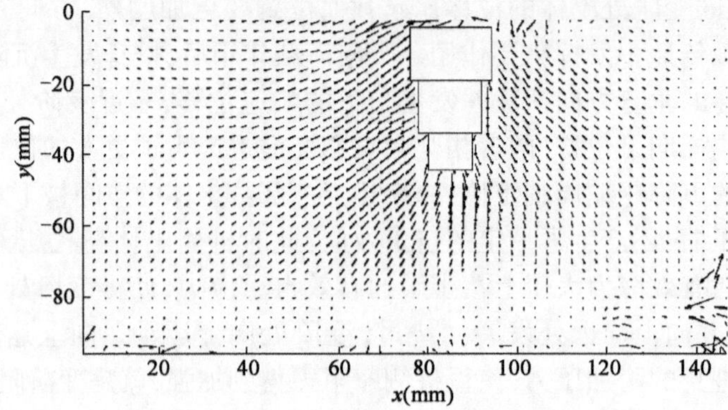

图 2-74 1 号模型桩 100N 竖向荷载作用下位移场图

(2)2 号模型桩

2 号模型桩的位移场如图 2-75、图 2-76 所示。对比 1 号模型桩和 2 号模型桩同在 100N 桩顶竖向荷载作用下的土体位移场可发现,2 号模型桩桩径增加,在相同荷载作用下,在同等位置上的桩周土体和桩端土体的位移均有不同程度的降低,变阶处的斜下方位移方向的土体位移更加容易区分,表现出变截面桩特性。在竖向荷载达到 200N 后的 2 号模型桩变阶处下方土体斜下方位移明显加剧,桩身沉降量增大,土体发生整体剪切破坏,变阶处下方土体受剪破坏并发生滑移,桩侧上部距离桩轴 2 ~3 倍桩径范围内的土体出现了较为明显的隆起,整体位移场位移值继续增大。

桩径增加后的 2 号模型桩在 100N 的较小荷载作用下,已经出现变阶处压力拱和桩端压力拱的雏形,增加的桩径使得变阶处和桩端下方保有一定量的土体,使得竖向荷载下塑性区土体能够产生较大范围的运动位移并初步形成压力拱,由于荷载较小,塑性区土体位移偏小,使得成拱作用较微弱,此时成拱作用影响区对桩体已经有了较小的法向压力,侧阻力增强效应初步显现,如图 2-75 所示。荷载增加到 200N,变阶处和桩端下方塑性区土体位移明显增大,显著强化了成拱作用,使得成拱区内土体位移加剧,成拱作用影响区内对桩体的法向压力明显增加,如图 2-76 所示。变阶压力拱和桩端压力拱的存在强化了桩侧摩阻力,此时模型桩的侧摩阻力由两部分组成,分别为桩土接触面的摩阻力和由侧阻力增强效应产生的摩阻力。

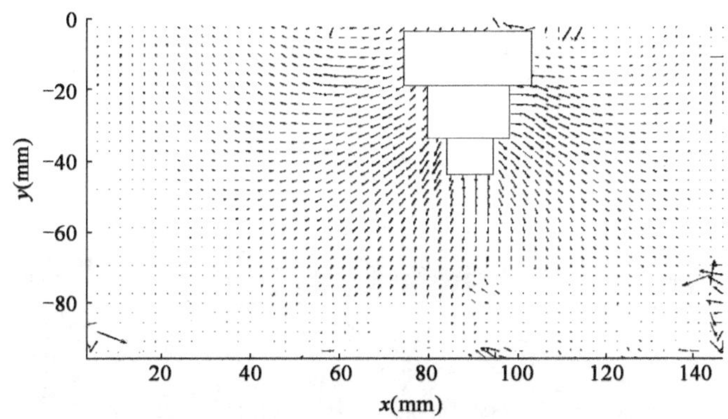

图 2-75　2 号模型桩 100N 竖向荷载作用下位移场图

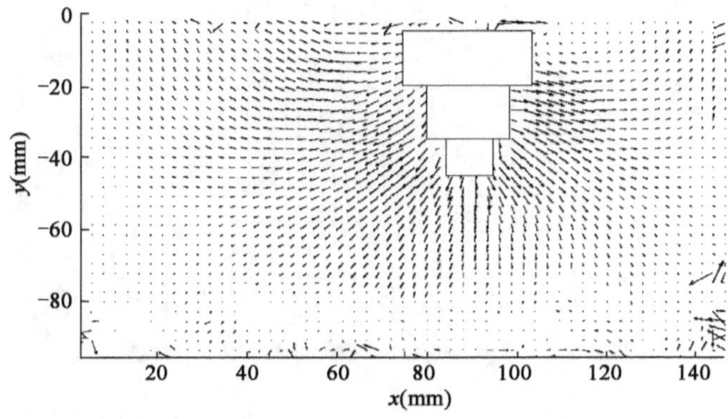

图 2-76　2 号模型桩 200N 竖向荷载作用下位移场图

(3)3 号模型桩

3 号模型桩的位移场如图 2-77 ~ 图 2-79 所示。对比 2 号模型桩和 3 号模型桩同在 200N 竖向荷载作用下的土体位移场可发现,3 号模型桩桩体桩径增加,土体位移强度较 2 号模型桩减弱,桩端和桩侧土体沉降以向下为主,侧向水平位移不够显著。荷载增加到 250N,变阶处斜下方位移较为明显,上部桩体出现了少量隆起,部分土体受剪破坏。当荷载达到 300N,土体位移明显加剧,在桩侧沉降区和桩端沉降区这两个主要位移区域之间存在小变形区域,这是变阶处下方部分区域土体跟随桩体运动产生不均匀沉降引发这部分土体下侧土体的不规律位移,土体发生局部剪切破坏,桩体四周土体隆起较明显。

3 号模型桩变阶处和桩端下方的土体量较大,在合适的条件下能够形成压力拱。对比在不同竖向压力作用下的压力拱的成拱情况:200N 的较小荷载作用下压力拱并不明显,成拱作用影响区内几乎没有作用于桩体的法向压力,侧阻力增强效应微弱(图 2-77);随着荷载的增加(250N),塑性区土体的挤压位移越来越剧烈,成拱作用效果更好,成拱作用影响区内出现法向压力,此时已有一定程度的侧阻力增强(图 2-78);300N 荷载作用下变阶处压力拱和桩端压力拱已较为显著,成拱区内土体位移明显加剧,成拱作用影响区对桩体的法向压力大幅增加,侧阻力增强效应显著(图 2-79)。

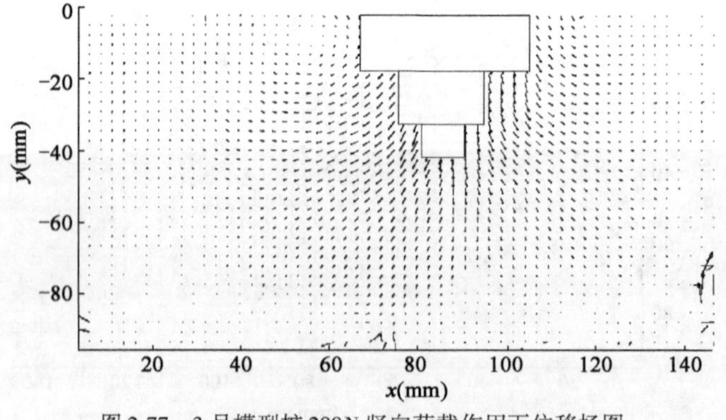

图 2-77　3 号模型桩 200N 竖向荷载作用下位移场图

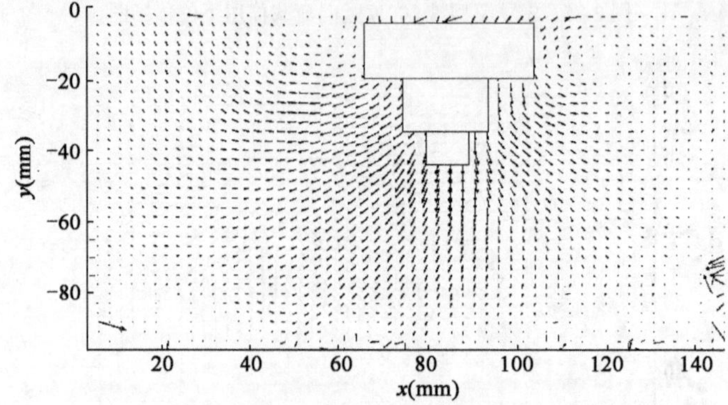

图 2-78　3 号模型桩 250N 竖向荷载作用下位移场图

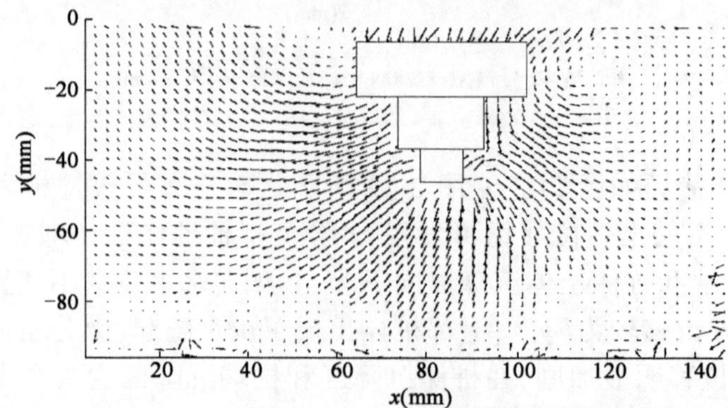

图 2-79　3 号模型桩 300N 竖向荷载作用下位移场图

(4)4 号模型桩

4 号模型桩的位移场如图 2-80、图 2-81 所示。4 号模型桩的桩径尺寸进一步增大,增大的桩体使得影响土体产生运动位移的范围增加,桩体沉降影响的土体范围在 4 种模型桩中最大。在 300N 的较小荷载作用下土体位移场强度较弱,在 400N 的竖向荷载作用下发生整体剪切破坏失稳。

4 号模型桩变阶处和桩端下方的土体量在 4 种模型桩中占有面积最大,在 300N 的较小荷载作用下压力拱并不明显,在 400N 的较大荷载作用下已形成较显著的变阶处压力拱和桩端压力拱。荷载增加使得塑性区土体位移加剧,加大了成拱作用影响区内对于桩体的法向压力,强化了侧阻力增强效应。

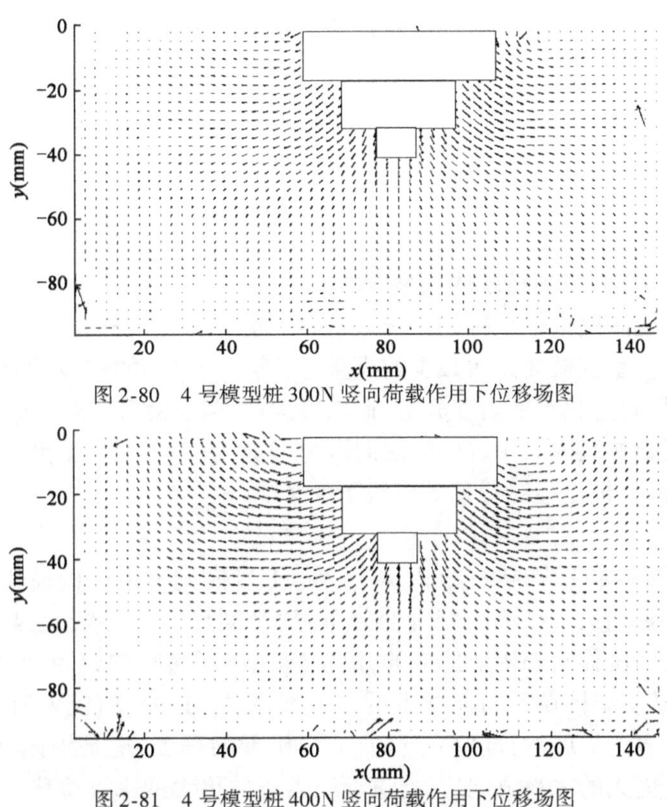

图 2-80　4 号模型桩 300N 竖向荷载作用下位移场图

图 2-81　4 号模型桩 400N 竖向荷载作用下位移场图

一般来说，侧阻力增强效应与桩径有关，且呈单调递增关系。这是由于桩径增加使得地基土中相同位置的土体应力增大，如图 2-82（肖宏彬，2005）所示。竖向荷载 P_0 作用下，桩端直径为 D_1 时在桩底地基土中 M_1 点产生的主应力与桩端直径为 D_2 时在桩底地基土中 M_2 点产生的主应力是相同的。桩端直径 $D_2 > D_1$，地基土中 M_1 点和 M_2 点距离桩侧的水平距离为 x_2 和 x_1，不难发现 $x_2 > x_1$，即桩体直径越大，塑性区分布范围和深度不断扩展，塑性区土体越容易产生侧向挤压，侧阻力增强效应越显著。

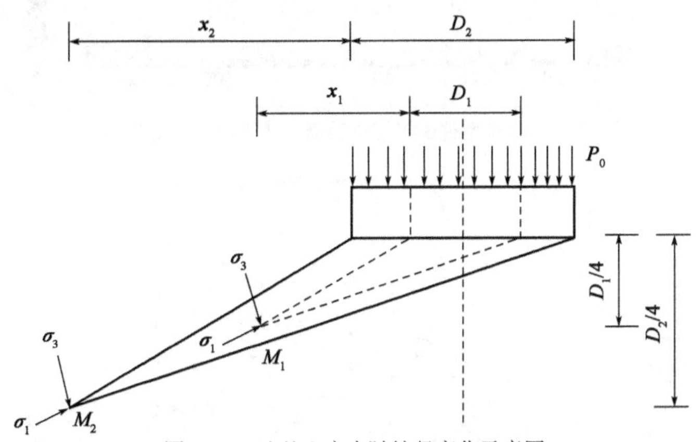

图 2-82　地基土应力随桩径变化示意图

考虑到超大直径阶梯形变截面桩与普通桩的差异，其成拱效应具备适应变截面桩的特点。由于模型桩存在多个变阶处，每个变阶处产生相应变阶成拱区，则存在多个变阶成拱区，再加上桩端成拱区，则各个成拱区相互叠加最终形成了桩体周围的整体成拱区。此整体成拱区沿桩体深度方向并非等距离分布，而是以变阶处为分界段，不同桩径的桩段周围对应的成拱区距离桩体的距离沿深度方向递增。即桩径越大，越接近桩顶的桩段距离成拱区越近，侧阻力增强效应相对较强；反之，桩径越小，越接近桩端的桩段距离成拱区越远，侧阻力增强效应相对较弱。造成这种成拱区分布特点的原因在于模型桩存在多个变阶处，越接近桩顶的变阶处变阶宽度越大，增加的变阶宽度使得变阶处能够影响的土体范围增加，成拱区面积扩大使得成拱区距离桩体距离减小，侧阻力增强效应更加显著。

此外，分析不同变阶次数模型桩的土体隆起区（成拱区），可知在变阶宽度差值一定的前提下，变阶次数多的模型桩较变阶次数少的模型桩，其不同桩径的桩段对应的成拱区距离差异减小。从桩体承受竖向荷载水平角度分析，荷载增大使得桩体沉降增加，造成成拱区内土体位移加剧，则成拱作用影响区内对于桩体的法向压力增加，进一步强化了侧阻力增强效应。

3）竖向荷载下模型桩桩径对位移等值线图的影响

（1）1 号模型桩

1 号模型桩的位移场如图 2-83、图 2-84 所示。1 号模型桩由于桩径较小，“梨形”等值线环绕桩体分布，轮廓较细长。在单侧变阶处分布着“半梨形”等值线，这是以单侧变阶处为中心，桩侧土体产生运动位移向外辐射造成的，由于激光强度递减的原因，两侧位移等值线不能对称相等。分析 1 号模型桩在不同荷载下的等值线图，在 100N 的较大荷载作用下等值线轮廓范围更广，且水平方向扩展的程度高于竖直方向扩展的程度，这是桩体体积较大，当桩体沉降较小的距离，产生更大的水平方向应力，进而引发土体更大的水平位移。

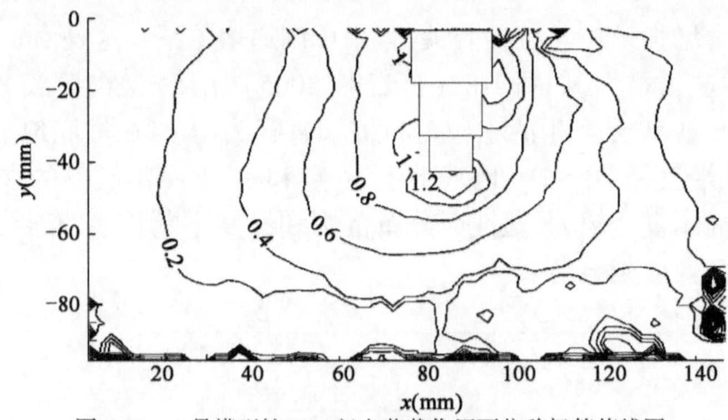

图 2-83　1 号模型桩 30N 竖向荷载作用下位移场等值线图

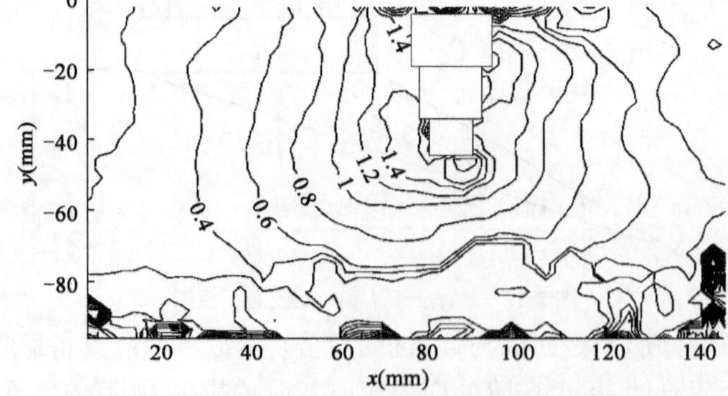

图 2-84　1 号模型桩 100N 竖向荷载作用下位移场等值线图

1 号模型桩变阶差异偏小,桩体竖向荷载主要由桩端端阻力承担,当荷载增加到超出桩端土体最大承载能力时,桩端土体出现塑性变形,发生冲切破坏,表现出近似等截面桩的破坏特性。

(2)2 号模型桩

2 号模型桩的位移图如图 2-85、图 2-86 所示。比较在同等 100N 竖向荷载作用下 1 号和 2 号模型桩等值线图可发现,2 号模型桩增大了桩体桩径,“梨形”等值线轮廓水平向距离和竖直向距离均较小,这是因为桩体体积增大,相同荷载下引起的桩体沉降更小。由此可以进一步得出,如果 1 号模型桩和 2 号模型桩产生相同的沉降,2 号模型桩由于桩体体积增加,将引起范围更广的土体发生运动位移。

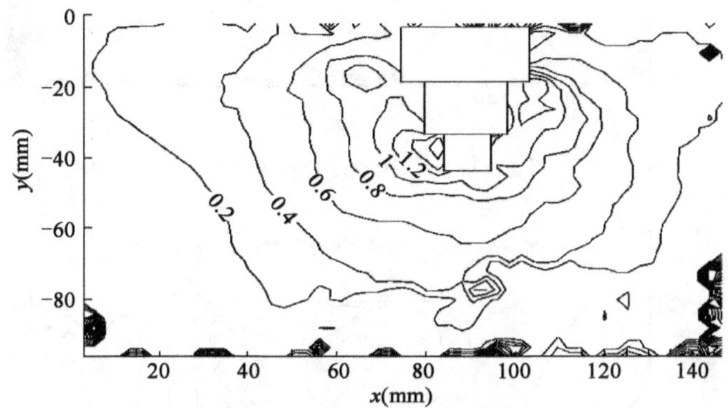

图 2-85　2 号模型桩 100N 竖向荷载作用下位移场等值线图

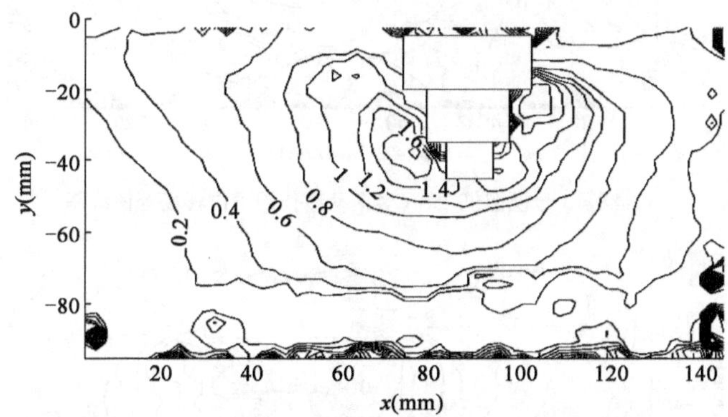

图 2-86　2 号模型桩 200N 竖向荷载作用下位移场等值线图

分析 2 号模型桩在不同荷载作用下等值线的大小,桩端的土体位移强度接近变阶处土体位移强度,说明桩顶竖向荷载在传递过程中,桩侧摩阻力承担了较小的荷载,而变阶处的变阶阻力和桩端阻力承担了较多的荷载。最大位移出现在靠近桩端的模型桩变阶处,说明桩体破坏的主要原因是靠近桩端的变阶处范围内的土体首先发生剪切破坏,继而范围内的土体发生滑移并与桩周土体滑移面连通,出现整体剪切破坏。

(3)3 号模型桩

3 号模型桩的位移图如图 2-87 ~ 图 2-89 所示。对比在同等 200N 荷载作用下的 2 号和 3 号模型桩的等值线轮廓可发现,桩径较小的 2 号模型桩等值线水平向和竖直向距离偏大,而 3 号模型桩的等值线分布左右差距较大,这可能是激光散斑强度问题,也可能是在试验加载时存在轻微偏心的原因。3 号模型桩在 300N 竖向荷载作用下,桩体变阶处下方分布着较小范围的位移变形区域，这是变阶处下方部分区域土体跟随桩体运动产生不均匀沉降和由不均匀沉降引发这部分土体下侧土体的不规律位移。

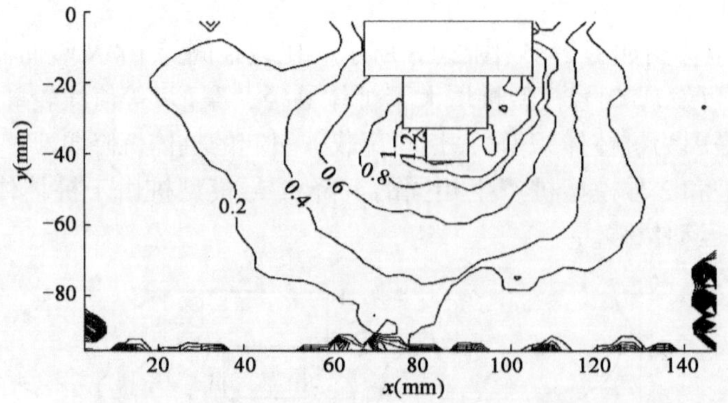

图 2-87　3 号模型桩 200N 竖向荷载作用下位移场等值线图

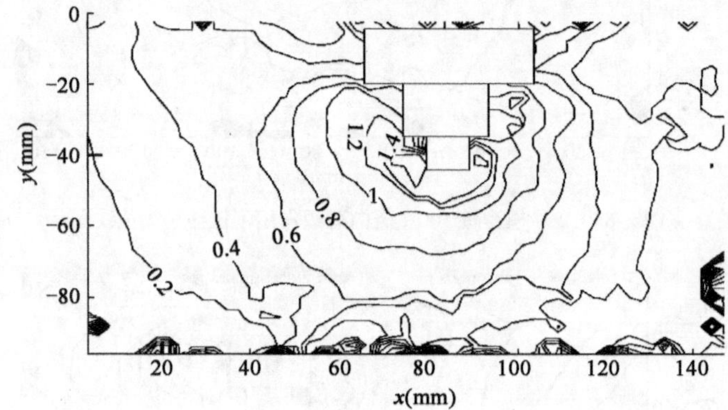

图 2-88　3 号模型桩 250N 竖向荷载作用下位移场等值线图

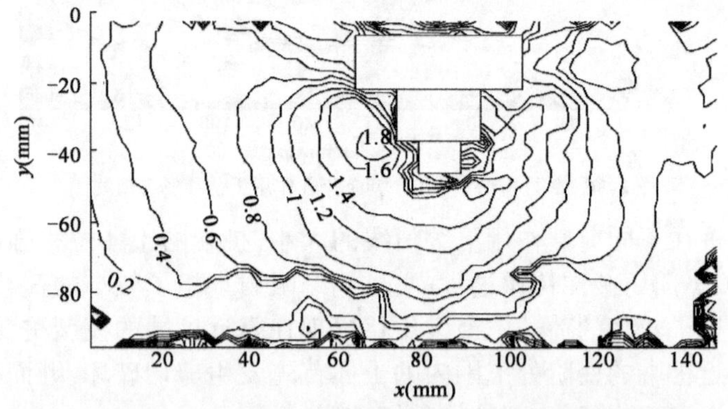

图 2-89　3 号模型桩 300N 竖向荷载作用下位移场等值线图

分析 3 号模型桩在不同荷载作用下等值线的大小，不同桩径模型桩桩周土体的最大位移均发生在模型桩变阶处和桩端，说明桩体破坏的主要原因是靠近桩端的变阶处范围内的土体首先发生剪切破坏，继而范围内的土体发生滑移并与桩周土体滑移面连通，同时丧失承载能力，出现整体剪切破坏。

(4)4 号模型桩

4 号模型桩的位移图如图 2-90、图 2-91 所示。对比 4 号模型桩在不同荷载作用下的等值线分布轮廓可发现,在 400N 较大荷载作用下等值线水平向和竖直向距离更大。对比 1 ~4 号模型桩等值线大小可发现,随着桩径的增加,即便在较大的荷载作用下桩径偏大的模型桩整体土体位移场强度较弱,表现出更优的承载特性。这是由于增大的桩径使得侧摩阻力和变阶阻力承担的荷载有所增加,最终传递到桩身变阶处和桩端下部土体的应力减少,延迟桩端阻力发挥作用的效应更加明显。

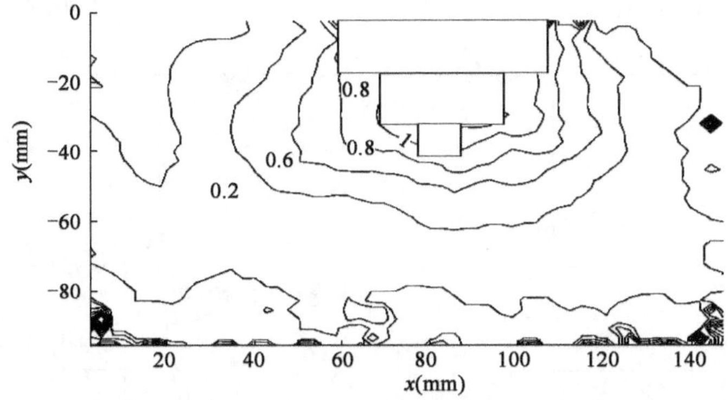

图 2-90　4 号模型桩 300N 竖向荷载作用下位移场等值线图

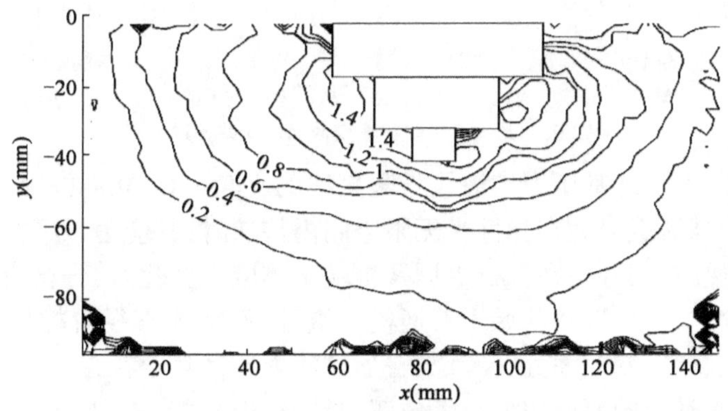

图 2-91　4 号模型桩 400N 竖向荷载作用下位移场等值线图

4 号模型桩最大位移同样出现在靠近桩端的模型桩变阶处,说明桩体破坏的主要原因是靠近桩端的变阶处范围内的土体首先发生剪切破坏,继而范围内的土体发生滑移并与桩周土体滑移面联通同时丧失承载能力,出现整体剪切破坏。

2.5.3　模型桩桩长对土体位移及荷载传递的影响

1)竖向荷载下模型桩桩长对位移矢量场的影响

由于大直径变截面桩在桩型上与普通等截面桩存在较大差异,在进行大直径变截面桩竖向承载力及沉降特性的分析时,有必要根据桩—土变形协调条件对其作出假定。文献(胡培进 等,2007)中将多级扩径桩在极限荷载条件下的受力情况总结为荷载沿着承力盘外包圆柱面和端部承力盘底面传递,其承载力等于承力盘外包圆柱面的土体抗剪力和端部端承力之和。

尽管其桩型为多级扩径桩与超大直径阶梯形变截面桩存在一定差异，但都属于变截面桩的范畴，根据其思路，整理出超大直径阶梯形变截面桩可能的一种荷载传递方式，如图 2-92a）所示。文献（梁韵 等，2009）中假定桩体变截面以下桩身侧摩阻力以 θ 角扩散至桩尖，形成一个面积为 A 的圆形受力区，上部桩身轴力压力在此圆内均匀分布。θ 角为桩体范围内的地基压力扩散角，建议长桩取 1°～5°，短桩参照《公路桥涵地基与基础设计规范》（JTG 3363—2019）规定取值。根据其思路，整理出超大直径阶梯形变截面桩可能的一种荷载传递方式，如图 2-92b）所示。

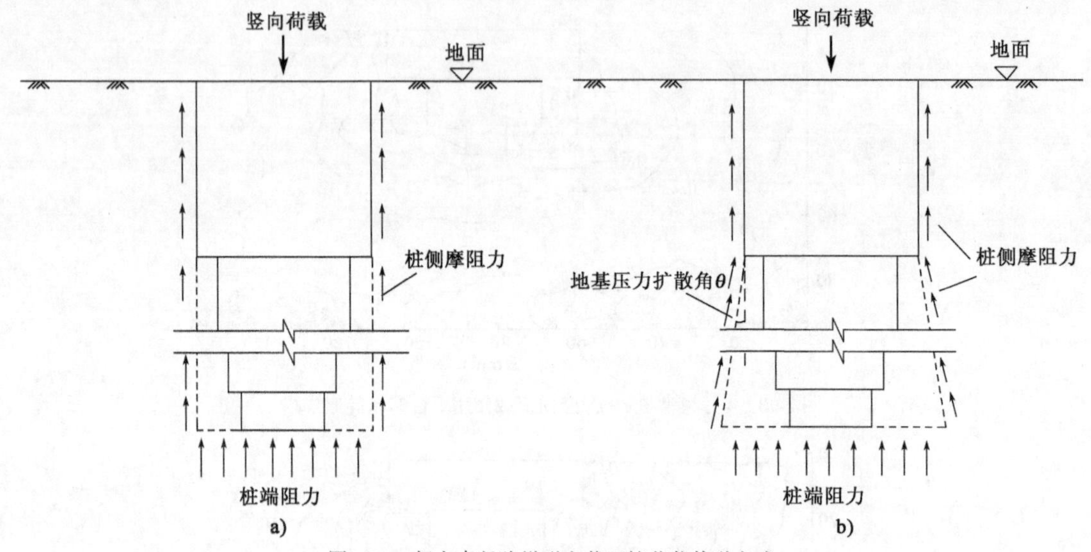

图 2-92　超大直径阶梯形变截面桩荷载传递方式

地基压力扩散角 θ 指地基压力扩散线与竖直线的夹角。以 Mindlin 解为依据可以推知应力具备扩散效应，即当荷载应力在弹性半无限空间内传递时，其应力水平在深度和水平方向随传递距离的增加而递减。因此，在分析桩周及桩端土体应力变化时，分析应力扩散角的影响更符合实际情况。一般应力扩散角起始于普通桩桩端处，而超大直径阶梯形变截面桩由于其桩型特点应力扩散角起始于变截面处，使其与普通桩应力扩散角存在差异。

目前对于应力扩散角的研究主要是考虑双层地基和桩端存在软弱下卧层的情况，对于其他情况的应力扩散研究较少。《建筑地基基础设计规范》（GB 50007—2011）以软弱下卧层埋深和基础宽度比值、上下土层压缩模量为依据，确定了存在软弱下卧层的地基压力扩散角取值方法。张忠苗（2007）认为压力扩散角的存在使得桩体连同扩散锥形土体共同下降导致端阻力弱化，且应力扩散角与软弱下卧层压缩特性和强度、砂土密实度有关。杨慧（2000）依托有限元数值计算，认为土层厚度与基础宽度之比、双层地基上下土层压缩模量之比显著影响应力扩散角。王奎华 等（2013）认为应力扩散角与桩侧、桩端土体性质有关；以单桩荷载—沉降曲线为基础，通过对实测值的拟合，反演得到应力扩散角。同样有研究证明荷载水平会对应力扩散角产生影响。薛涛 等（2010）以等代墩基法分析深水群桩基础沉降，认为随着荷载逐渐增大基础出现沉降，桩周土体及桩间土体不断排水固结造成土体应力状态不断变化，进而使得等代墩基基础扩散角持续改变，但这种变化趋势逐渐减弱并最终稳定。关兴（2014）分析了重力式码头暗基床应力扩散特征，依据 Midas 数值软件结果，认为基床前肩应力扩散角与基床顶面最大应力有关。

本书在不同桩长模型桩土体位移场上作出辅助线并标定出土体位移方向与竖直方向的夹角 β。尽管土体位移方向与竖直方向夹角 β、与地基压力扩散角 θ 并不相同，但通过观察竖向荷载作用下荷载水平与模型桩尺寸对于模型桩土体位移方向与竖直方向夹角 β 的影响，可以验证超大直径阶梯形变截面桩的荷载传递方式是桩体变截面以下桩身侧摩阻力以 θ 角扩散至桩尖，如图 2-92b）所示。

对不同桩长尺寸的模型桩加载前后的散斑图像对比分析，按桩长从小到大分别记为 1 号模型桩、2 号模型桩、3 号模型桩和 4 号模型桩，得到各种桩长尺寸模型桩的桩周土体的运动位移矢量场。

（1）1 号模型桩

1 号模型桩的位移场如图 2-93、图 2-94 所示。1 号模型桩在 250N 竖向荷载作用下，桩端处和变阶处土体反力发挥较为充分，桩体出现一定程度的沉降，由于模型桩桩长较小，影响土体的范围较浅，当荷载增加到 300N，桩体进一步沉降引起变阶处斜下方位移显著增大，变阶处和桩端土体受剪破坏出现滑移，桩周上部土体开始隆起，距离桩轴 60mm 范围内的上部土体均出现了一定程度的隆起，由于 1 号模型桩整体尺寸偏小，土体隆起不太明显。

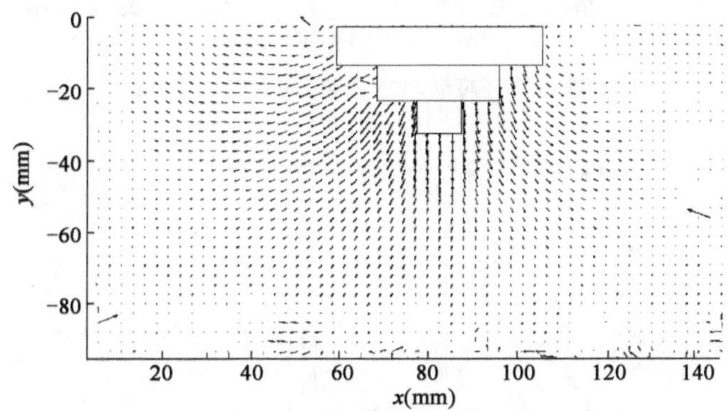

图 2-93 1 号模型桩 250N 竖向荷载作用下位移场图

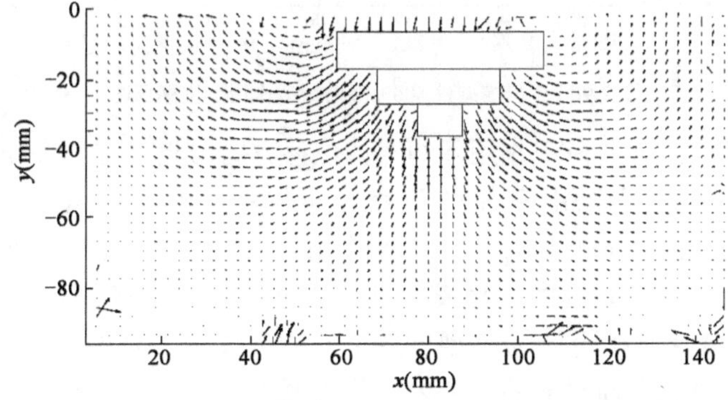

图 2-94 1 号模型桩 300N 竖向荷载作用下位移场图

对比相同桩型在不同竖向荷载作用下的土体位移方向与竖直方向夹角 β_1 和 β_2，发现 $\beta_1 < \beta_2$。说明在更大的竖向荷载作用下，引起下方土体运动更剧烈，土体位移方向与竖直方向夹角

增大,引起更多地基土体共同承担增加的荷载。

(2)2 号模型桩

2 号模型桩的位移场如图 2-95、图 2-96 所示。2 号模型桩在 300N 竖向桩顶荷载作用下由于桩长有所增加,土体位移比起同等荷载下 2 号模型桩大幅度减弱,在 400N 荷载作用下,土体位移场强度明显增强,变阶处斜下方方向位移成为主要位移场,说明增加的荷载主要由变阶处区域的土体承担,由于桩长增加,位移场影响土体范围明显加深,说明加长的桩体能够将上部荷载传递到更深层次的土体内部,使得更深处土体提供反力消散传递来的荷载。

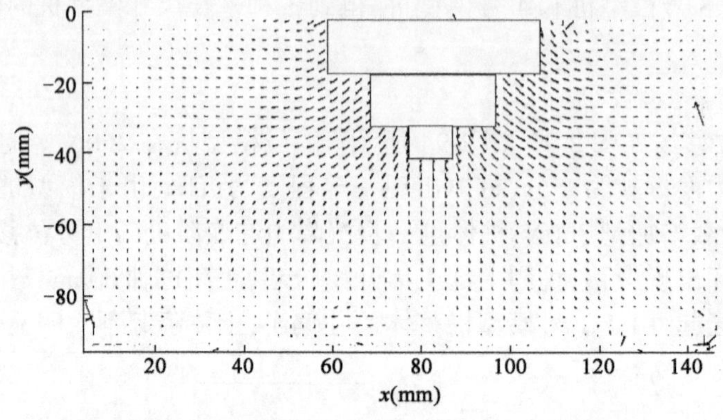

图 2-95　2 号模型桩 300N 竖向荷载作用下位移场图

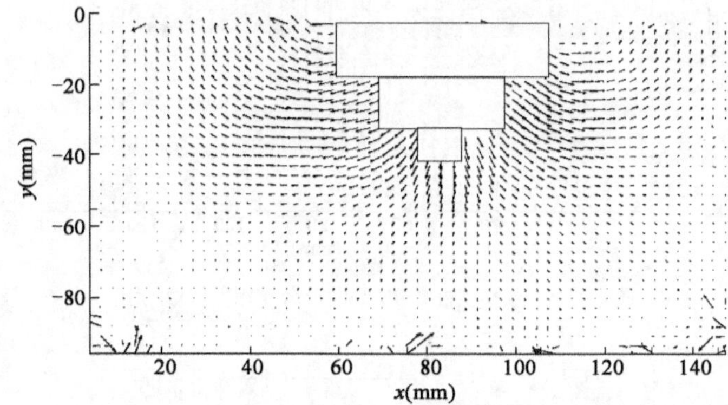

图 2-96　2 号模型桩 400N 竖向荷载作用下位移场图

对比相同桩型在不同竖向荷载作用下的土体位移方向与竖直方向夹角 β_3 和 β_4,同样可以发现 $\beta_3 < \beta_4$,即在大荷载下作用下,土体位移方向与竖直方向夹角增大。对比图 2-94 和图 2-95可以发现,均是在相同的竖向荷载 300N 作用下,桩长较小的 1 号模型桩土体位移方向与竖直方向夹角 β_2 大于桩长较大的 2 号模型桩土体位移方向与竖直方向夹角 β_3,即 $\beta_2 > \beta_3$。1 号和 2 号模型桩的变径比相同,2 号模型桩各阶的长度大于 1 号模型桩,土体位移方向与竖直方向夹角所在面与桩底平面组成的圆台内 2 号模型桩包围的土体体积更大;在相同荷载作用下,1 号模型桩土体位移方向与竖直方向夹角所在面与桩底平面组成的圆台内地基土体应力更大,引起的土体位移增加,一方面竖向压密更显著,一方面水平方向背离桩体的运动趋势加剧,使得土体位移方向与竖直方向夹角增大,因此 $\beta_2 > \beta_3$。

(3)3 号模型桩

3 号模型桩的位移场如图 2-97、图 2-98 所示。3 号模型桩在更大荷载作用下,随着桩长的增加,位移场的影响范围越来越大,当竖向荷载大到超过变阶处和桩端土体的极限承载力后滑移土体的体积也随之增加,土体隆起区开始变得较为明显。

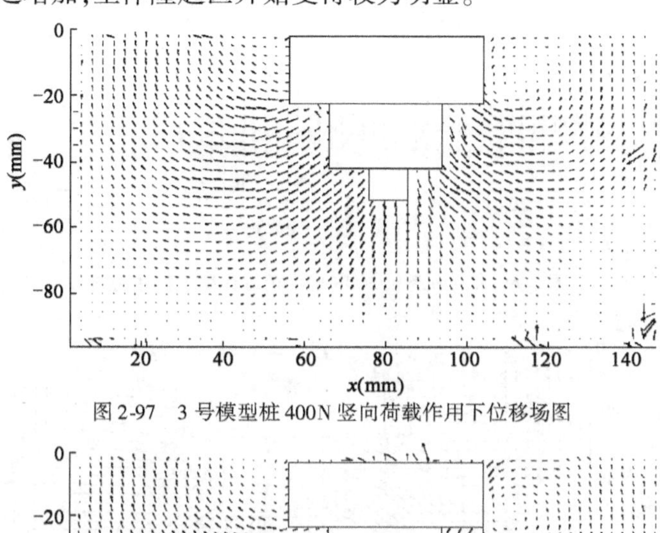

图 2-97 3 号模型桩 400N 竖向荷载作用下位移场图

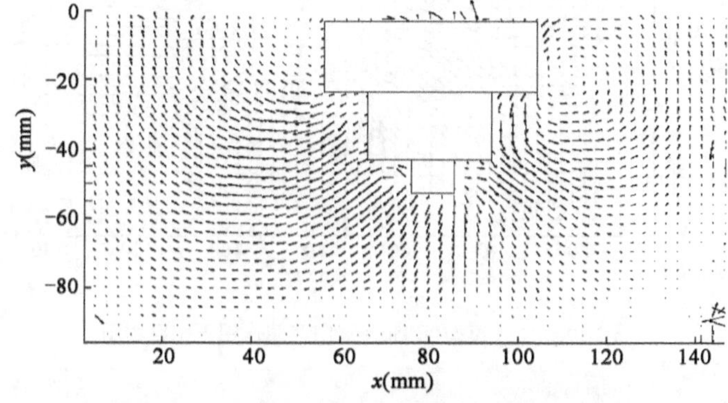

图 2-98 3 号模型桩 500N 竖向荷载作用下位移场图

对比相同桩型在不同竖向荷载作用下的土体位移方向与竖直方向夹角 β_5 和 β_6,$\beta_5 < \beta_6$。对比相同荷载作用下不同桩长模型桩的土体位移方向与竖直方向夹角 β_4 和 β_5,$\beta_4 > \beta_5$。

(4)4 号模型桩

4 号模型桩的位移场如图 2-99 ~ 图 2-101 所示。4 号模型桩在 500N 竖向荷载作用下,土体位移场主要分布在桩体上半部,随着荷载增加到 550N 和 600N,土体的主要位移场对于桩体的相对位置出现了改变,更多地分布在桩体下半部,位于靠近桩端和下部变阶处,说明在荷载不断增加引起桩体沉降量有所增加的过程中,桩身上半部的桩侧摩阻力和上半部的变阶阻力优先于桩端阻力和下半部的变阶阻力发挥作用,模型桩侧摩阻力和变阶阻力是自上而下逐步发挥,土体承载力随深度增加而异步承担。4 号模型桩在距桩轴 80mm 范围内的土体均出现了一定程度的隆起。

对比相同桩型在不同竖向荷载作用下的土体位移方向与竖直方向夹角 β_7、β_8 和 β_9,$\beta_7 < \beta_8 < \beta_9$。对比相同荷载作用下不同桩长模型桩的土体位移方向与竖直方向夹角 β_6 和 β_7,$\beta_6 > \beta_7$。

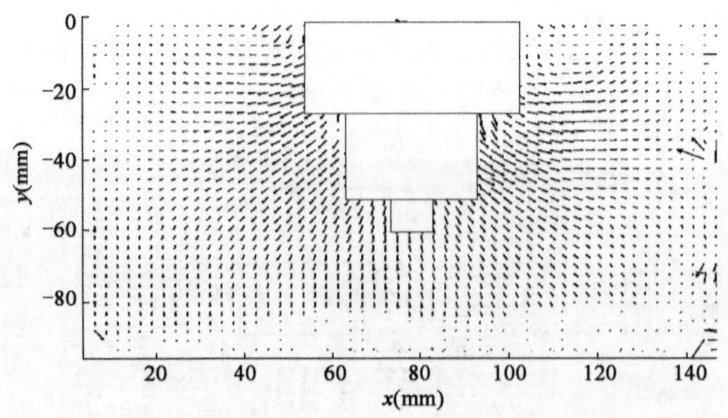

图 2-99　4 号模型桩 500N 竖向荷载作用下位移场图

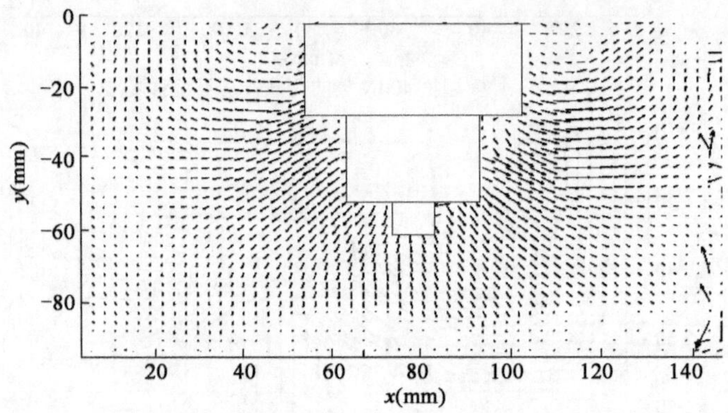

图 2-100　4 号模型桩 550N 竖向荷载作用下位移场图

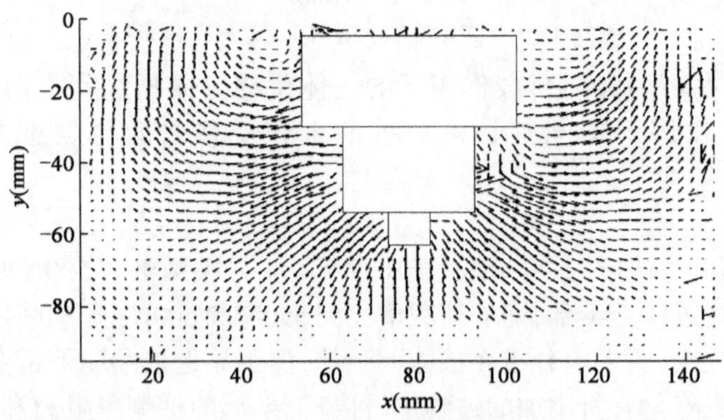

图 2-101　4 号模型桩 600N 竖向荷载作用下位移场图

当施加较大荷载后，土体剪切区域不再局限在变截面处桩端，靠近桩端的变阶处土体受剪严重，桩体沉降较大，靠近桩体的地基土部分首先出现剪切破坏，进而挤压桩周更大范围内的土体，引起桩周土体向上位移形成滑移面，当滑移面达到地基土表面时，地基失稳发生整体剪切破坏。

2)竖向荷载下模型桩桩长对位移等值线图的影响

(1)1 号模型桩

1 号模型桩的位移场等值线如图 2-102、图 2-103 所示。对比在不同荷载作用下 1 号模型桩的位移等值线图,可发现 300N 的较大荷载作用下等值线分布更加密集且数值更大,说明引起的土体位移更为剧烈且影响范围加大。同等数值的等值线轮廓在水平方向和竖直方向均有所扩张但程度不同,等值线轮廓水平方向扩张幅度远大于竖直方向扩张的幅度,使得整体"梨形"等值线轮廓显得比较扁平,这说明对于增加的竖向荷载,相较于竖直方向,向水平方向传递所占的比例更大,即变阶阻力比起桩端阻力承担更多的荷载。

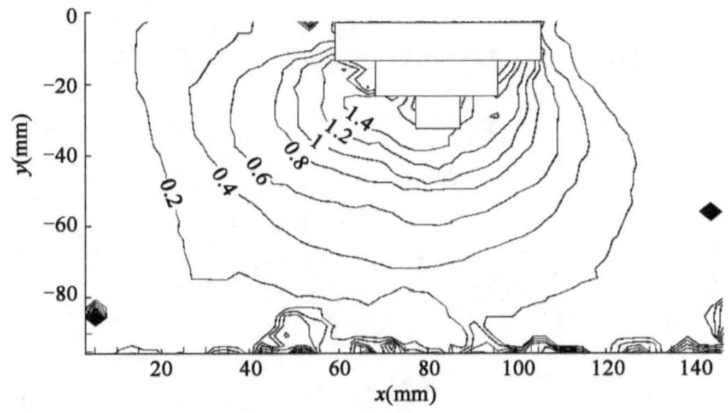

图 2-102　1 号模型桩 250N 竖向荷载作用下位移场等值线图

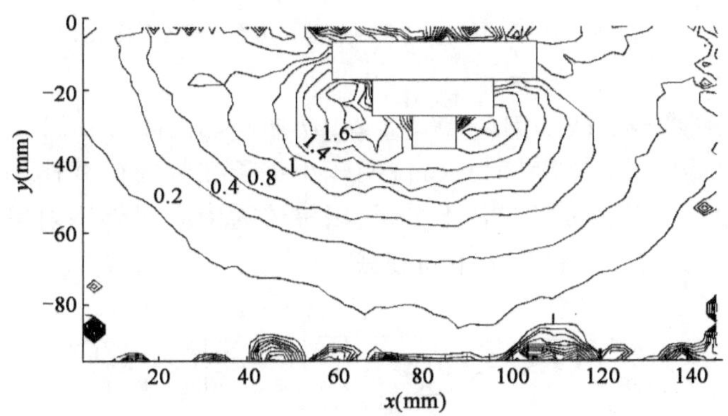

图 2-103　1 号模型桩 300N 竖向荷载作用下位移场等值线图

(2)2 号模型桩

2 号模型桩的位移场等值线如图 2-104、图 2-105 所示。对比在相同桩顶荷载(300N)作用下 1 号和 2 号模型桩的位移等值线图,2 号模型桩比 1 号模型桩等值线轮廓变得窄小,这是因为桩长的增加使得模型桩整体尺寸变大,在同等的荷载作用下桩体沉降更小进而引起的土体位移强度降低。随着桩长的增加,在同等荷载作用下,桩体沉降减小,引起土体位移场的范围越来越小。

对比 2 号模型桩在不同桩顶荷载作用下的位移等值线图,可发现 2 号模型桩在 400N 较大的竖向荷载下,等值线分布范围更广且数值更大。

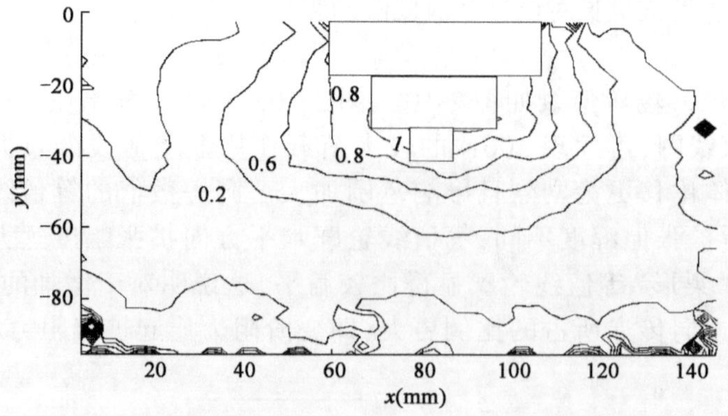

图 2-104　2 号模型桩 300N 竖向荷载作用下位移场等值线图

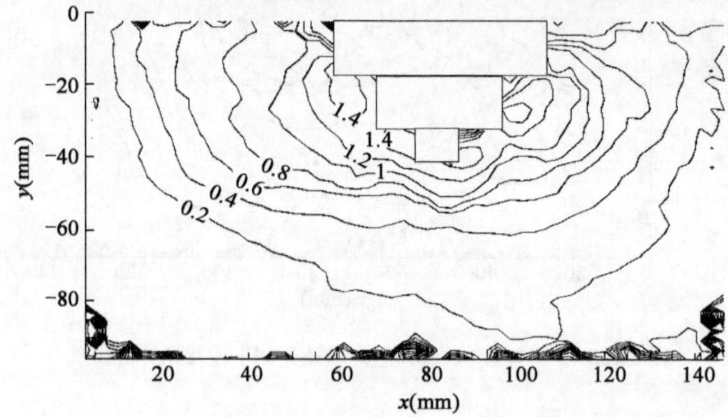

图 2-105　2 号模型桩 400N 竖向荷载作用下位移场等值线图

(3)3 号模型桩

3 号模型桩的位移场等值线如图 2-106、图 2-107 所示。由图可看出,3 号模型桩较 1 号和 2 号模型桩的“梨形”等值线轮廓范围更大,说明较小桩长在竖向荷载作用下能够影响到的土体位移范围比较有限。从等值线的量值上分析,以桩体为中心向外辐射等值线的量值越来越小,说明荷载在向深向远传递的过程中不断衰减。

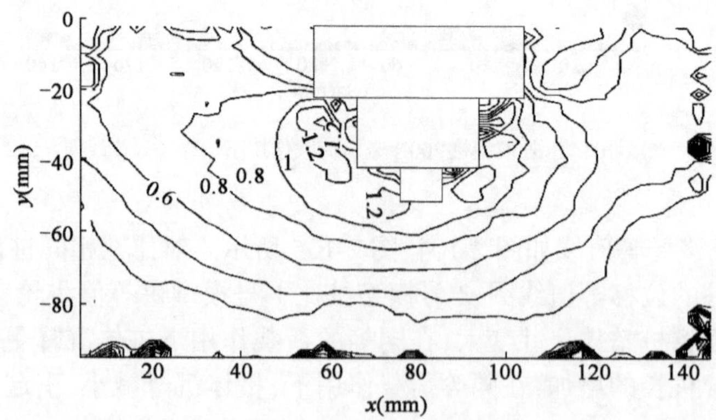

图 2-106　3 号模型桩 400N 竖向荷载作用下位移场等值线图

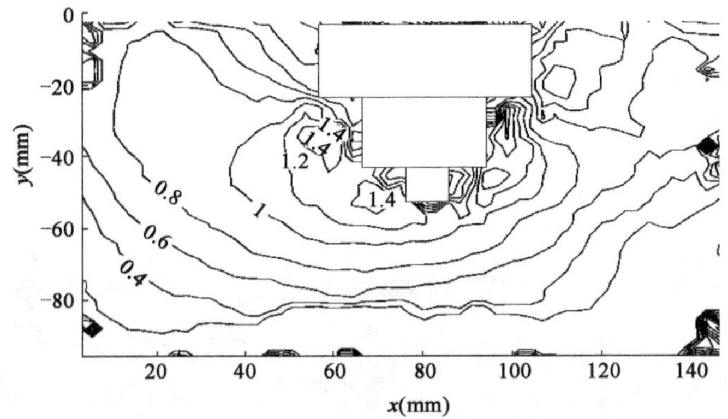

图 2-107　3 号模型桩 500N 竖向荷载作用下位移场等值线图

在变截面处出现了部分分布范围较小甚至闭合的等值线，部分等值线量值较大且方向沿水平说明竖直向下的位移显著，这是位于变截面处下方的土体直接受到桩体变截面的挤压而跟随桩体一起沉降所致，在此区域内桩—土相对位移减小显著使得侧阻力增强效应较弱；下方小范围的闭合等值线为受上方跟随桩体沉降运动土体的挤压而产生的不规律位移，如图 2-106、图 2-107 所示。

(4)4 号模型桩

4 号模型桩的位移场等值线如图 2-108 ~ 图 2-110 所示。对比 4 号模型桩在不同竖向荷载作用下的土体位移场等值线图，均取 0.8mm 等值线进行分析，可以发现等值线分布的轮廓越来越大。在 500N 和 550N 竖向荷载作用下 0.8mm 等值线始于桩体终于桩体，呈闭合状态，在 600N 竖向荷载下，0.8mm 等值线不再起止于桩体，而以桩体为中心近似圆弧分布，呈开放状态，说明荷载的增大使得土体位移等值线轮廓不断以弧形竖直向下扩展，离桩体越近土体应力越大，离桩体较远，土体逐渐开始出现应力并产生位移。在“梨形”等值线上方存在土体隆起区域，存在水平向和斜向等值线分布。

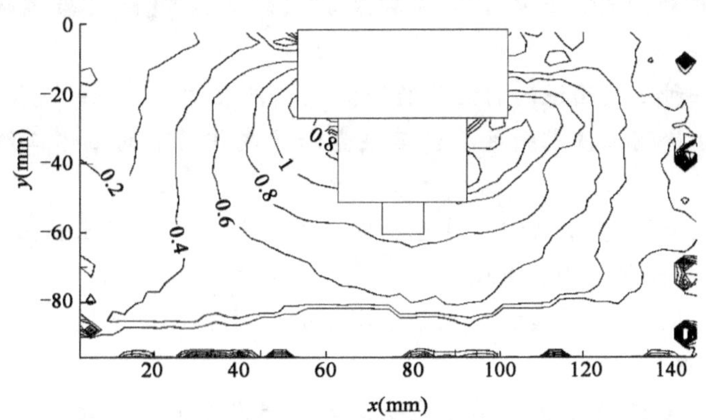

图 2-108　4 号模型桩 500N 竖向荷载作用下位移场等值线图

对比 1 ~4 号模型桩土体位移等值线图可发现，桩越长，土体位移等值线轮廓越大。说明荷载传递到范围更远的土体中，并且桩周土体的隆起量也存在明显的增加，这是由桩体体积增加引起的，此时桩体同等程度沉降对应周围土体受到的挤压作用更加明显。

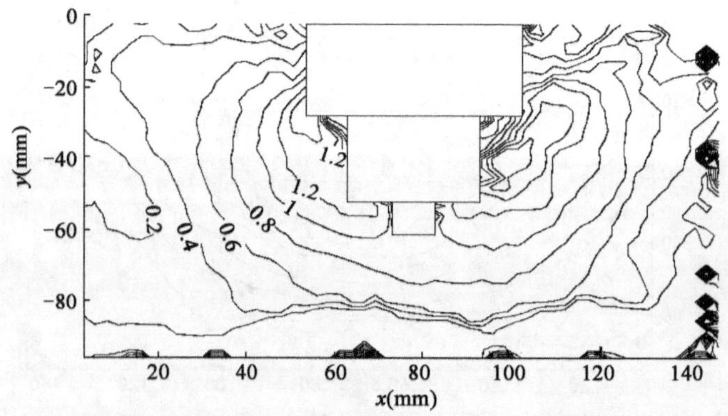

图 2-109　4 号模型桩 550N 竖向荷载作用下位移场等值线图

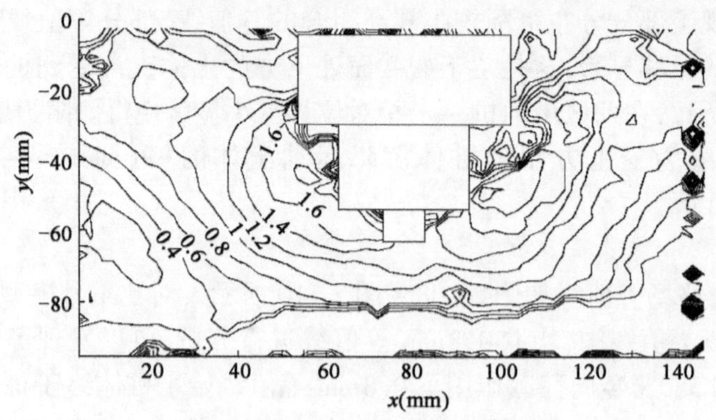

图 2-110　4 号模型桩 600N 竖向荷载作用下位移场等值线图

本章参考文献

陈钊,郭永彩,高潮,2006. 三维 PIV 原理及其实现方法[J]. 实验流体力学,20(4):77-82,105.

成立芹,2004. 一种变截面桩的对比试验研究[J]. 河北建筑工程学院学报,22(1):11-15.

常艳,2015. 基于透明土技术的带承台单桩竖向荷载作用下的土体二维变形研究[D]. 大连:大连理工大学.

曹兆虎,孔纲强,刘汉龙,等,2014. 基于透明土材料的沉桩过程土体三维变形模型试验研究[J]. 岩土工程学报,36(2):395-400.

曹兆虎,孔纲强,刘汉龙,等,2014. 基于透明土的管桩贯入特性模型试验研究[J]. 岩土工程学报(8):1564-1568.

曹兆虎,孔纲强,周航,等,2015. 基于透明土的静压楔形桩沉桩效应模型试验研究[J]. 岩土力学,36(5):1363-1367,1374.

曹兆虎,孔纲强,文磊,等,2017. 楔形管桩沉桩及桩端后注浆可视化模型试验[J]. 铁道科学与工程学报(5):922-927.

宫全美,周俊宏,周顺华,等,2016. 透明土强度特性及模拟黏性土的可行性试验[J]. 同济大学学报(自然科学版),44(6):853-860.

关兴,2014. 重力式码头暗基床应力扩散特征分析[J]. 水运工程(8):66-70.

何兰宽,付宏渊,赵朝阳,2012. 含溶洞地基变截面桩承载机理与设计方法研究[J]. 公路与汽运(5):167-170.

胡培进,汪中卫,李强,等,2007. 变截面桩的力学性能及工程意义[J]. 上海地质(3):27-31,58.

胡亚运,2015. 变截面挤压螺纹桩复合地基沉降变形特征与计算方法研究[D]. 成都:西南交通大学.

荆少东,2004. DX 多节挤扩灌注桩承载机理研究[D]. 青岛:中国海洋大学.

孔纲强,刘璐,刘汉龙,等,2013. 玻璃砂透明土变形特性三轴试验研究[J]. 岩土工程学报,35(6):1140-1146.

李军,2015. 考虑侧阻增强效应的基桩极限承载力试验及确定方法研究[D]. 长沙:湖南大学.

李俊青,2015. PIV 的原理与应用[J]. 水利科技与经济,21(3):40-42.

李亮,2014. 透明土合成及物理力学特性研究[D]. 杭州:浙江大学.

李强,2013. 液体折射率及液相扩散系数的测量方法研究[D]. 昆明:云南大学.

赖琼华,2003. 桩的 p-s 曲线计算方法[J]. 岩石力学与工程学报,22(3):509-513.

梁韵,任士房,耿大新,2009. 大直径变截面桩竖向承载力及沉降算法研究[J]. 路基工程,26(6):50-51.

罗卫华,2016. 单桩桩侧摩阻力增强效应的试验及理论计算[J]. 公路工程(2):1-5.

罗照,2012. 变截面桩的竖向承载性状模型试验研究[D]. 南昌:华东交通大学.

罗照,耿大新,方焘,2011. 变截面桩竖向承载性状的模型实验研究[J]. 武汉大学学报(工学版)(6):731-734.

倪煌俊,2012. 变截面水泥土搅拌桩单桩荷载传递规律研究[D]. 合肥:安徽建筑工业学院.

齐昌广,陈永辉,王新泉,等,2015. 细长桩屈曲的透明土物理模型试验研究[J]. 岩石力学与工程学报,34(4):838-848.

齐昌广,左殿军,刘干斌,等,2017. 塑料套管混凝土桩挤土效应的非侵入可视化研究[J]. 岩石力学与工程学报,36(9):2333-2340.

单宝华,欧进萍,赵仁孝,等,2003. 散斑图像相关数字技术原理及应用[J]. 实验力学,18(3):409-418.

孙鹤泉,康海贵,李广伟,2002. PIV 的原理与应用[J]. 水道港口,23(1):42-45.

孙太亮,2011. 变截面桩竖向承载特性模型试验研究[D]. 青岛:中国海洋大学.

佘跃心,2005. 基于透明介质和颗粒图像技术的土体变形测量研究进展[J]. 勘察科学技术(6):7-10.

王奎华,罗永健,吴文兵,等,2013a. 层状地基中考虑桩端应力扩散的单桩沉降计算[J]. 浙江大学学报(工学版),47(3):472-479.

王奎华,吕述晖,吴文兵,等,2013b. 考虑应力扩散时桩端土性对单桩沉降影响分析方法[J].岩土力学(3):621-630.

万林海,郭鹏,吴伟功,2005.变截面挤扩桩承载特性的数值模拟[J].山西建筑,31(17):1-2.

吴明喜,2006.人工合成透明砂土及其三轴试验研究[D].大连:大连理工大学.

王秀华,宰金珉,蒋刚,等,2008.用于透视土体内部变形的透明材料的研究[J].常州工学院学报,21(s1):270-273.

肖宏彬,2005.竖向荷载作用下大直径桩的荷载传递理论及应用研究[D].长沙:中南大学.

薛涛,刘文淑,姚宇阑,等,2010.苏通大桥群桩基础应力扩散角反演分析[J].河海大学学报(自然科学版)(1):76-79.

杨慧,2000.双层地基和复合地基压力扩散角比较分析[D].杭州:浙江大学.

杨小林,严敬,2005.PIV测速原理与应用[J].西华大学学报(自然科学版),24(1):19-20,36.

杨有莲,朱俊高,2008.钻孔变截面灌注桩的荷载传递特性[J].水利水电科技进展,36(3):37-39.

姚仲泳,2011.福建省沿海高速公路软黏土物理力学性质区域分布规律应用研究[D].福州:福州大学.

于绅坤,2016.荷载作用下桩—土—承台系统的响应研究[D].大连:大连理工大学.

张华俊,2014.基于图像特征匹配技术的数字图像相关法研究[D].合肥:安徽大学.

张忠苗,2007.桩基工程[M].中国建筑工业出版社:542.

张敏霞,崔文杰,徐平,等,2017.竖向荷载作用下挤扩支盘桩桩周土体位移场变化规律研究[J].岩石力学与工程学报(a01):3569-3577.

张强,2016.Y形桩竖向承载特性的透明土模型试验研究[D].淮南:安徽理工大学.

张蕊,2011.数字图像相关及其在若干工程测试中的应用[D].广州:华南理工大学.

张顺金,2014.透明岩体相似材料研制与实验应用研究[D].徐州:中国矿业大学.

赵晓勇,刘延年,王路少,2010.桩基 p-s 曲线影响因素分析[J].路基工程(3):180-182.

周航,孔纲强,崔允亮,2017.基于透明土的XCC桩沉桩挤土效应模型试验及其理论研究[J].土木工程学报(7):99-109.

Allersma H G B,1982. Photo - elastic stress analysis and strain in simple shear[C]. IUTAM Conference on Deformation and Failure of Granular Materials (eds: P. A. Vermeer & H. J. Luger), Balkema, Rotterdam, 345-353.

Chaney R C, Demars K R, Welker A L, et al, 1999. Applied Research Using a Transparent Material with Hydraulic Properties Similar to Soil [J]. Geotechnical Testing Journal, 22 (3): 266-270.

Iskander M G, Liu J, Sadek S, 2002. Transparent Amorphous Silica to Model Clay[J]. Journal of Geotechnical & Geoenvironmental Engineering, 128(3):262-273.

Iskander M G, 1998. Transparent Soils to Image 3D Flow and Deformations[Z]. 1998:255-264.

Iskander M G, Sadek S, Liu J, 2002. Optical measurement of deformation using transparent silica gel to model sand[J]. International Journal of Physical Modelling in Geotechnics,2(4):13-26.

Iskander M G,Liu J,2003. Consolidation and Permeability of Transparent Amorphous Silica[J]. Geotechnical Testing Journal,26(4):390-401.

Konagai K,Tamura C,Rangelow P,et al,2010. Laser-aided Tomography:A Tool for Visualization of Changes in the Fabric of Granular Assemblage[J]. Proceedings of the Japan Society of Civil Engineers,9(455):25-33.

Mannheimer R J,Oswald C J,1993. Development of Transparent Porous Media with Permeabilities and Porosities Comparable to Soils, Aquifers, and Petroleum Reservoirs[J]. Groundwater, 31(5):781-788.

Pincus H J,Iskander M G,Lai J,et al,1994. Development of a Transparent Material to Model the Geotechnical Properties of Soils[J]. Geotechnical Testing Journal,17(4):425-433.

Sadek S,Iskander M G,Liu J,2002. Geotechnical properties of transparent silica[J]. Canadian Geotechnical Journal,39(1):111-124.

Yang X,Jin G X,Huang M,et al. Material preparation and mechanical properties of transparent soil and soft rock for model tests[J]. Arabian Journal of Geosciences,2020,13(7):344(1-10).

第3章

超大直径阶梯形变截面空心桩破坏性缩尺模型试验

前文基于透明土试验分析了超大直径变截面桩的竖向承载下土体的位移规律及其影响因素,本章继续以超大直径变截面空心桩的受力特征及溶洞顶板的破坏模式为研究目的,通过分析超大直径变截面空心桩的施工工艺,设计模型桩的模具、浇筑方案以及试验的加载方案等,设置砂土、黏土以及溶洞地层三种地层环境;通过安装力学传感器采集变截面模型桩在加载过程中的力学指标,系统地研究超大直径变截面空心桩的受力特征以及存在下伏溶洞时的桩基破坏特征与规律。有助于读者更详细地了解岩溶区超大直径变截面空心桩的承载特征及潜在破坏模式,并对相关模型试验提供一定的参考。

3.1 模型试验设计与加载

3.1.1 试验方法设计

试验方法设计是科学研究中十分重要的一步,在科研数据的收集质量方面,试验方法设计具有至关重要的地位,其中常见的设计方法包括:全试验法、正交试验法、回归正交试验法等。试验的设计方法种类繁多,但每一种都有其适应条件和优缺点,不同需求的试验可以选择不同的试验方法。

在试验方法设计时,如果要对试验对象做全面的研究,可以选择全试验法,然而当试验变量过多时,采用全试验法所需要做的试验次数过多,人力物力消耗过大。因此,当考虑因素较多时,正交试验是一种更有效的试验方法,其兼顾了试验效率和效果,通过正交试验方法,可在较少的试验次数下得到较好的试验效果。

正交试验通常情况是用一张正交表表示,若进行 n 次试验中存在 s 个水平因素和 m 个垂直因素,则表示成 $L_n(s^m)$。正交表一般有以下几个特征:同一列中的不同数字出现频率是相等的;随机两列中的数字出现频率和分布均匀。上述特征充分体现了正交设计法的优点——均匀分散。例如 $L_9(3^3)$,充分体现了正交设计法在空间分布的均匀性,如图 3-1 所示。

本次大直径空心桩模型试验考虑桩的直径、变阶次数、变阶半径对桩承载力的影响,根据实际的工程情况并结合试验规模,进行一定的比例缩放,最终确定桩顶直径为20cm、30cm、40cm,变阶次数为2、3、4,单次变阶半径为1.5cm、2cm、2.5cm的研究对象。研究方案中有3组影响因素,分别是桩顶直径、变阶次数以及变阶半径,每个因素下又分为3个变量值,若采用全试验法(3×3×3=27组试验),需要较大的试验量和较长的试验周期,而采用正交试验法仅需通过9组试验即能满足试验目的,大大减少了试验次数和试验周期。因此,采用正交试验法,研究桩顶直径、变阶次数以及变阶半径对变截面空心桩承载性能以及相关力学参数的影响,因素变量见表3-1。

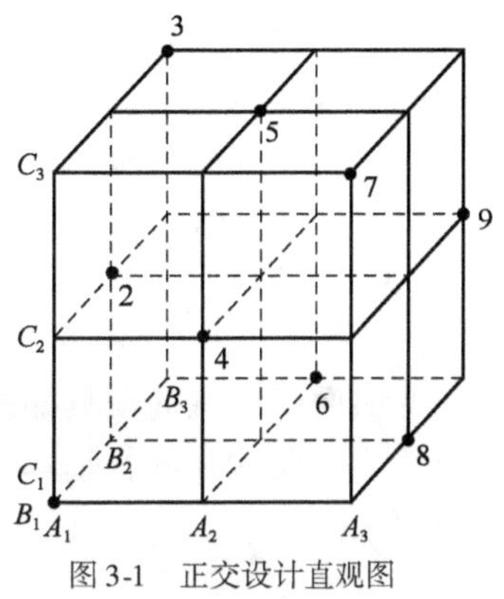

图3-1　正交设计直观图

因素变量表　　表3-1

因素		A	B	C
		桩直径(cm)	变阶次数	变阶半径(cm)
水平	1	20	2	1.5
	2	30	3	2
	3	40	4	2.5

根据正交试验表的特点,同一列中的不同数字出现频率相等;随机两列中的数字出现频率和分布均匀,考虑3个水平因素和3个垂直因素的情况,进行试验方案的拟定,最终确定采用9组模型试验的试验方案,见表3-2。

正交试验方案表　　表3-2

序　号	试验编号	桩顶直径(cm)	变阶次数	变阶半径(cm)
1	20415	20	4	1.5
2	20320	20	3	2
3	20225	20	2	2.5
4	30420	30	4	2
5	30325	30	3	2.5
6	30215	30	2	1.5
7	40425	40	4	2.5
8	40315	40	3	1.5
9	40220	40	2	2

3.1.2　模型桩模具尺寸设计与制作

1)外侧钢模具设计与制作

试验模型桩尺寸不大且形状各有不同,为多个圆柱体相互拼接,采用木模板加工技术难度较大,因此选择采用钢模板浇筑,钢模板强度大,不易变形,且整体形状较容易制作。模型桩模具的制作考虑试验设定的不同工况,分为不同变阶次数模型桩,不同桩径模型桩以及不同的变径尺寸。对于不同变阶次数模型桩,2 阶、3 阶、4 阶桩总桩长均为 40cm,第一阶桩径分别为 40cm、30cm、20cm,其他尺寸随不同变阶次数存在差异,如图 3-2 所示。2 次变阶桩每阶的桩长为 13.33cm,3 次变阶桩每阶的桩长为 10cm,4 次变阶桩每阶的桩长为 8cm。对于 2 阶、3 阶、4 阶变截面试验桩,分别有 1.5cm、2cm、2.5cm 3 组变阶半径,以及 20cm、30cm、40cm 3 组桩直径。变截面模型桩的模具如图 3-3 所示。在变截面模型桩的模具设计中,尺寸和形状与所需浇筑的模型尺寸和形状基本一致,误差不超过 ±0.5cm,变阶处尺寸误差在 ±0.1cm 内,符合试验要求。

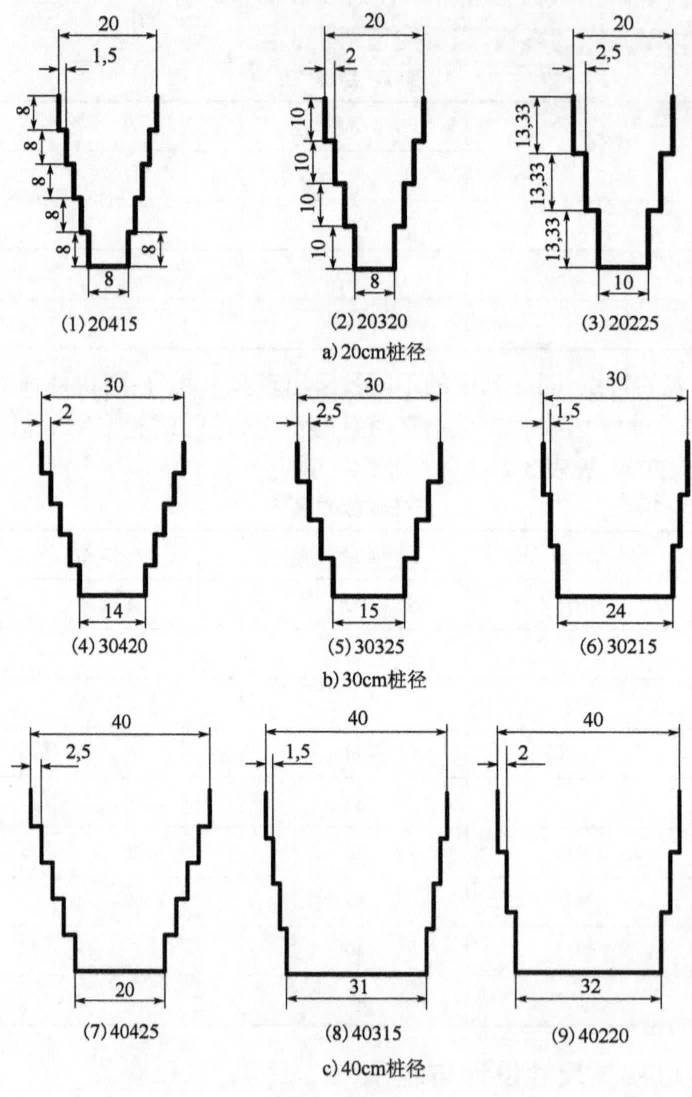

图 3-2 变截面桩模具轮廓线尺寸图(尺寸单位:cm)

a)

b)

图 3-3　变截面桩模具(改良后)

2)内侧泡沫模具设计与制作

大直径变截面空心桩空心部分的浇筑是施工中的难点,其施工工艺对整个空心桩的承载力以及稳定性有着至关重要的作用。在现场施工过程中,空心桩通常是通过分节浇筑实现空心部分的施工,用普通钢模板或者波纹钢作为其空心部分的内模,一节一节浇筑而成。在模型试验中,研究者也常常采用模具分阶浇筑的方法制作内部空心部分,然而对于尺寸较小的模型来说,这种分层浇筑的方法并不很合适,因为浇筑的量较小,分节浇筑会浪费较多的时间,也不好控制混凝土的量,容易使拌和好的混凝土产生不同程度的凝固,造成一定的材料浪费,同时由于分次浇筑的关系,模型的整体性不能得到很好的保证。模型试验采用一次浇筑的方法,确保模型桩的整体性以及较好的强度性能。经过大量的分析讨论,空心部分选用实体泡沫作为内模材料。就材料的强度而言,泡沫材料相较于混凝土凝结后的强度显得微乎其微,因此选用相应大小的泡沫圆柱体模拟变截面桩的空心部分。

内部空心尺寸设计如图 3-4 所示,图中虚线部分为变截面桩的空心部分。因为本试验主要研究土体的破坏模式,内部空心设计对土体破坏模式影响较小,因此将其简化成不同直径的圆柱体。为控制试验的变量因素,空心部分的设计考虑其空心率相对一致,具体空心率见表 3-3。

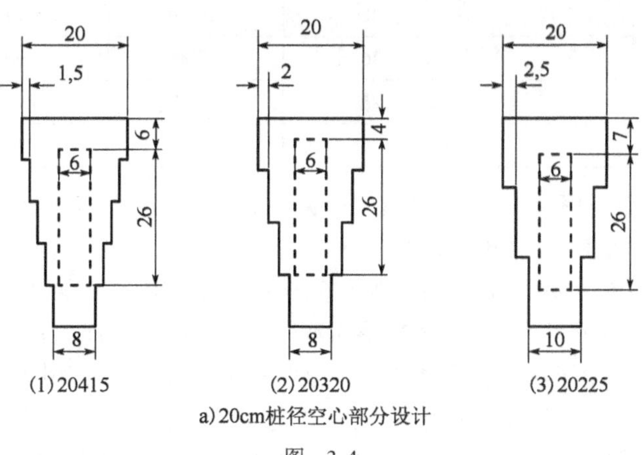

图　3-4

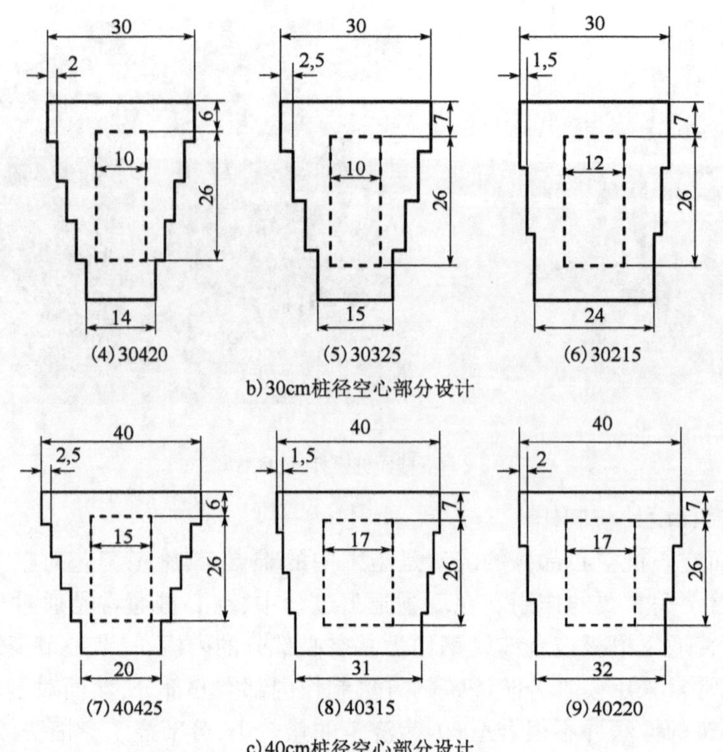

图 3-4　变截面空心桩模型内部空心尺寸设计图(尺寸单位:cm)

变截面空心桩空心尺寸表

表 3-3

序号	试验编号	空心直径(cm)	空心高度(cm)	截面积(cm^2)	空心面积(cm^2)	空心率(%)
1	20415	6	26	560	156	27.86
2	20320	6	26	560	156	27.86
3	20225	7	26	600	182	30.33
4	30420	10	26	880	260	29.55
5	30325	10	26	900	260	28.89
6	30215	12	26	1080	312	28.89
7	40425	15	26	1200	390	32.50
8	40315	17	26	1420	442	31.13
9	40220	17	26	1440	442	30.69

9 组模型桩的空心率控制在 30% 左右,具体在 27% ~33% 范围内(表 3-3)。由于 4 次变阶桩组变阶次数较多,最后一阶直径会变得相对比较小,若空心区域伸入最后一阶,其混凝土壁厚会比较小,对其承载力有一定影响。为避免这个不稳定因素的影响,在最后一阶桩径较小时,设计空心尺寸范围不进入最后一阶桩径的范围,保证壁厚都有 2cm 的安全厚度,确保所浇筑模型桩的强度。为了便于泡沫模具的加工处理,空心桩的高度尺寸统一设计为 26cm,通过控制其空心直径的变化来控制空心率。根据上述设计原则,对于 20cm 桩径组,试验编号 20415 空心部分距桩端设计值为 6cm,试验编号 20320 空心部分距桩端设计值为 4cm,试验编

号 20225 空心部分距桩端设计值为 7cm；对于 30cm 桩径组，试验编号 30420 空心部分距桩端设计值为 6cm，试验编号 30325 空心部分距桩端设计值为 7cm，试验编号 30215 空心部分距桩端设计值为 7cm；对于 40cm 桩径组，试验编号 40425 空心部分距桩端设计值为 6cm，试验编号 40315 空心部分距桩端设计值为 7cm，试验编号 40220 空心部分距桩端设计值为 7cm。

空心部分的模具采用实心泡沫制成，通过绘制 CAD 模型尺寸图交给泡沫制作厂家定制，尺寸误差为 ±0.2cm。图 3-5a)、b) 所示为 12cm 空心桩泡沫模具的测量，图 3-5c) 为模具实物。实心泡沫圆柱体强度比混凝土到达养护时间后的强度要低很多，但是在混凝土浇筑过程中，能承受混凝土重量，在初凝期起到混凝土定型作用，在后期起到模拟空心部分的作用。

a) 测量(模具)长度

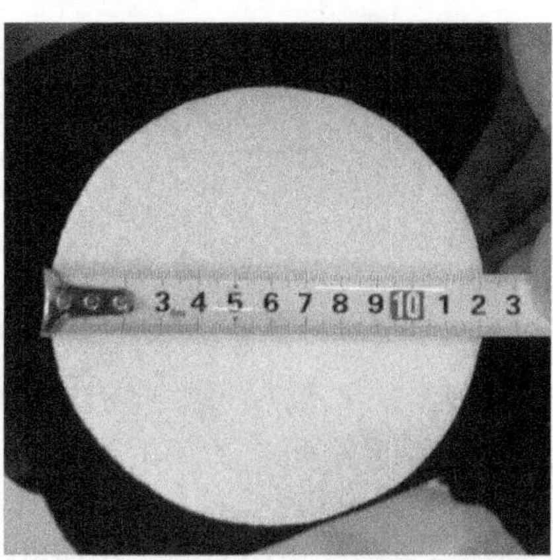

b) 测量(模具)直径

c) 模具实物

图 3-5　变截面模型桩空心模具

3.1.3　模型箱尺寸设计与制作

变截面空心桩模型试验的模型箱材料采用钢板，考虑其强度需求，钢板厚度采用 6mm，结合边界效应和试验场地等因素对试验的影响，模型箱采用 1.0m × 1.0m × 1.2m 的方形箱。为保证模型箱的刚度,减小其变形量,将相邻钢板进行焊接处理,同时也能起到很好的防漏水效果,模型箱四周及底部采用方钢管和槽钢焊接加固用以保证整个模型箱的整体稳定性和刚度。模型箱结构如图 3-6 所示。

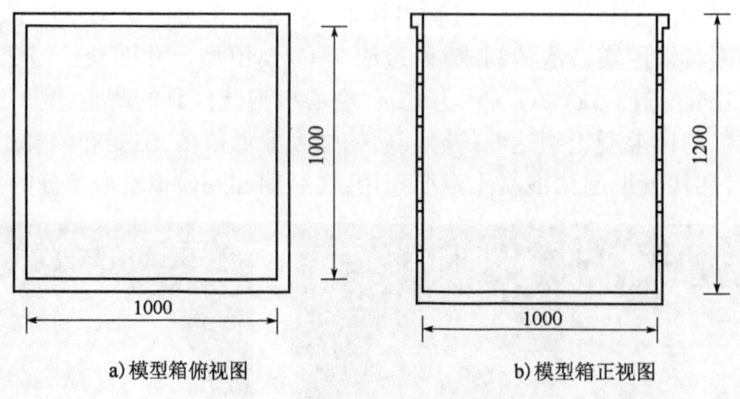

图 3-6　模型箱示意图(尺寸单位:mm)

试验考虑砂土和黏性土两种土质情况下变截面空心桩的破坏模式。在黏性土的试验中考虑下覆溶洞的情况,模拟大直径变截面空心桩在溶洞工况下的破坏模式。为模拟溶洞,将试验的模型箱进行了改造,如图 3-7 所示。将模型箱一个面开出直径为 300mm 的圆形洞口,在填筑土层时,先用盖板盖住洞口并压实,待模型箱土体填筑完成时,打开盖板,沿洞口将土体挖出,形成有自稳能力的溶洞。在砂土的试验中,洞口处用盖板盖上,又成为正常的模型箱。

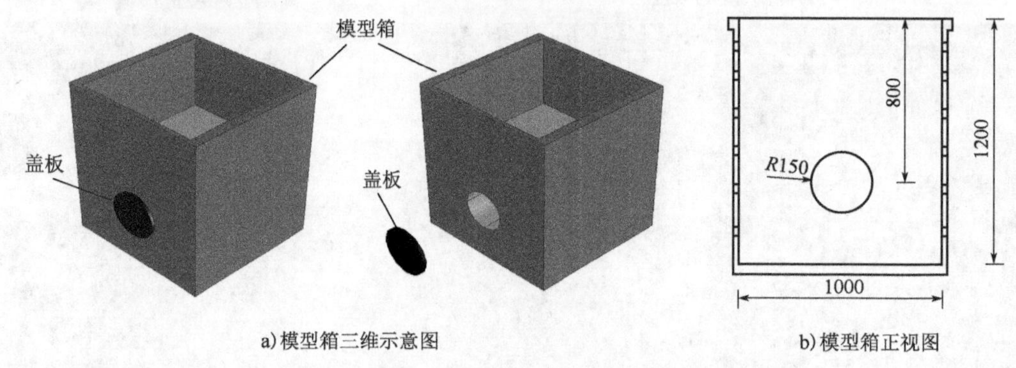

图 3-7　模型箱溶洞改造示意图(尺寸单位:mm)

3.1.4　加载方案

1)加载装置

竖向荷载的施加方法有杠杆加载法、液压千斤顶施压法、堆载法等。不同的方法有不同的优缺点(韩建伟,2015),如堆载法对加载面积有很大的要求,需要的荷载越大,面积需求越大,试验的安全因素也越低。综合各类因素,试验选用液压千斤顶的方法,同时通过人为补压保证试验荷载稳定。

加载装置由反力梁、立架和千斤顶组成,竖向加载装置如图 3-8、图 3-9 所示。其中上部反力梁是通过螺栓与立架固定的 H 型钢。两侧立架由 2 根 H 型钢构成,两侧立架与试验室地下梁连接，提供反力。为了便于试验时拆换变截面空心桩模型，千斤顶固定在反力梁的中部，配合起重机进行模型更换。

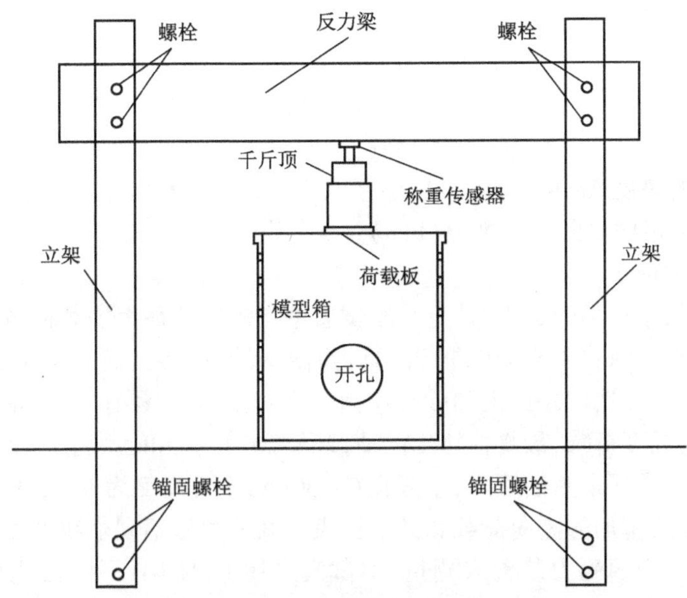

图 3-8　竖向加载装置结构组成示意图

图 3-9　竖向加载装置

当根据土的物理指标与承载力参数之间的经验关系确定单桩竖向极限承载力标准值时，宜按下式估算：

$$Q_{uk} = Q_{sk} + Q_{pk} = u\sum q_{sik} l_i + q_{pk} A_p \tag{3-1}$$

式中：Q_{sk}、Q_{pk}——总极限侧阻力标准值和总极限端阻力标准值(kN)；

u——桩身的周长(m)；

l_i——桩周第 i 层土的厚度(m)；

q_{sik}——桩侧第 i 层土的极限侧阻力标准值(kPa);

q_{pk}——极限端阻力标准值(kPa);

A_p——桩底端的面积(m^2)。

由于试验模型尺寸较小,并选取单一土层作为研究环境,因此,将变截面空心桩的极限承载力简化为按前述单桩等截面桩的计算公式进行试验荷载的估算。

$$Q_{uk} = Q_{sk} + Q_{pk} = uq_{sk}l + q_{pk}A_p \tag{3-2}$$

式中:l——桩周土的厚度(m);

q_{sk}——桩侧土的极限侧阻力标准值(kPa);

其余符号含义同前。

为选择试验加载千斤顶的量程,计算 9 组试验中所需要的最大加载荷载,即试验桩的最大极限荷载。选取直径 40cm 的试验组进行计算,为便于计算,将其简化成桩长 40cm 的等截面桩估算其极限承载力,并选取黏性土和砂土作为研究对象,按混凝土预制桩考虑,并考虑试验桩较短,进行一定的强度折减,最终估算出的荷载需求不大于 30kN。

本次试验选用的千斤顶为油压式,量程在 0 ~ 50kN,上升高度为 150mm。考虑存在摩擦以及其他因素,千斤顶所施加的竖向荷载和其油压表之间的关系不完全线性相关。因此,试验中的竖向荷载需要有专门的测力装置来测量,本试验采用 QLMH-P 平膜盒式称重传感器,最大量程为 30kN,综合精度为千分之一,即 30N,满足试验需求;同时采用称重传感器配套 CHB 力值显示控制器,型号 QLCHB-AH,显示分度值为万分之一,测量油压千斤顶对变截面空心模型桩施加的竖向荷载,如图 3-10 所示。同时为了让千斤顶的力更均匀地传递到桩顶,在千斤顶底座和变截面桩顶表面放置一块较大的荷载板。

2)加载步骤

静载荷试验采用液压千斤顶手动加载的方式。

(1)加载前准备

安装仪器,在试验桩顶放置荷载板,千斤顶放置上方并布置压力传感器,居中布置,将 3 个 30mm 量程的百分表对称布置于荷载板边缘。安装好荷载板以及百分表后,将百分表调零,并调试好土压力计采集系统。为了校核试验系统的工作性能,在正式进行试验前进行预压试验,预压荷载不得大于总加载量的 5%。

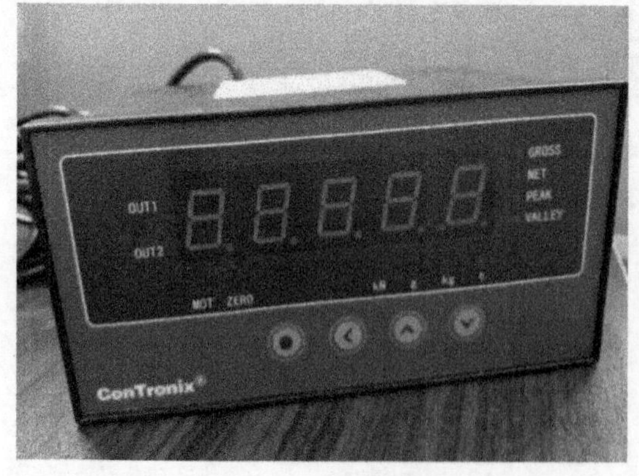

a)显示控制器

b)称重传感器

图 3-10

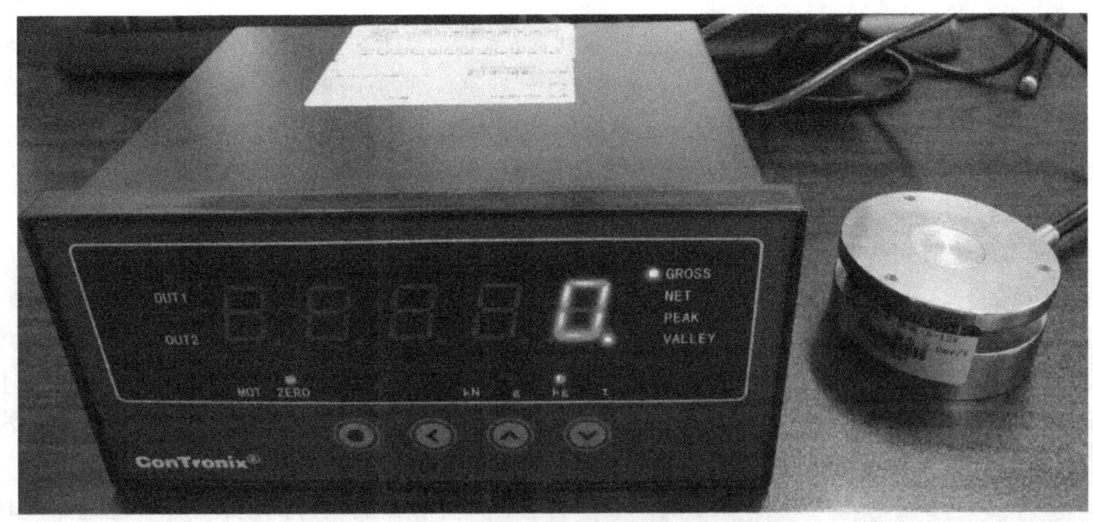

c) 整体连接效果

图 3-10　测力系统实物图

(2)加载过程

试验时采用液压千斤顶分级加载,手动控制并采用压力传感器采集荷载大小。试验前预估模拟桩承载力(经计算,初步得出模拟桩极限承载力为 3000kN),然后分级加载。该试验根据预估极限承载力分 9 级加载,直到出现终止试验条件。当压力传感器读数低于预计施加的荷载时,进行人工补压。加压过程尽量慢,避免冲击力对试验结果造成影响。在保持每级荷载时,应及时补压,控制荷载变化在 5% 以内。

(3)终止加载

从加载开始,每隔 5min 计一次桩顶沉降读数,1h 后改为 30min 计一次桩顶沉降量数据,等到桩顶沉降量在 1h 内的变化量小于 0.1mm 时达到稳定,进行下一级荷载试验,或在达到终止加载条件中的一个后停止加载。终止加载条件如下:

①某级荷载作用下,桩顶沉降量大于前一级荷载作用下沉降量的 2 倍,且经 24h 尚未达到相对稳定标准。

②某级荷载作用下,桩顶沉降量大于前一级荷载作用下沉降量的 5 倍。

③已达到加载设备的最大加载量。

④对于缓变型沉降曲线的桩型,荷载可以加至沉降量达 40 ~ 80mm。在部分条件下,可允许最大总沉降量超过 80mm。

3.2　试验准备

3.2.1　模型试验桩的制作

本次模型试验研究土体溶洞顶板的破坏模式,为保证模型桩本身强度的稳定性,防止试验过程中桩体发生不必要的破坏影响试验结果,综合考虑后选用强度等级为 C30 的混凝土材料浇筑模型桩。

混凝土配合比指的是混凝土中各种组成材料(水泥、水、砂、石子)之间的比例关系。有两种表示方法:一种是以 $1m^3$ 混凝土中各种材料用量,另一种是用单位质量的水泥与各种材料用量的比值及混凝土的水灰比来表示。本次试验混凝土采用常规 C30 混凝土,原材料及用量为:水 175kg、水泥 461kg、砂 512kg、石子 1252kg(配合比为 0.38:1:1.11:2.72)。由于量不多,采用人工拌制。

模型的浇筑过程如图 3-11 所示。浇筑混凝土之前先把上述设计的变截面空心桩模具拼装好,如图 3-12a)所示;为了便于拆模,在模具的内侧涂满机油增加模型和模具中间的润滑,防止拆模时出现模型表面不平齐的现象,如图 3-12b)所示;对于桩体内空心部分的构筑采用实心圆柱泡沫,实心泡沫强度比养护后的混凝土强度低,但在混凝土浇筑过程中可承受混凝土重量,初凝期起到混凝土定型作用,后期挖出后又可模拟空心部分。混凝土浇筑时,先浇到空心部分底面的设计高度,然后下放泡沫模具并定位,如图 3-12c)所示;浇筑过程中,由于混凝土密度较大,在顶板浇筑前必须压好泡沫模具定位,防止不必要的偏差。浇筑一定量混凝土后插入构造细钢筋,防止桩身弯曲破坏,如图 3-12d)所示。同时,在浇筑过程中应注意及时用振动棒振捣,确保模型桩内部混凝土密实,减少表面蜂窝麻面,如图 3-12e)所示;最后浇捣到表面后进行磨平。

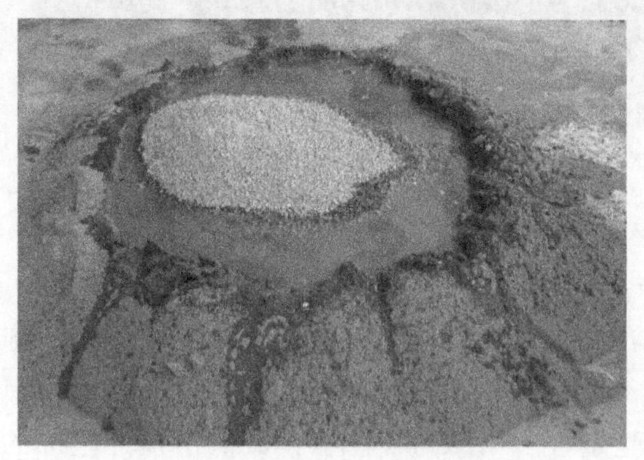

图 3-11 现场混凝土拌制

浇筑完成的 9 个模型桩如图 3-12g)所示,并同时浇筑两组 100mm × 100mm × 100mm 试块,后期进行强度检验试验,同期进行养护,到达一定强度后进行拆模,并用环氧砂浆处理表面一定程度的蜂窝麻面,如图 3-13 所示。

a)模具拼装

b)抹油

图 3-12

c)安置空心模具

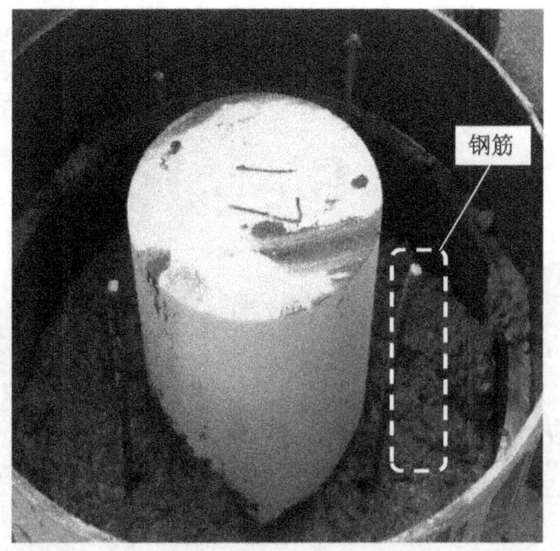

d)架设钢筋

e)振动棒振捣

f)表面磨平

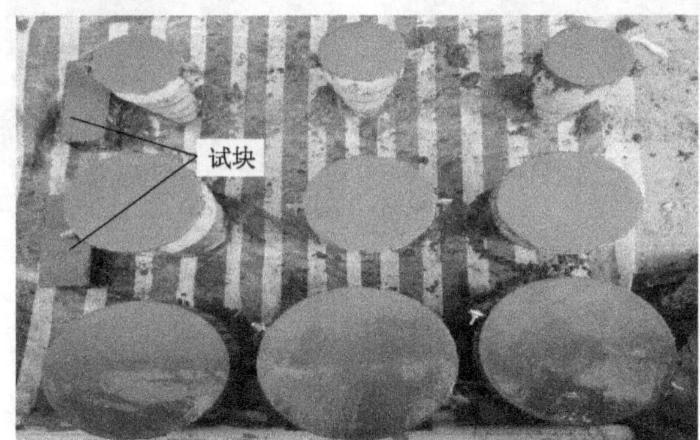

g)模型桩及试块

图3-12　模型桩制作过程

a)

b)

图 3-13　变截面空心桩模型

3.2.2　地基土分层填筑

对于无溶洞地基土状态下试验土方填筑，填土高度 1m，分 4 层填筑，每层土高 25cm，通过人工踩踏和用木桩夯实。每次填土要尽可能控制相同的压实度，本次试验中每次填土均采取用相同的人和相同的方式夯实，之后再进行下一层填筑，如图 3-14 所示。填筑过程中适当加水，防止土体室外水分蒸发过大。填到桩底高程时，埋设土压力盒（设定桩底位置），在每一变阶处均设置 3 个土压力盒测定桩端以及变截面处的土压力参数。填土结束后，将模型地基静置 1d。

a) 砂土填筑

b) 黏性土填筑

图　3-14

c)用木桩夯实

图 3-14　土层填筑

对于有溶洞状态下的土方填筑过程,模型箱开孔处用气焊将钢板按设计溶洞的大小开孔,在填筑的过程中将孔洞用钢板盖好,并用重物压紧防止填土过程中钢板松动,按照黏性土的填筑方法进行填土压实,待充分静置后将钢盖板打开,用工具将开孔处土体掏空,形成有一定深度的空洞模拟溶洞,如图 3-15 所示。充分静置待其周边土体应力重分布稳定后开始进行溶洞地层的静载试验。

a)

b)

图　3-15

c)

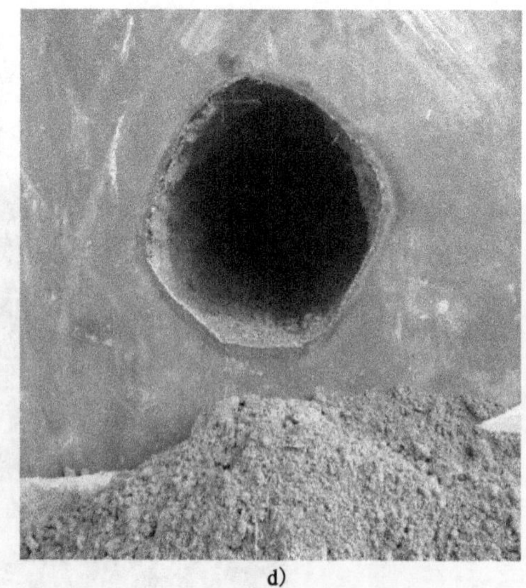
d)

图 3-15　模拟下伏溶洞过程

3.2.3　传感器布置以及数据采集

1)传感器布置

为减小其他不必要因素对试验结果的影响,将 9 个模型桩应变片布置在相同的位置上,以便后期对采集数据进行对比,应变片贴在桩身侧面,由于变阶处是容易发生应力集中的区域,也是试验重点研究区域,因此都要布设较多的应变片,每一变阶处拟采用 6 片应变片,变阶面处平面上下各布置 3 片应变片,防止出现偶然误差影响试验结果。3 阶桩应变片布置如图 3-16 所示,图中小方块为应变片,试验中的其他桩型布置以此类推。由于应变片本身尺寸较大,试验模型桩 1 阶范围内不能实现应变片在同一条垂线内,因此在尺寸较小的桩阶处采用错开布置,相邻应变片横向间距不超过 0.5cm,同时为防止应变片在土体内受潮和破坏,采用环氧树脂以及纱布对其进行包裹保护,如图 3-17 所示。

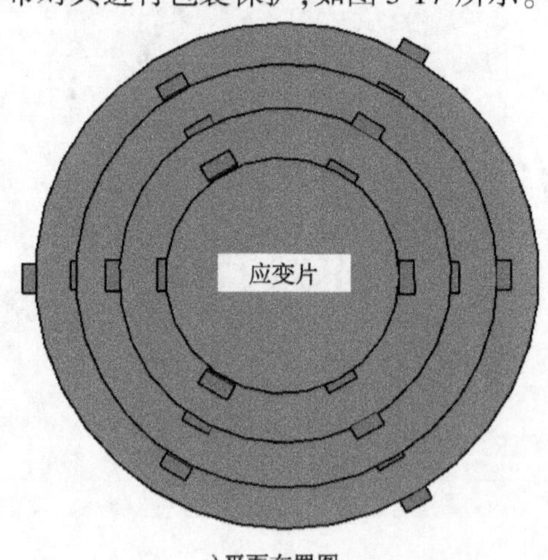

a)平面布置图

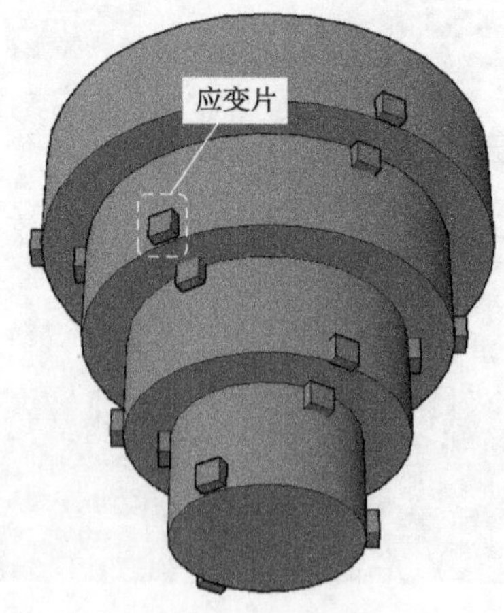

b)三维布置图

图 3-16　3 阶桩模型应变片布置

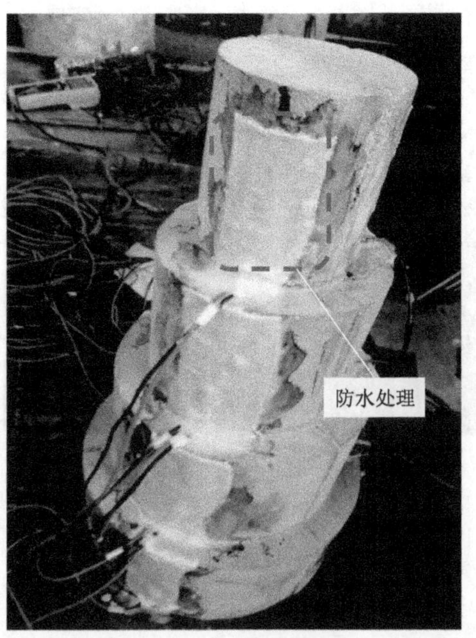

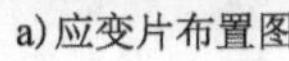
a)应变片布置图

b)应变片防水保护处理

图 3-17　3 阶桩应变片布置及防水保护

2)数据采集

(1)桩顶位移量测

试验选用百分表测定桩顶竖向位移,其量程为 30mm,测量精度为 0.01mm。试验过程中,在桩顶安置 3 支百分表并呈 120°环状分布,控制试验过程中的偶然误差以及偏压加载,如图 3-18 所示。

图 3-18　桩顶百分表布置

(2)桩身变形量测

为了获得竖向加载试验过程中轴力沿桩身的分布,使用 BX120-50AA 型混凝土专用应变片,栅长×栅宽为 50mm×3mm,电阻值(119.4±0.1)Ω,灵敏系数为 2.08%±1%,并配有接线端子,用于引出导线,如图 3-19 所示。在各模型桩上都布置了应变片,根据上节介绍的布置方法,在每根模型桩的桩端变截面处上下分别粘贴应变片,桩顶以及桩底也各粘贴应变片。采用 502 胶将应变片固定在桩身相应位置,并用环氧树脂做防水处理。

(3)土压力量测

由于变截面桩变阶处的特殊构造,试验中需要采集该处和桩端的土压力参数,试验桩的埋置过程中,在模型桩的相应位置分别先布置好土压力计,如图 3-20 所示。为满足试验需求,选用 JTM-Y2000 型土压力计,量程 0.05MPa,直径 15mm。将两个试验土压力计对称布置在变截面处,用 502 胶粘贴;防止偶然误差,在桩端处,将土压力盒布置在桩底面中心,同时避开应变片位置，防止导线过于密集，影响试验结果。

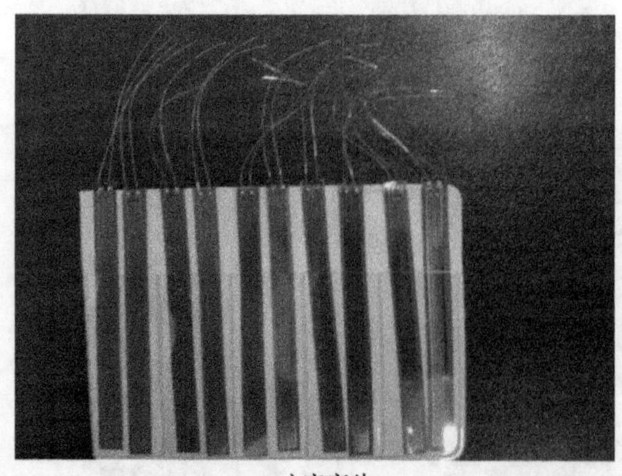

a）应变片

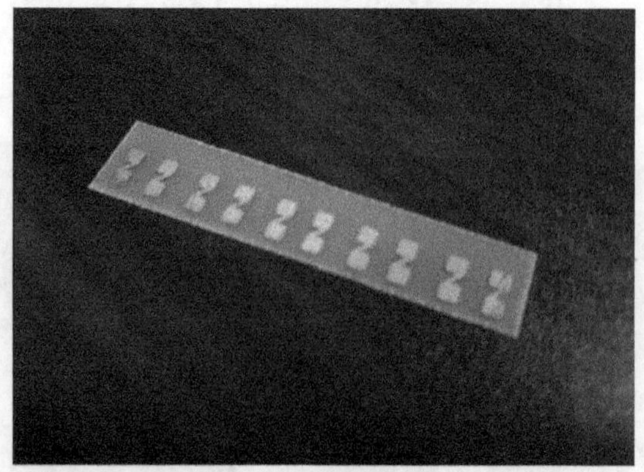

b）接线端子

图 3-19　应变测量装置

a）土压力计

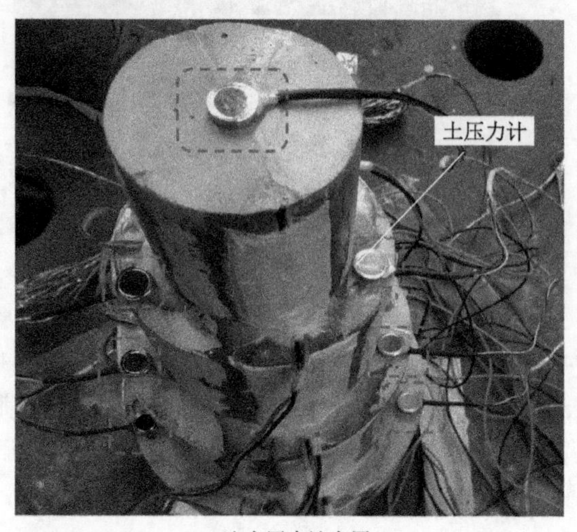

b）土压力计布置

图 3-20　土压力计及布置

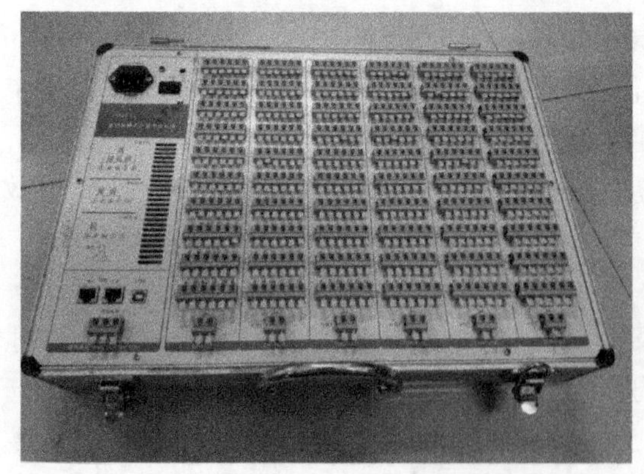

图 3-21　应变采集器

通过应变采集器采集桩身应变和土压力数据，本试验选用 JM8313 多功能静态应变测试系统。该采集系统共有 60 个端口，通过 USB 接口与计算机相连，支持视窗（Windows）等多种计算机操作系统。可以实现多台仪器同时连接同一台计算机，可以绘制应力曲线、输出数据表格，在非联网状态下也能使用（图 3-21）。

3）数据采集后的计算方法

（1）荷载沉降关系——*p-s* 曲线

通过分离式液压千斤顶施加每一级荷载，

用称重传感器读出荷载值,并通过在桩端处布置的百分比测量变截面空心模型桩在每一级荷载下对应的沉降量,最后绘制出 $p\text{-}s$ 曲线。

(2)桩身轴力分布规律分析

每个应变片处的桩身轴力与桩身轴向变形之间的关系式为:

$$Q_i = \varepsilon_i E A_i \tag{3-3}$$

式中:Q_i——i 处的桩身轴力(N);

ε_i——i 处应变片所采集的应变;

E——桩身弹性模量(Pa);

A_i——i 处截面面积(m^2)。

通过在桩身布置的应变片,测出桩身变阶处的轴向应变,由式(3-3)可以计算出沿桩身方向的轴力变化情况。

(3)变截面处及桩端处土体阻力分析

通过埋设在模型桩变截面处和桩端处的土压力盒,测出土体的应变值,并通过下式计算出变截面处和桩端的土压力。

$$P = \mu\varepsilon \cdot A \cdot K \tag{3-4}$$

式中:P——测量处的土压力(N);

$\mu\varepsilon$——仪表度数(Pa);

A——变阶面积或桩端面积(m^2);

K——仪器的标定系数。

3.3 砂土地层阶梯形变截面桩加载试验结果分析

3.3.1 不同桩径组的荷载—沉降(p-s)曲线

在砂土地层阶梯形变截面模型桩的试验中,对各模型桩的桩顶荷载及对应的桩顶沉降量进行采集,并绘制成如图 3-22 ~ 图 3-24 所示的荷载—沉降曲线。

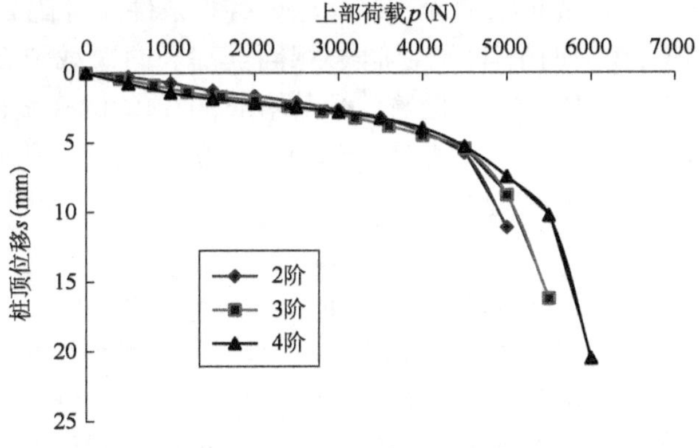

图 3-22 直径 20cm 变截面空心桩组的 p-s 曲线

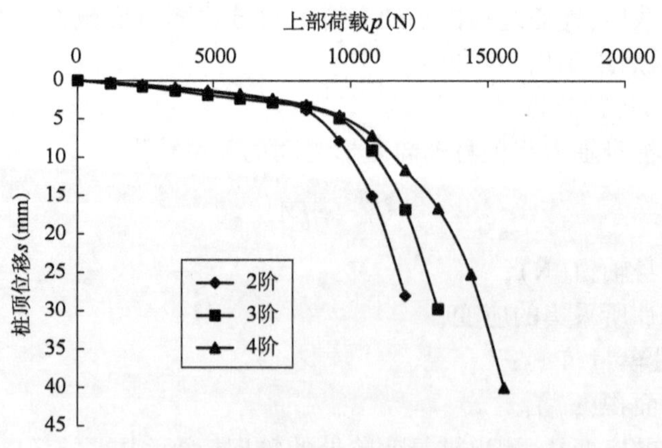

图 3-23　直径 30cm 变截面空心桩组的 p-s 曲线图

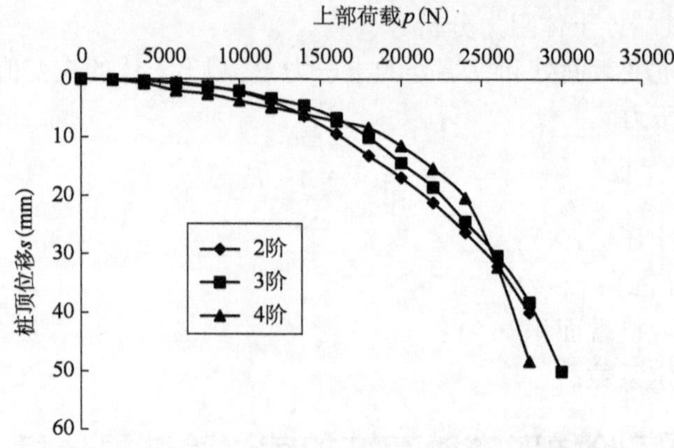

图 3-24　直径 40cm 变截面空心桩组的 p-s 曲线图

如图 3-22 所示为直径 20cm 的变截面空心桩组进行竖向静载试验的 p-s 曲线，由图可知变截面空心桩的 p-s 曲线前期变化较缓，到达一定荷载后又出现较大的沉降变化，但也没有出现斜率骤变的拐点。3 条曲线在前期荷载较小的情况下呈现出了近似线性的荷载沉降规律，反映了土体处于弹性阶段的沉降规律。随着荷载的增加，土体会渐渐呈现出塑性变形，3 条曲线开始出现拐点，曲线的斜率开始加大，直至出现试验的终止条件。对比 2 阶、3 阶和 4 阶曲线，3 条曲线的整体趋势相似，在前期土体弹性阶段，相同上部竖向荷载 P 的情况下，3 种试验桩的桩顶沉降相近，但是呈现出细微差别，随着阶数的增加，桩顶的沉降量也有所增加，说明变截面处承载能力需要产生一定位移后才能发挥，与文献（方焘 等，2012）的研究结论一致，表明大直径变截面桩的承载能力提升将引起桩周土的挤土效应，也与前文透明土试验得到的结论基本一致。

当 p-s 曲线出现土体塑性拐点时，可以确定桩的极限承载力。对比 2 阶、3 阶和 4 阶曲线，2 阶曲线在 3500N 左右开始出现拐点，3 阶曲线在 4000N 左右出现拐点，而 4 阶曲线在 4500N 左右出现拐点，这说明阶数的增加对桩的极限承载力有着一定的影响，随着阶数增加，极限承载力有一定的提升，与前文对大直径变截面空心桩的数值模拟得到的结论基本一致（江松，2018），说明变截面桩的阶数增加将在一定程度上引起极限承载力的增加。同时，通过对比

2 阶、3 阶和 4 阶模型桩试验曲线可知,随着变阶次数的增加,*p-s* 曲线将往缓变型发展,相邻荷载区间的曲线斜率变化幅度较小。

图 3-23 所示为直径 30cm 的变截面空心桩进行竖向静载试验的 *p-s* 曲线。由图可知桩基 *p-s* 曲线整体呈缓变型,无斜率骤变的拐点,与 20cm 桩径组的荷载沉降规律较为相似。3 条曲线在前期荷载较小的情况下同样呈现近似线性变化规律。随着荷载的增加,土体渐渐呈现出塑性变形,3 条曲线开始出现拐点,曲线的斜率开始加大,直至出现试验终止条件。对比 2 阶、3 阶和 4 阶曲线,可知 3 条曲线的整体趋势相似,在曲线的前期土体弹性阶段,相同上部竖向荷载 P 的情况下,3 种试验桩的桩顶沉降从图中看基本一致。从实测数据也可以得出和 20cm 桩径组相似的规律,承载能力发挥需要产生一定的桩顶位移来实现,随着阶数的增加,桩顶的沉降量也有所增加。

同时,通过对比拐点后的塑性阶段,3 条曲线开始分叉,对比 2 阶、3 阶和 4 阶曲线,可发现 2 阶曲线在 11000N 开始出现拐点,3 阶曲线在 12500N 出现拐点,而 4 阶曲线出现在 15000N 左右。随着变阶次数的增加,到达相同桩端沉降量的上部荷载值不断增大;变阶次数越多,承载力也有一定的增加,同时荷载—沉降曲线整体也会更趋于缓变,相邻荷载区间的曲线斜率变化幅度越小。对比 20cm 的桩径组,30cm 的桩径组在塑性阶段的曲线变化比较平缓圆滑。

如图 3-24 所示为直径 40cm 的变截面空心桩组进行竖向静载试验的 *p-s* 曲线。从图中可以看出,40cm 的变截面空心桩的荷载—沉降曲线整体近似一条抛物线,有大直径桩径显著的缓变型特征,没有出现斜率变化非常大的拐点,曲线和 20cm 桩径组以及 30cm 桩径组相比,整体更为光滑圆润。3 条曲线在前期荷载较小的情况下呈现出了近似线性的沉降变化规律。随着荷载的增加,土体会渐渐呈现出塑性变形,然而 2 阶和 3 阶模型桩的静载试验曲线并没有出现明显的拐点,整个曲线的斜率变化较为均匀,相邻荷载差的沉降量也较为均匀地增大,很符合普通大直径桩的沉降规律。这是由于相较于 40cm 的桩径,变阶尺寸 1.5cm、2cm 较小,对整体桩径的影响不明显,就 2 阶变截面桩而言,第一阶变阶后直径为 37cm,变径率 7.5%,第二阶变阶后直径为 34cm,变径率为 8.1%,都不足 10%,桩的截面积变化较小,较难体现出变截面桩的特性,展现出更接近大直径桩的荷载—沉降曲线特性。相较于 4 阶变截面桩,由于其变径较大,变阶次数较多,最后一阶桩径为 20cm,总变径率达到 50%,因此 4 阶变截面桩的荷载—沉降曲线与 20cm 和 30cm 桩径组的曲线较为相近,曲线先是一段较为平稳的弹性区,到达塑性阶段,出现较为明显的曲线拐点,相邻上部荷载值的桩端位移变化量不断增大,最终出现试验终止条件。

对比 2 阶、3 阶和 4 阶曲线,3 条曲线的整体趋势相似,在曲线的前期土体弹性阶段,相同上部竖向荷载 P 的情况下,2 阶、3 阶和 4 阶工况下的桩顶沉降从图中看基本一致,但从实测数据也可以得出和 40cm 桩径组相似的规律,需要产生一定的桩顶位移后才能实现承载能力的发挥,随着阶数的增加,桩顶的沉降量也有所增加。

对比 2 阶、3 阶和 4 阶曲线,2 阶和 3 阶曲线无明显的拐点,其极限承载力取值点根据《建筑桩基检测技术规范》(JGJ 106—2014)规定为沉降量到达 $0.05D$(D 为桩径)时的荷载值,2 阶和 3 阶的极限承载力分别是 21000N 和 22500N 左右,而 4 阶曲线存在较明显的拐点,极限承载力在 25000N 左右,因此可以近似认为变截面桩的承载能力要高于相同直径的等截面桩。

3.3.2 不同桩径组的桩身轴力曲线

将砂土组试验终止前各级荷载作用下的桩身轴向应力数据进行后处理，选取有代表性的荷载，最后得到20cm、30cm、40cm 桩径组阶梯形变截面空心桩桩身轴力分布图。

(1)20cm 桩径组

图3-25 所示为20cm 桩径组桩身轴力分布情况，由图可知20cm 桩径组的桩身轴力分布总体呈上大下小的分布规律，符合一般桩基轴力分布的特征，但是阶梯形变截面空心桩的轴力传递模式与普通等截面桩基存在明显差别。首先桩身截面的改变对桩身轴力传递影响显著，变阶处桩身轴力存在明显突变，每一变阶处均存在轴力突变的情况，突变减少的荷载被变截面处的变阶阻所承担，轴力从变阶处传递到周围土层。

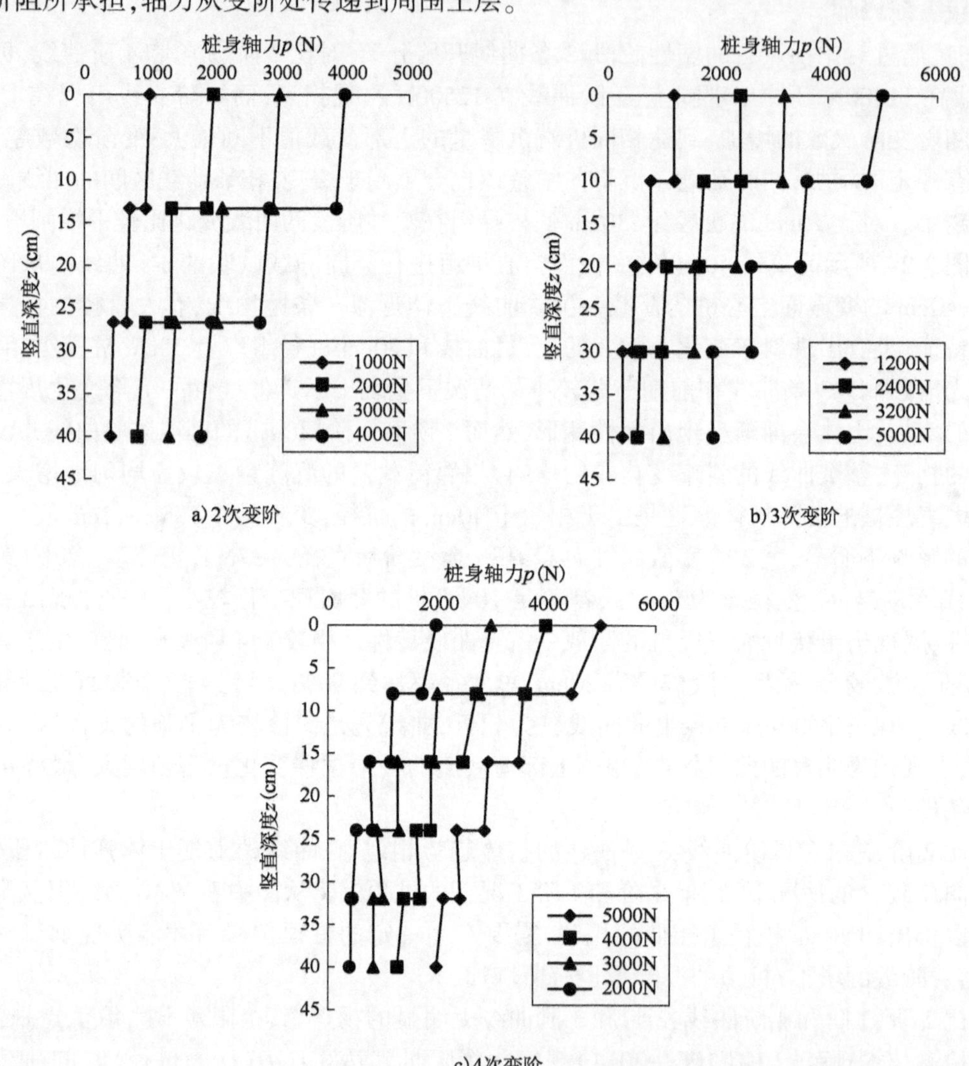

图3-25 20cm 桩径组桩身轴力分布图

(2)30cm 桩径组

图3-26 所示为30cm 桩径组桩身轴力分布图，由图可知，30cm 桩径组的桩身轴力分布

总体呈上大下小的分布规律,与20cm桩径组有相似的规律。变阶后桩端底面积相近的桩,如3次变阶和4次变阶的试验桩,变截面处轴力衰减比率随变阶次数的增加而减小,但总体上各桩型变截面处轴力衰减比率相当,这是由于变阶次数的增加使得单个变阶端部面积减小,但总面积并不改变。

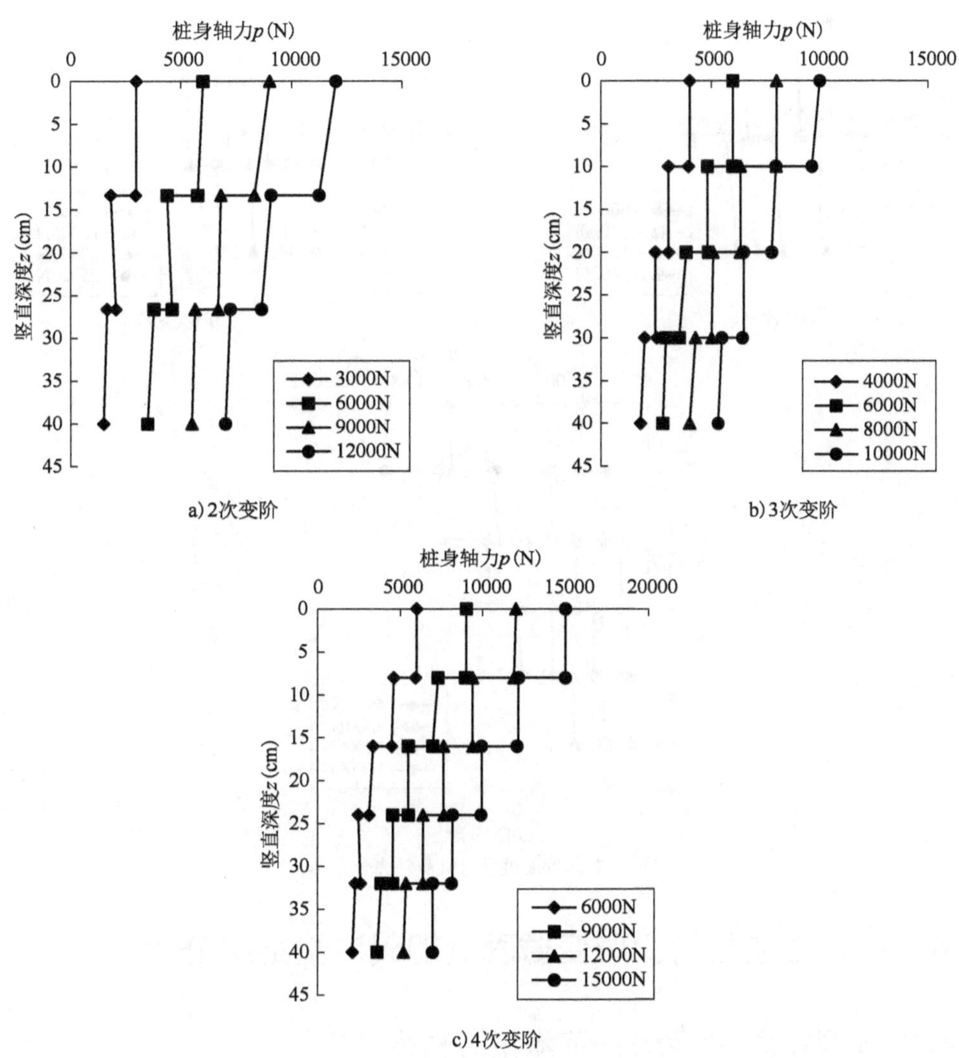

图3-26 30cm桩径组桩身轴力分布图

(3)40cm桩径组

图3-27所示为40cm桩径组桩身轴力分布图,由图可知,40cm桩径组的桩身轴力分布与20cm、30cm桩径组有相似的规律。观察每一次变阶处的轴力变化可知,同一荷载下桩顶向下第一次变阶处桩身轴力变化值最大,随深度方向每一次变阶的轴力变化值逐渐递减。说明虽然变径尺寸一样,但上部的变阶面积大,应力扩散范围也更大,同时由于上部的轴力较大,分担的轴力也较大。不同荷载下桩身轴力变化规律大致相似,但在变阶处上部荷载越大,同一变阶处的桩身轴力变化也越大。

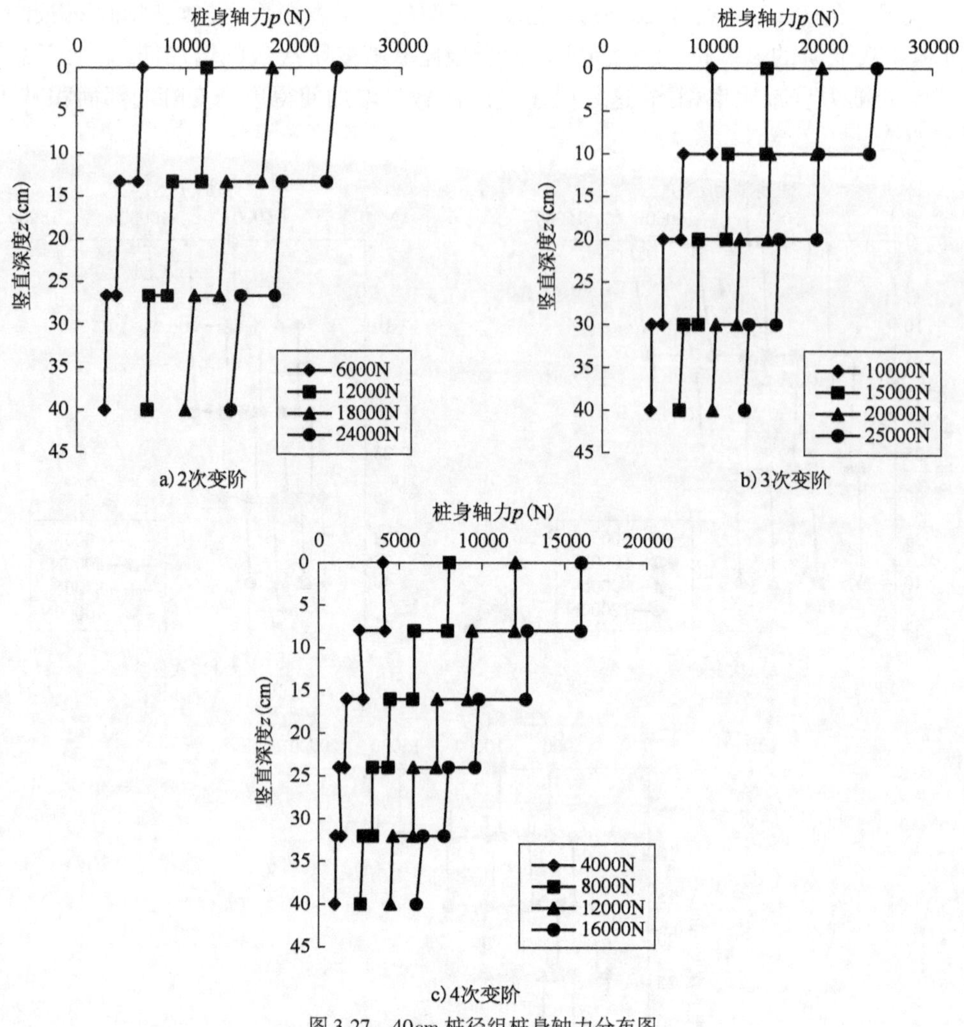

图 3-27 40cm 桩径组桩身轴力分布图

3.4 黏性土地层阶梯形变截面桩加载试验结果分析

3.4.1 不同桩径组的荷载—沉降(p-s)曲线

1)不同桩径组的 p-s 曲线

在黏性土地层阶梯形变截面模型桩的试验中,对各模型桩的桩顶荷载及对应的桩顶沉降量进行采集,并绘制成荷载—沉降曲线。

(1)桩径 20cm 组

图 3-28 所示为桩径 20cm 的变截面空心桩组在黏性土层中进行竖向静载试验的 p-s 曲线,从图中可以看出,变截面空心桩的荷载—沉降曲线趋于缓变型和陡降型的中间,没有出现斜率变化非常大的拐点,但曲线变化也不趋于平缓。3 条曲线在前期荷载较小的情况下呈现出了近似线性的沉降变化规律,同样反映了黏性土体处于弹性阶段的沉降规律。随着荷载的增加,土体会

渐渐呈现出塑性变形,3 条曲线开始出现拐点,曲线的斜率开始加大,直至出现试验的终止条件。对比 2 阶、3 阶和 4 阶曲线,曲线整体趋势较为接近,只在荷载较大的塑性区出现一定的分叉。

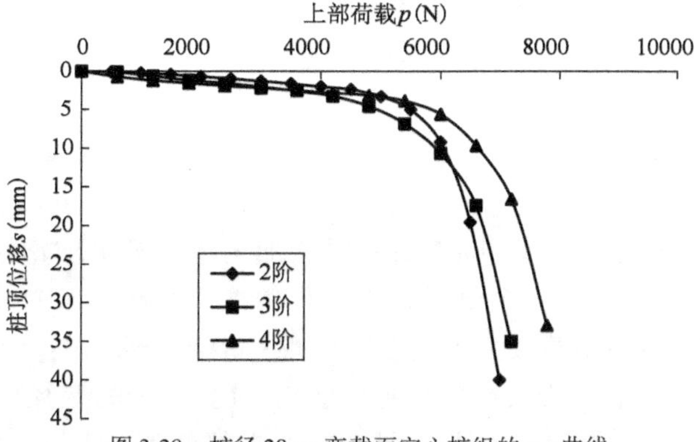

图 3-28　桩径 20cm 变截面空心桩组的 p-s 曲线

同时,通过对比拐点后的塑性阶段,3 条曲线开始分叉,呈现出与砂性土相似的规律,随着变阶次数的增加,相同桩端沉降量对应上部荷载不断增大,变阶次数越多承载力也有一定增加,同时荷载—沉降曲线整体也会更趋于平缓,相邻荷载区间的曲线斜率变化幅度越小,而由于桩径较小均为陡降型曲线,没有出现大直径桩的缓变型特征曲线。

(2)桩径 30cm 组

图 3-29 所示为桩径 30cm 变截面空心桩组在黏土层竖向静载试验得到的 p-s 曲线,曲线总体呈现缓变型特征,没有出现斜率变化非常大的拐点。3 条曲线在前期荷载较小时同样呈近似线性的沉降变化规律。随着荷载的增加,3 条曲线开始出现拐点,曲线的斜率开始加大,直至出现试验的终止条件。对比 2 阶、3 阶和 4 阶曲线可发现,3 阶和 4 阶曲线整体趋势较为接近,只在荷载较大的塑性区出现一定的分叉,而 2 阶曲线则较早出现了塑性趋势,曲线拐点对应的荷载值明显偏小,塑性范围内的沉降变化也较大,主要与变阶次数和变径有关,也可能受试验土体压实程度影响。根据前文的模型尺寸可知,3 阶和 4 阶模型桩的底面直径为 15cm 和 14cm,而 2 阶桩由于变阶次数少,变阶小,底面直径为 24cm。因此,对于 2 阶模型桩,相较于 3 阶和 4 阶变截面桩,大部分应力由桩端传递到土体,当桩端土体达到了破坏时桩基承载力就趋于极限,因此其发生塑性破坏的荷载明显比其他两种情况偏小。

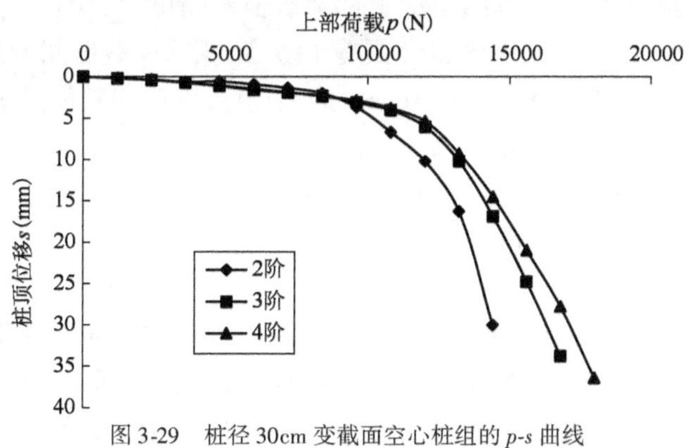

图 3-29　桩径 30cm 变截面空心桩组的 p-s 曲线

同时,通过对比拐点后的塑性阶段,3 条曲线开始分叉,呈现出与砂性土相似的规律,随着变阶次数的增加,达到相同桩端沉降量对应上部荷载值不断增大,变阶次数越多承载力越大,同时荷载—沉降曲线整体也更趋于缓变,相邻荷载区间的曲线斜率变化幅度越小。对比 20cm 的桩径组,30cm 的桩径组在塑性阶段的曲线更平缓圆滑。

(3)桩径 40cm 组

图 3-30 所示为桩径 40cm 变截面空心桩组在黏土层竖向静载试验得到的 *p-s* 曲线,由图可知,40cm 变截面空心桩的 *p-s* 曲线呈现出显著的缓变型特征。3 条曲线在前期荷载较小情况下呈现出近似线性的沉降变化规律。随着荷载的增加土体逐渐呈现塑性变形,3 条曲线开始出现拐点,曲线的斜率开始加大,直至出现试验终止条件。对比 3 条曲线可发现,2 阶和 3 阶曲线整体趋势较为接近,只在荷载较大的塑性区出现一定的分离。这是由于 2 阶和 3 阶模型桩变径分别为 2cm 和 1.5cm,变阶次数多的变径小,变阶次数少的变径大,导致变径后的底面直径相差不大,分别为 32cm 和 31cm,因此两桩的 *p-s* 曲线从整体上看较为相似。而 4 阶桩由于变阶次数多,变阶也大,最终变径后底面直径只有 20cm,因此 4 阶变截面桩从各变阶处传递到土体的应力偏大,前期曲线相对更缓。而在荷载较大的阶段,由于底面直径较小,沉降量增幅较大。

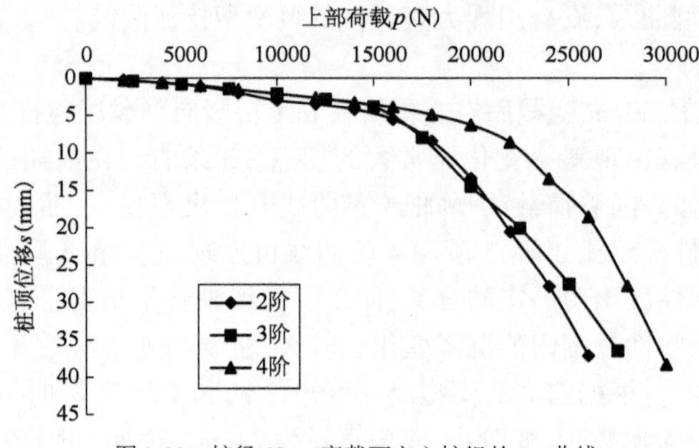

图 3-30　桩径 40cm 变截面空心桩组的 *p-s* 曲线

此外,通过对比拐点后的塑性阶段,3 条曲线开始分叉,呈现出与砂性土相似的规律,随着变阶次数的增加,达到相同桩端沉降量对应上部荷载值不断增大,变阶次数越多承载力也会有一定的增加,同时荷载—沉降曲线整体也会更趋于缓变,相邻荷载区间的曲线斜率变化幅度越小,对比 20cm 的桩径组和 30cm 桩径组,40cm 的桩径组对应曲线整体较为平缓圆滑。

2)不同桩径组的桩身轴力曲线

将黏土组试验终止前各级荷载对应桩身轴力数据进行处理,选取有代表性的荷载,得到的 20cm、30cm、40cm 桩径组桩身轴力分布图。

(1)桩径 20cm 组

图 3-31 所示为 20cm 桩径组桩身轴力分布图,由图可知,20cm 桩径组的桩身轴力分布总体呈上大下小的分布趋势,符合一般桩基轴力分布规律,随着上部荷载的增大,桩身轴力曲线逐渐往右移。相同深度的桩身轴力随着上部荷载的增大而增大,反之则减小,与文献(郭国君,2017)对阶梯形桩现场试验得到的结论相似。

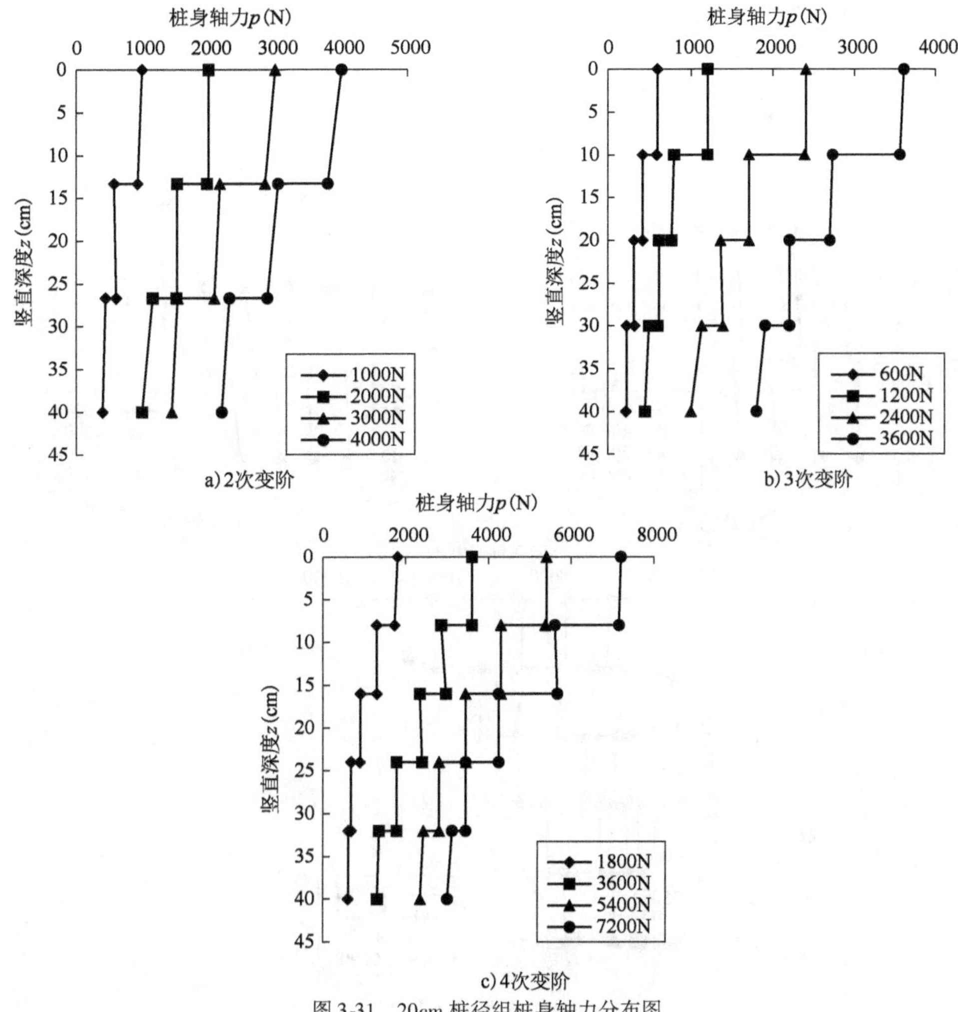

图3-31 20cm桩径组桩身轴力分布图

(2)桩径30cm组

图3-32所示为30cm桩径组桩身轴力分布图,由图可知,桩身轴力分布与20cm桩径组规律相似。就同一试验桩而言,随着桩顶上部荷载的增加,相同变阶处的轴力变化量也不断增加,上部荷载越大,在相同变阶处的轴力曲线突变就越明显,与文献(江松,2018)中对大直径变截面空心桩数值模拟的研究结论一致。

(3)桩径40cm组

图3-33所示为40cm桩径组桩身轴力分布图,由图可以看出,桩身轴力分布与20cm、30cm桩径组有相似的规律。同时,观察3次变阶桩和4次变阶桩的桩身轴力分布,4次变阶桩的桩身轴力递减的速度及变化量明显更大,呈更明显的上大下小型,这是由于不同变阶宽度对桩身轴力的影响,40cm桩径组3次变阶桩变阶宽度为3cm,而4次变阶桩变阶宽度为5cm,同时4次变阶桩的变阶次数更多,使得上部竖向荷载可以更好地通过变阶处传递到周边土体,进而使桩端处轴力更小。因此,阶梯形变截面空心桩端轴力随变阶次数及变阶尺寸的增加而减小。工程设计中针对不同的地层,可以适当增加处于较好岩层的变阶面积,减少破碎岩土体的变阶

面积,可更为合理地优化桩身受力。

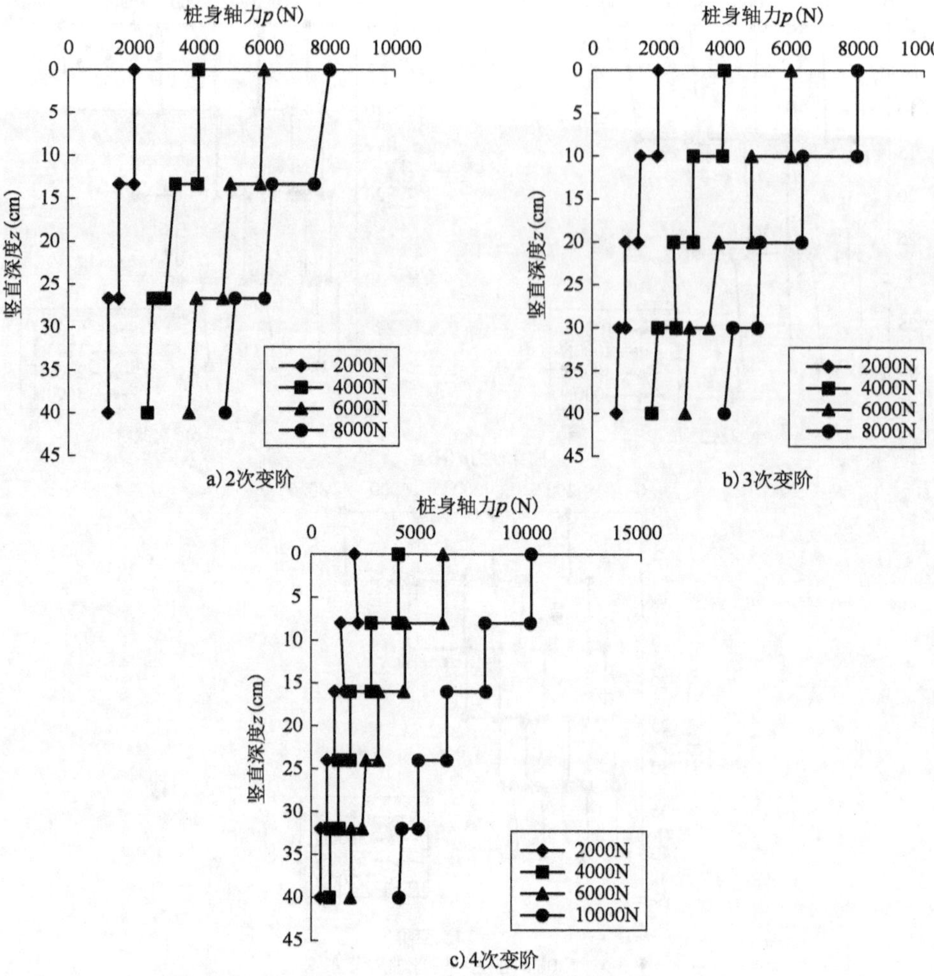

a)2次变阶

b)3次变阶

c)4次变阶

图 3-32　30cm 桩径组桩身轴力分布图

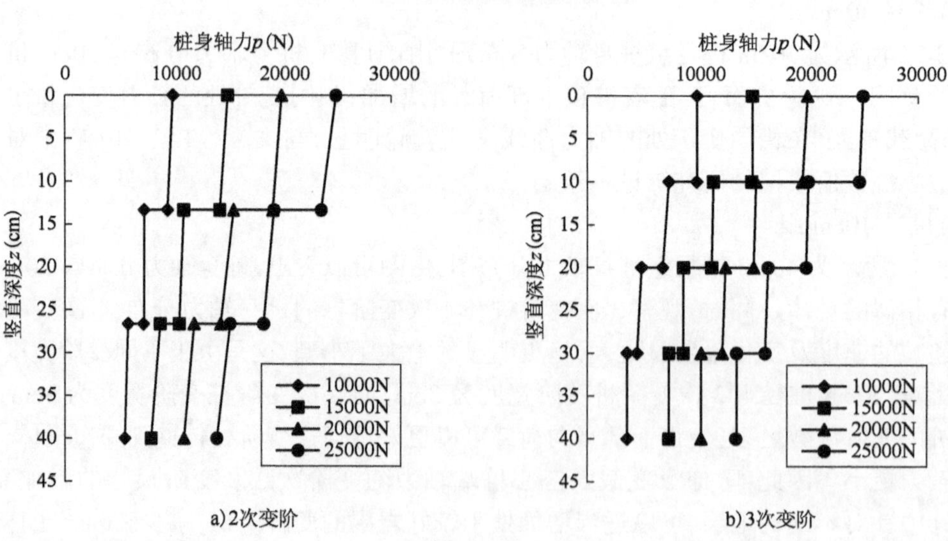

a)2次变阶

b)3次变阶

图　3-33

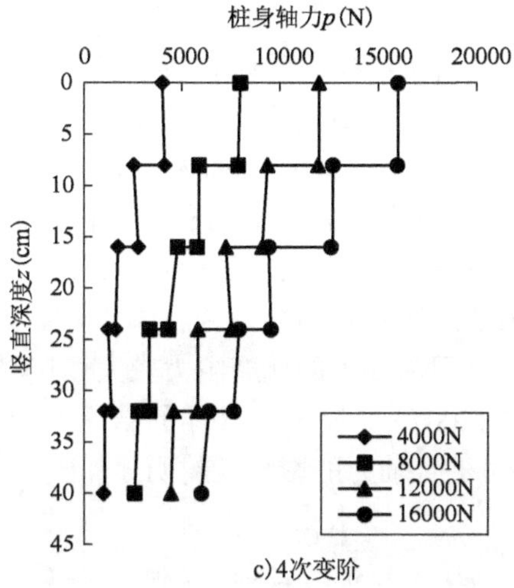

图 3-33 40cm 桩径组桩身轴力分布图

3.4.2 与砂土试验的对比分析

为了解不同地层阶梯形变截面空心桩的承载力以及桩顶沉降的变化情况，对比砂土地层的变截面空心桩模型试验，选取最具有代表性的 4 阶试验桩，将 20cm、30cm、40cm 桩径的 4 阶变截面桩在砂土以及黏土中上部荷载与桩顶沉降曲线绘制成图。

图 3-34 所示为不同地层情况不同桩径时的 4 阶变截面桩的 $p\text{-}s$ 曲线，图中实线为黏土地层试验组，虚线为砂土地层试验组，从图中可以很明显地看出，随着桩径的增大，不论是砂土还是黏土，桩基的承载力也在增大。对于相同桩径来说，砂土地层的荷载沉降趋势会发展更快，更早到达极限荷载，在前期的弹性阶段，相同荷载下，砂土的沉降也会比黏土大一些，这有一部分原因和土体的压实程度有关，另一部分原因和黏土特有的黏聚力有关，提供一定的强度，对阶梯形变截面桩这种上大下小如竹笋状的桩基的挤入行为有一定的阻碍作用。同时，对比 20cm、30cm 和 30cm、40cm 桩径下的四阶变截面桩的 $p\text{-}s$ 曲线可知，相同的半径增加量，曲线的变化却不一样，这是因为，随着桩径的增大，桩周的侧摩阻力的承载能力慢慢开始体现，桩的直径越大，侧摩阻力就越大。文献（贺嘉，2006）中对大直径桩承载力的研究也给出了相似的解释。

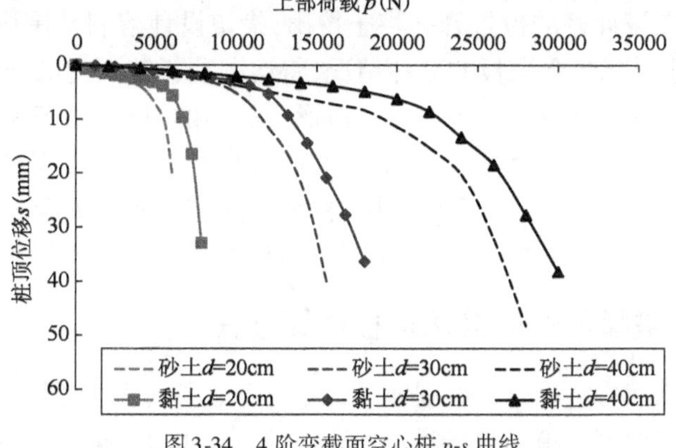

图 3-34 4 阶变截面空心桩 $p\text{-}s$ 曲线

为了解不同地层变截面空心桩的桩身轴力的变化情况,对比砂土地层的变截面空心桩模型试验可发现,由于3阶桩组和4阶桩组每阶的阶长较小,应变片存在自身长度,相同阶中上下相邻的两应变片间距较小,所测得应变值变化不是很明显。因此选取阶长范围内轴力变化最明显的2阶变截面空心桩,绘制20cm、30cm、40cm桩径的2阶变截面桩在砂土以及黏土中的轴力分布图。图3-35所示为不同地层情况不同桩径时的桩身轴力分布图,实线为黏土地层试验组,虚线为砂土地层试验组,从图中可以很明显地看出,相同上部荷载作用下,随着桩径的增大,在砂土和黏土地层的轴力曲线区别越明显。从总体趋势来看,在黏土地层中的桩身轴力沿桩深方向消散得较多,这主要是因为黏土的侧摩阻力较大,对于相同的桩,侧面积一样,能提供的侧摩阻力较多。文献(刘玮,2007)也提出了这样的结论。同时,对比相同阶长范围的轴力变化量,桩径越大,侧摩阻力对桩身轴力的影响就越明显。

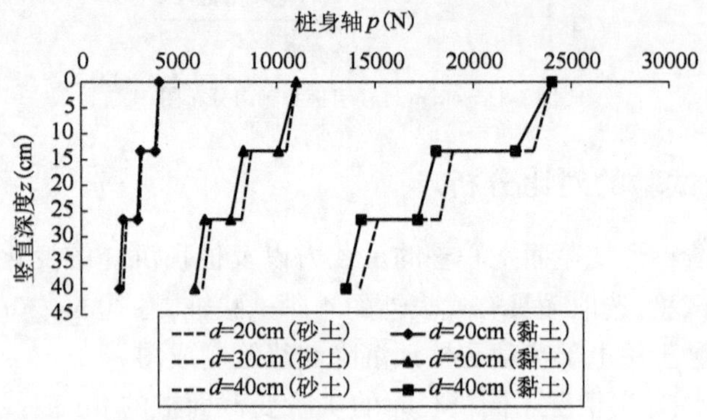

图3-35　2阶变截面空心桩桩身轴力分布图

3.5　溶洞地层阶梯形变截面桩模型试验结果分析

3.5.1　试验概述

基于上述对变截面空心桩在砂土和黏性土中的竖向静载模型试验,开展在含有溶洞地层的黏性土中的变截面空心桩模型试验,研究其在下伏溶洞环境下的破坏模式。虽然试验材料为黏性土,但如果采用一定的相似比,黏性土也可达到模拟溶洞周边岩体的特性。

如图3-36所示,在设计好的位置开孔将土挖出,掏空设计溶洞范围内的土体,形成下伏溶洞,同时为了能更好地观察溶洞顶板的破坏情况,将溶洞顶板范围内的土体用白色喷漆喷刷标记,待表面土体脱离后与内部脱落后露出的土体形成鲜明的对比,便于观察。为了能更好地检测整个溶洞顶板的破坏过程,选用奥素ASHU H800型号的高清摄像头进行监控,像素1080P,并配有补光灯,弥补洞内光线不足的问题。同时,为了更直观地观察溶洞顶板土体掉落量,在溶洞底板平铺放置若干张A4白纸。当土体初期破坏时,土体掉落到白纸上,可及时发现。

3.5.2　变截面桩模型试验溶洞顶板破坏过程

通过前文所述的加载方法进行含溶洞地层的黏性土地层试验,桩顶上部荷载依次增大,并通过设计的半开放式的溶洞模型箱,观察溶洞顶板随上部荷载增大的破坏过程,如图3-37所示。

a)

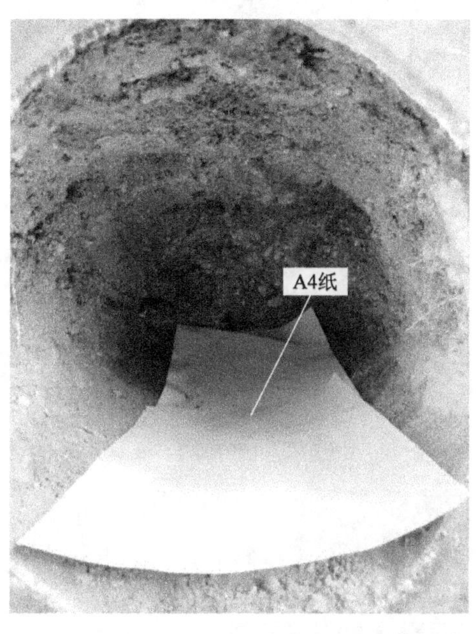

b)

图3-36　含下伏溶洞的黏性土层模型试验

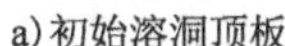

a)初始溶洞顶板

b)开始掉渣

图　3-37

e)掉渣区基本贯通　　f)掉渣区完全贯通

图 3-37　溶洞顶板的松动过程

图 3-37 中白色部分为被白色喷漆覆盖的未松动土体，呈现出土体本身颜色部分为白色喷漆脱落的土体松动掉落区域。图 3-37a）所示为初始状态下还未加载时的溶洞顶板，其顶板表面被白色喷漆覆盖，在荷载逐渐增大的初期，由于从上部传递到顶板土层的力较小，溶洞顶板并没有明显变化，和初始顶板状态一致。当桩顶荷载增大到一定程度时，溶洞顶板开始出现土体的松动，松动的土体掉落，可以很明显地观察到白色 A4 纸上有溶洞顶板掉落的土渣，如图 3-37b）所示。同时观察顶板的破坏情况，由上部荷载传递到顶板土层导致土体产生松动掉

渣,如图中虚线圈区域所示。不同桩径的试验桩出现掉渣的节点荷载不一样,桩径越大,出现掉渣现象时的荷载值也越大,但相对于破坏荷载来说,顶板土体出现松动时的上部荷载值为完全破坏时的50% ~70%,如图3-38所示。

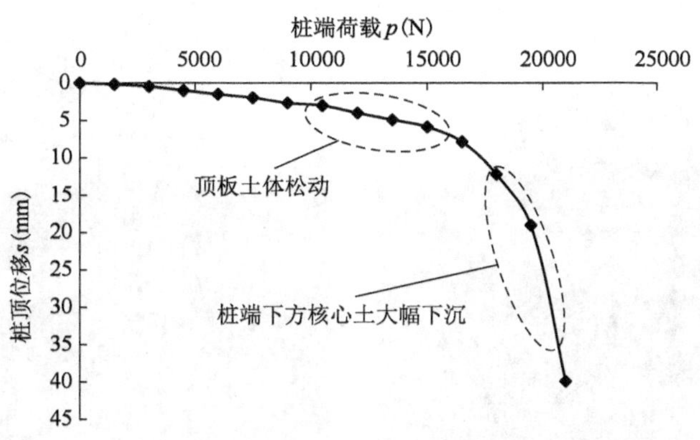

图3-38　荷载沉降曲线(d=30cm,4次变截面)

随着上部荷载的不断增大,溶洞顶板出现多处土体松动掉渣区,如图3-37c)中虚线圈区域所示,顶板多处喷漆剥落,暴露出内部土体。当上部荷载继续增大时,溶洞顶板土体的松动掉渣区也增多增大,掉渣区开始出现贯通,如图3-37d)所示,两侧的松动掉渣区已经开始连通。当桩顶荷载进一步增大,就出现了如图3-37e)所示的现象,随着松动区不断增多,不断扩大,两侧和前后土体的松动掉渣区已经大部分连通,桩顶荷载对溶洞的影响范围已经基本显现出来。当荷载增大到临近极限荷载时,溶洞顶板表面松动区已经基本稳定,上部荷载对顶板土体的影响范围清晰可见,掉渣区完全连成一片,如图3-37f)所示,溶洞顶板在桩端下方一定区域形成一块相对稳定的土体,而周边土体由于桩端传递下来的力而松动脱落。同时,还可观测到溶洞顶板保留喷漆的部分已经有较为明显的位移,这说明在破坏之前,此部分土体是整体沉降的。

当上部荷载继续增大,到达极限荷载时,溶洞顶板发生破坏,图3-39所示为溶洞顶板的破坏过程。如图3-39a)所示,在到达极限荷载时,试验千斤顶就无法继续增加推顶力,上部荷载不变,桩顶位移无限增大,溶洞顶板核心土区出现非常明显的竖向位移。到这个阶段,溶洞顶板已经基本破坏,桩端下方核心土已经和周边土体基本分离,下降了大半个溶洞范围,破坏轮廓清晰可见。维持上部荷载,让沉降继续增大,当桩端下方核心土区位移增大到一定程度,与周边土体完全分离,核心土体便发生了塌落。掉落出近似圆台状的核心土,上表面较为平整,为与桩端接触的平面,如图3-40所示。

当溶洞顶板的桩底下方核心土发生塌落,阶梯形变截面空心桩的桩端便暴露出来,如图3-41所示。图中可以清晰看到只有最后一阶桩端暴露出来,而其他变截面并没有出现在破坏范围内,图中黑线标出的为顶板破坏圆台体的大致轮廓线,从图中可以看出整个破坏体是由桩端底面发展至溶洞临空面的一个上小下大的近似圆台体破坏区。这说明岩溶区阶梯形变截面桩的溶洞破坏是从最后一阶桩的桩端处始发,桩顶上部荷载通过桩身以及各变阶处的传递,最终传递到桩底下方土体,并发生破坏。虽然阶梯形变截面桩能将上部荷载从变截面处传递到各层土体中,但最终大部分轴力还是通过桩端传递到下伏溶洞顶板土体,在桩端桩周附近形成裂纹并发展至溶洞顶板破坏,塌落出近似圆台状的核心土体,这也验证了文献(唐克,2018)

中对变截面桩开展透明土模型试验的结论(图 3-42),即其溶洞顶板的破坏是从桩端处开始发展的。

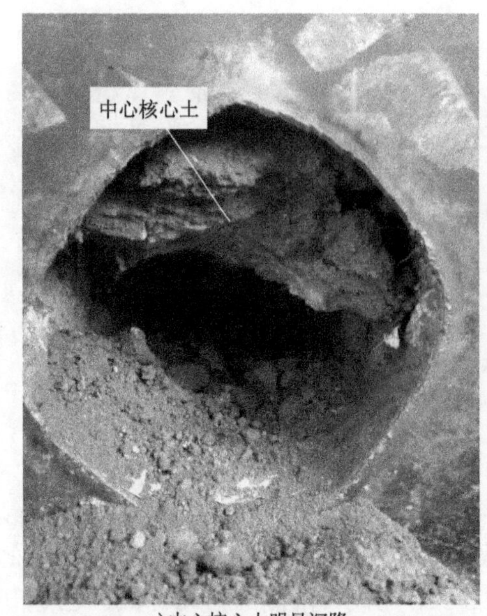

a) 中心核心土明显沉降　　b) 核心土塌落

图 3-39　溶洞顶板破坏过程

a)　b)　c)　d)

图 3-40　塌落核心土

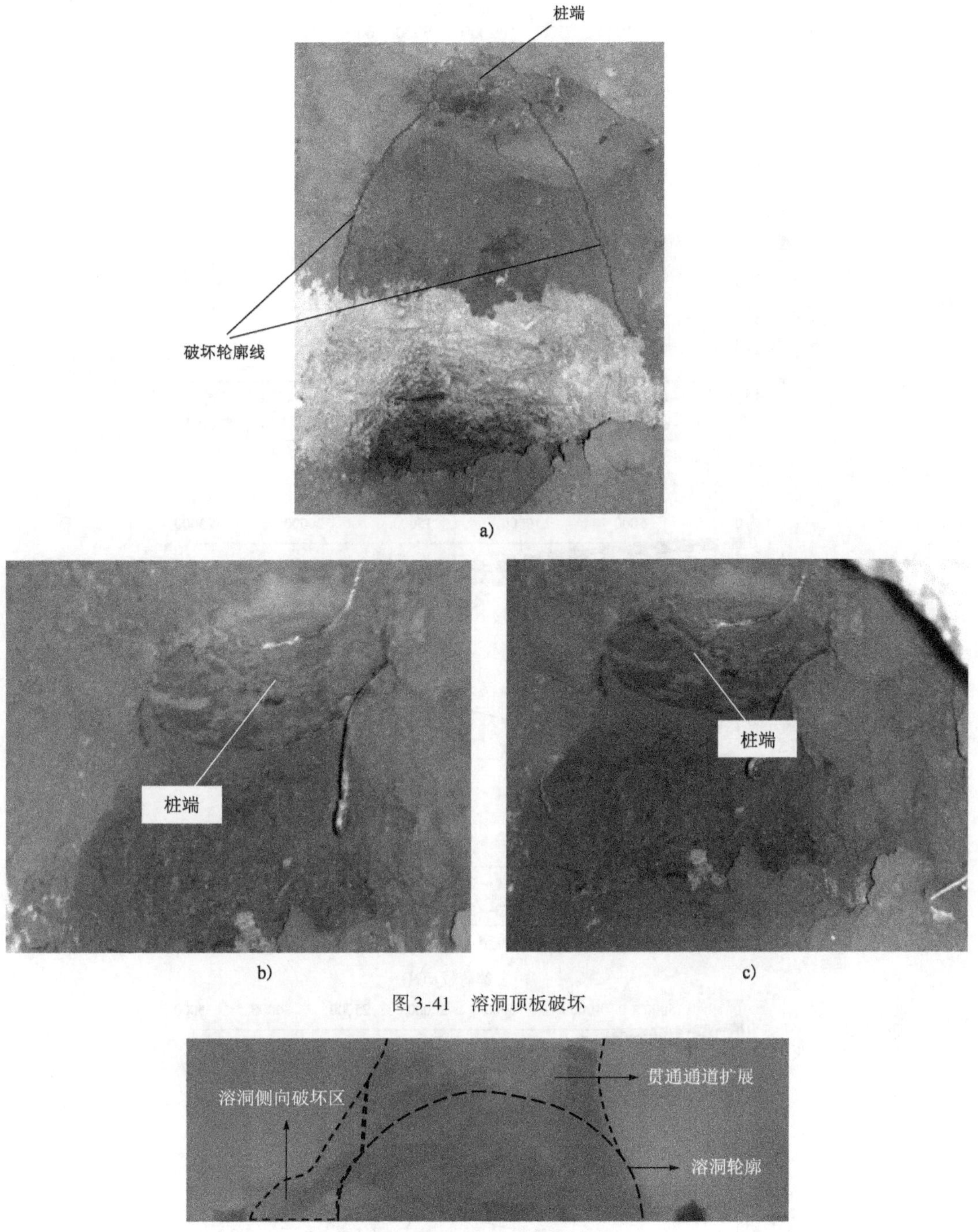

图 3-41　溶洞顶板破坏

图 3-42　透明土微型试验(唐克,2018)

3.5.3　不同桩径组的荷载—沉降(p-s)曲线

通过在千斤顶上安置的压力传感器以及桩顶安置的位移百分表,监测上部荷载以及桩顶沉降的变化,并通过数据采集获得如图 3-43 ~ 图 3-45 所示的上部荷载与桩顶沉降关系曲线。

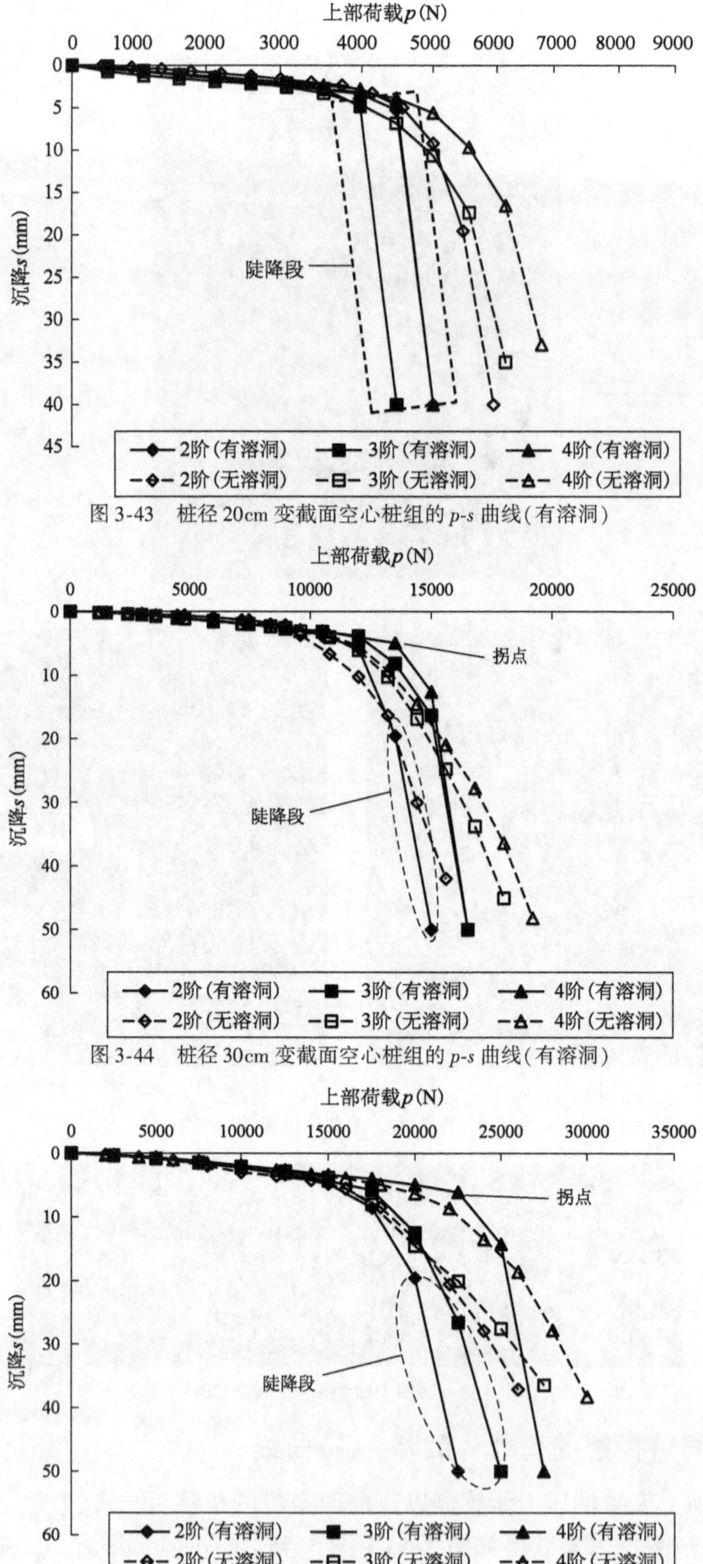

图 3-43 桩径 20cm 变截面空心桩组的 p-s 曲线(有溶洞)

图 3-44 桩径 30cm 变截面空心桩组的 p-s 曲线(有溶洞)

图 3-45 桩径 40cm 变截面空心桩组的 p-s 曲线(有溶洞)

从图3-43～图3-45中可以看出，存在岩溶地层的变截面空心桩的荷载—沉降曲线整体不再像先前砂土和黏土一样呈缓变型，曲线有非常明显的拐点，斜率变化很大。相同桩径组的3条曲线在前期荷载较小的情况下呈现出了近似线性的荷载沉降规律，同样反映了黏性土体处于弹性阶段的沉降规律。随着荷载的增加，土体会呈现出塑性变形，3条曲线开始出现拐点，曲线的斜率开始加大，直至出现试验的终止条件。

从图3-43～图3-45中还可以发现，当曲线出现拐点时，即溶洞顶板土体出现一定程度的破坏时，桩端开始出现大幅位移，在两级荷载之内就达到了终止条件，这与没有溶洞情况的试验组存在着明显差异。黏性土的承载力由土颗粒间的内摩擦力和黏聚力来提供，在桩顶荷载较小时，由于内摩擦力和黏聚力的共同作用，即使下面存在溶洞，桩顶位移并没有显现出明显的不同，当桩端周围土体到达了其所能承受的最大应力时，承载力不足以维持溶洞顶板的稳定，顶板土体开始发生裂痕，并很快发展贯通顶板。随着溶洞顶板的破坏，试验土体到达极限承载力，在破坏荷载下，桩顶位移无限增大，呈现出如图所示的曲线陡降段，最终达到试验终止条件。

随着桩径的增加，曲线进入塑性拐点后，桩端荷载还能继续增大1～2级，这不仅是因为桩径的增加增大了桩侧摩阻力作用，更重要的是因为桩身变截面的存在，桩径的增加增大了变截面的面积，更好地发挥变阶阻的作用。当桩端下方土体趋于破坏时，由于变阶的存在，减缓了桩体下沉的趋势，变阶阻分担一部分上部荷载，使桩端荷载能继续增加，直至变阶处土体也趋于极限状态。这也说明阶梯形变截面桩更适用于溶洞地层，在地基整体破坏前有一段类似于结构延性破坏的过程，比等截面桩更为安全。

通过对比拐点后的塑性阶段，呈现出与黏性土和砂土相似的规律，随着变阶次数的增加，到达相同桩端沉降量的上部荷载值不断增大，变阶次数增加，承载力也会有一定的增加。然而这个增幅并不明显，因此，阶梯形变截面桩的承载能力主要取决于桩顶直径，变阶不会明显提升桩基承载力。同时，对比相同桩径组在黏性土层无溶洞情况下的 p-s 曲线，对于相同试验桩，其在线弹性区间的荷载沉降曲线基本一致，到达土体屈服的拐点也近乎相似。而后期破坏阶段则有很大不同，在下伏存在溶洞时，由于溶洞顶板破坏，桩顶位移突然增大，明显区别于无溶洞时的缓变型 p-s 曲线。

3.5.4　不同桩径组的桩身轴力分布

将溶洞地层组试验终止前各级荷载作用下的桩身轴向应力数据进行后处理，选取有代表性的荷载，最后得到20cm、30cm、40cm桩径组阶梯形变截面空心桩轴力分布图。

（1）桩径20cm组

图3-46所示为20cm桩径组桩身轴力分布图，由图可以看出，20cm桩径组的桩身轴力分布规律符合一般桩基特征，呈上大下小的分布，但是阶梯形变截面空心桩的轴力传递模式与普通等截面桩基存在明显差别，首先桩身截面的改变对桩身轴力分布影响十分明显，由于变截面的存在，上部荷载通过桩身传递到变阶处时，轴力从变阶处传递到周边的土体中，因此，轴力曲线在变阶面处桩身轴力有明显减小的现象，沿深度方向每变阶一次，轴力都会有不同程度的衰减。

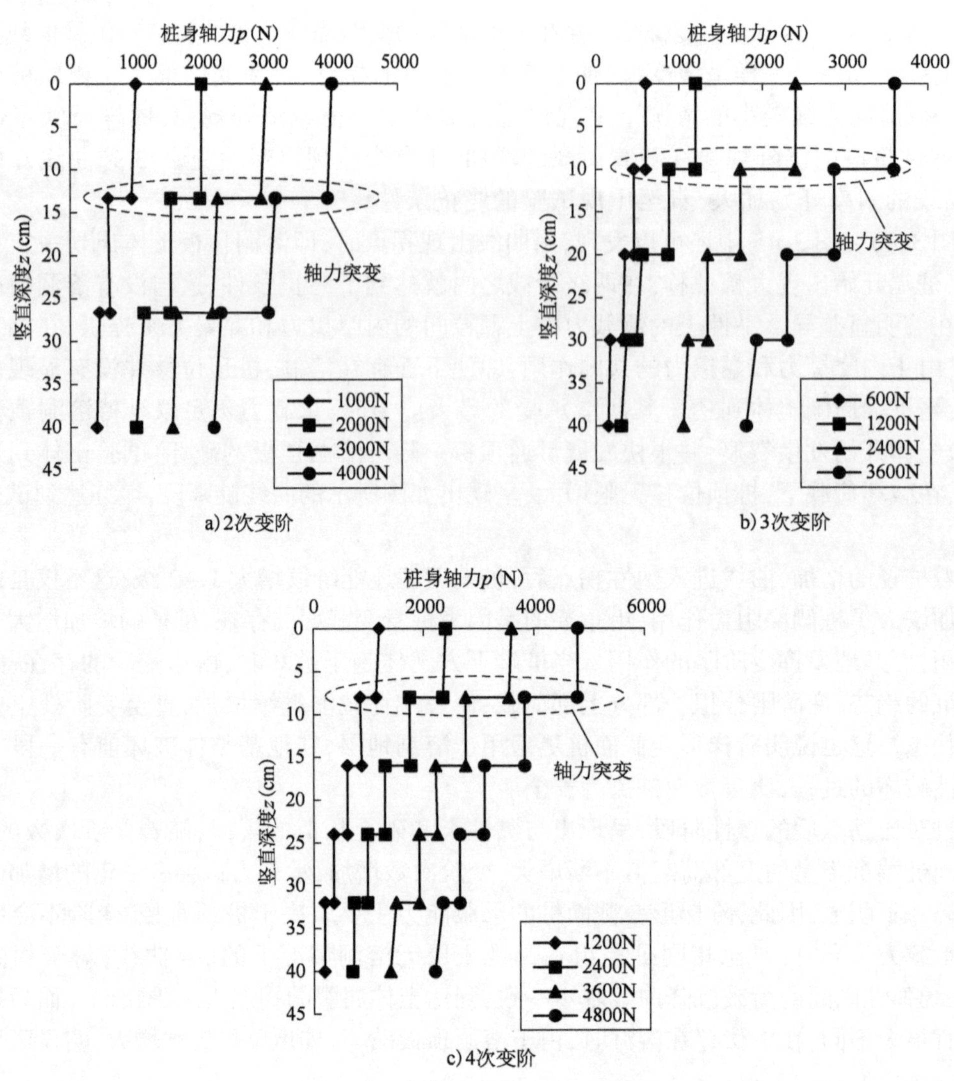

图 3-46 20cm 桩径组桩身轴力分布图

(2)桩径 30cm 组

将 30cm 桩径组 2 阶、3 阶和 4 阶桩的桩身轴力绘制在同一坐标系中,如图 3-47 所示。2 阶、3 阶和 4 阶桩的变径尺寸分别为 3cm、5cm、4cm,随着变阶尺寸的增大,相同上部荷载下,第一次变阶处的轴力变化也越大。由于不同的变阶次数和变径,最终桩端的截面积各不相同。由图可知,2 阶桩的桩端轴力明显要大于 3 阶、4 阶试验桩,3 阶、4 阶桩的桩端轴力是相近的,对比三种试验桩的桩端截面,3 阶、4 阶桩的桩端直径为 15cm、14cm,而 2 阶桩的桩端直径为 24cm。因此,对于阶梯形变截面桩,不论上部桩身变阶次数及变径如何变化,桩端面积相近,其桩端轴力也相近(如 3 阶和 4 阶试验桩)。桩端轴力取决于桩端面积,由此,在岩溶区阶梯形变截面桩的设计中,为减少对桩端下伏溶洞的扰动,可适当减少桩端的直径以达到减小桩端传至溶洞顶板的作用力。然而桩端直径不能无限制地减小,这会使溶洞顶板的破坏位置从桩端移至上部变阶处。

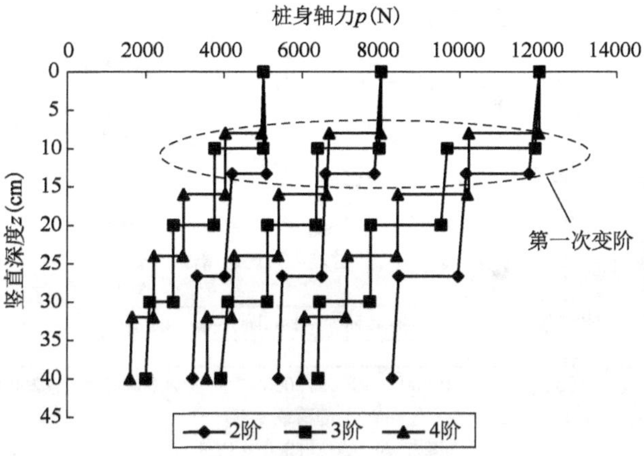

图3-47　30cm桩径组桩身轴力分布图

(3)桩径40cm组

选取40cm桩径组2阶、3阶和4阶试验桩合适的桩身轴力绘制在同一坐标系中,如图3-48所示。同样,对于桩端底面积相近的2阶和3阶试验桩,呈现大小相近的桩端轴力。

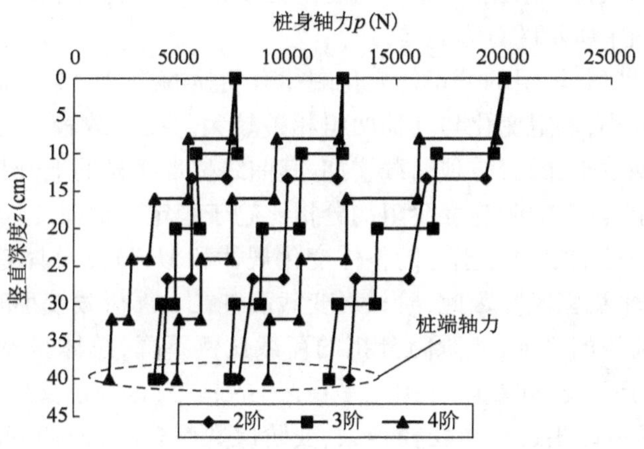

图3-48　40cm桩径组桩身轴力分布图

在相同上部荷载下,桩端轴力的不同反映了不同桩型变阶阻发挥的作用效果不同,为研究不同桩型变阶阻的分担效果,统计桩端轴力与桩顶荷载的比例关系(表3-4),桩端阻力分担比例大越大,则变阶阻发挥的作用越小,反之,变阶阻分担的荷载越多,作用效果越好。同时,为更直观地反映其变化规律,将表3-4中的桩端阻力绘制成图,如图3-49所示。

桩端阻力分担比例表　　表3-4

桩顶荷载(N)	7500	10000	12500	15000	17500	20000	22500	25000
2阶分担比(%)	55.79	58.47	61.6	62.89	64.09	64.71	—	—
3阶分担比(%)	52.69	56.77	58.32	59.02	59.77	60.08	60.98	—
4阶分担比(%)	18.68	28.24	36.07	40.48	43.63	46.12	47.39	47.89

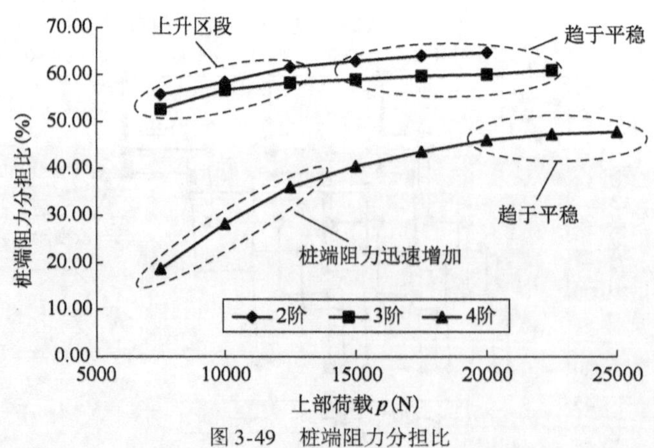

图 3-49　桩端阻力分担比

图 3-49 反映了桩端阻力分担比随桩顶上部荷载的变化规律。从总体趋势上来看,随着上部荷载的增大,桩端阻力所占的比值也不断增大,这说明对于阶梯形变截面桩,在桩顶荷载较小时,变阶处发挥了较大的承载作用,将一部分上部荷载传递到上层土体,减少桩端阻力及其对下伏溶洞的扰动。当上部荷载逐渐增大,变阶处土体先产生一定的变形量,为保持桩基整体位移协调,桩端土体承载力逐渐发挥,直至与变阶处变形统一,这使得端阻对上部荷载的分担比例不断上升,形成图中所示的分布趋势。

不同变阶次数的桩型,端阻的分担比变化规律有明显的差异。4 阶试验桩的变阶次数多,变径大,其桩端面积较小,端阻变化与其他两组相差较大。在荷载较小时,由于上部变径的比例较大,桩端阻力前期较小,随着桩顶荷载增加,其曲线呈现明显的上升趋势,端阻占比迅速增加,当荷载增大到一定程度,端阻与变阶阻的分担比趋于稳定。对于 2 阶、3 阶桩型,其变阶面积差与桩端面积相近,桩端阻力分担比的整体变化规律相似,虽然总体趋于平缓,但端阻分担比也分为上升区段和平稳区段。因此,阶梯形变截面桩在上部荷载较小时,变阶阻承担了较大部分荷载,随着桩顶荷载的增加,变阶阻分担的荷载比例下降,总体呈现出先递减(即端阻分担比上升区段)后趋于平缓(即端阻分担比平稳区)的趋势,这与前文中对大直径空心桩竖向承载性能的数值计算结论相近。当变径越大、变阶次数越多时,前期变阶阻分担的荷载就越大,出现递减的趋势就越明显,总体承担的荷载也越多。本书试验给出的变阶阻分担上部荷载的比例总体较大,对比前文对超大大直径阶梯形变截面桩的数值模拟研究(江松,2018),其给出的变阶阻分担比不足 20%。其原因主要有两方面:一是本试验所采用的变径比例比其研究对象大,放大了变阶效应,但不影响规律性问题的分析;二是数值模拟中的桩基埋深较大,地应力较高,侧摩阻力效应明显高于试验桩,侧摩阻力分担了较多桩顶荷载,但总体规律均为桩顶荷载较小时变阶阻占比较大,随着桩顶荷载的增大,应力逐渐沿深度方向下传,最终桩端阻力不断发挥,当桩顶荷载达到一定量级时出现桩端阻力占比最大的现象。

本章参考文献

方焘,刘新荣,耿大新,等,2012. 大直径变径桩竖向承载特性模型试验研究(Ⅰ)[J]. 岩土力学,(10):2947-2952.

郭国君,2017.黏土地层中阶梯形变截面桩现场试验研究[D].南昌:华东交通大学.

贺嘉,2006.大直径桩竖向荷载作用下承载性能理论分析[D].南京:南京工业大学.

韩建伟,2015.包裹碎石桩复合地基模型实验研究[D].成都:西南交通大学.

江松,2018.基于离散—连续耦合的岩溶区超大直径变截面桩竖向承载特性研究[D].福州:福州大学.

刘玮,2007.桩侧阻力影响因素分析[J].国外建材科技(2):112-114.

唐克,2018.超大直径变截面桩竖向承载的透明土模型试验[D].福州:福州大学.

第 4 章

超大直径阶梯形变截面空心桩荷载传递机理与理论模型

本章将以超大直径变截面空心桩的荷载传递机理与理论模型研究为目的,借助数值模拟手段建立连续—离散耦合桩土模型,详细剖析竖向荷载作用下桩周土体的运动规律,并与之前的物理试验结果进行对比分析,系统厘清超大直径变截面桩的荷载传递机理。在此基础上,构建能够较好描述超大直径变截面空心桩荷载传递过程的时效扰动模型。有助于读者更加清晰地认识岩溶区超大直径变截面空心桩的荷载传递机理,并为后续沉降理论计算方法研究奠定基础。

4.1 超大直径阶梯形变截面空心桩荷载传递特征

4.1.1 超大直径阶梯形变截面空心桩的荷载传递过程

为研究超大直径阶梯形变截面空心桩的荷载传递特征,采用 FLAC 3D 建立一个吉安深圳大桥 ϕ15m 超大直径阶梯形变截面空心桩 1/4 三维桩土模型,如图 4-1 所示。

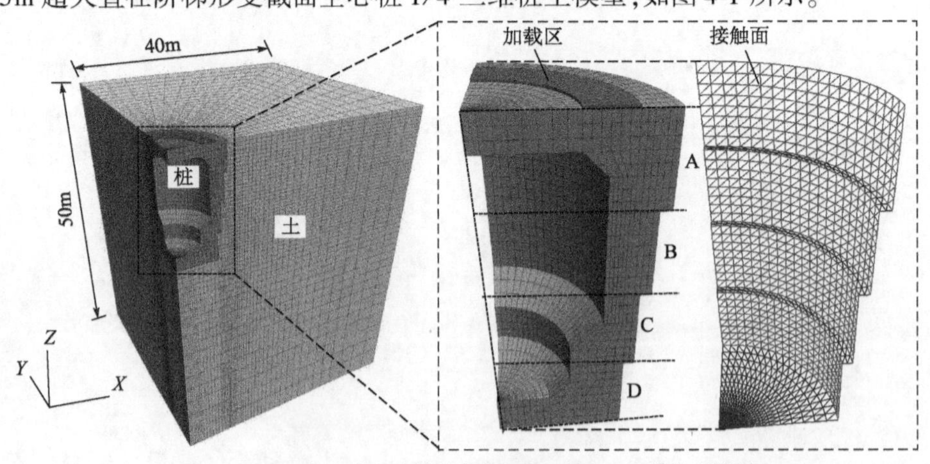

图 4-1 ϕ15m 超大直径阶梯形变截面空心桩 1/4 三维桩土模型

图 4-2 所示为超大直径阶梯形变截面空心桩的荷载传递过程。由图可见,在桩顶竖向荷载作用下,超大直径阶梯形变截面桩桩侧摩阻力的发挥与普通等截面单桩类似,都是自上而下逐渐发挥的,不同深度土层的桩侧摩阻力是异步发挥的。当竖向荷载逐步施加在桩顶时,桩身上部受到压缩而产生弹性变形,同时桩—土之间也会产生相对位移,从而形成桩侧摩阻力,此时桩顶荷载通过桩侧表面的侧摩阻力传递到桩周土体中,使得桩身轴力和桩身压缩变形随深度增加而逐渐递减。当桩顶荷载较小时,桩的沉降较小,此时只有变截面以上的直杆段桩体与周围土体产生相对位移,如图 4-2a) ~ c)所示。桩侧摩阻力先在上部桩体中发挥,但随着桩顶荷载不断增大,桩侧摩阻力也逐渐增大,并沿着桩身向下逐渐发挥出来。由于超大直径阶梯形变截面桩桩身纵向截面的特殊性,其变截面处变阶阻力发挥比较复杂。随着桩顶竖向荷载的增大,桩身压缩和桩土相对位移量逐渐增加,第一个变截面处的土层因受到压缩其变阶阻力随之逐步发挥出来,如图 4-2d)所示。在桩顶受荷情况下,变截面处侧摩阻力和变阶阻力互相叠加,使得桩侧摩阻力出现增强效应,进一步提高了桩的承载力, Ogura H(1988a)、史玉良 等(1993)证实了这一观点。随着桩顶荷载再持续增大,桩周土体应变进一步增大,第一个变截面以下的桩侧阻力随之逐步发挥,如图 4-2e)所示。接着第二个变截面处变阶阻力出现,如图 4-2f)所示。以此类推,侧阻力和变阶阻力交替出现,直到桩底的端阻力产生,如图 4-2h)所示。在竖向荷载作用下,由于变截面的分担作用,上部荷载被逐层卸载,通过变阶阻力传递给各层土体。由此可见,在竖向荷载作用下的全过程中,阶梯形变截面桩变截面处充分参与载荷工作,提供了较好的承载力分担作用。

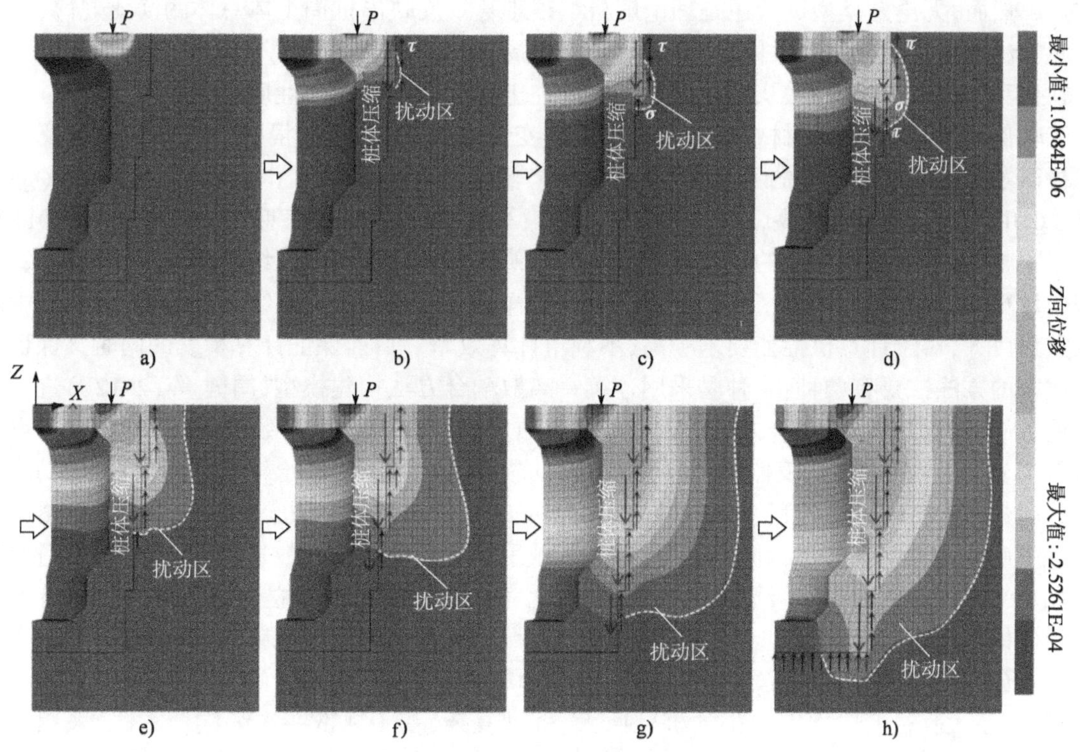

图 4-2　超大直径阶梯形变截面空心桩的荷载传递过程

4.1.2 变截面处变阶阻力与桩侧阻力耦合效应

传统的观念认为,桩侧阻力与桩端阻力互不干扰,相互独立,桩的承载力是端阻力与侧阻力的线性叠加,然而,近几十年以来,一些研究者逐渐认识到端阻力与侧阻力间存在着相互影响的关系,主要体现在桩端阻力对桩侧阻力会有增强效应(吴兴序,1997;杜海金 等,2004;张建新 等,2008;孟明辉 等,2013;郭志广 等,2014)。对于侧阻力增强效应的解释目前主要集中于径向压力增强理论(李军,2015),以及成拱作用理论(罗卫华,2016)。二者均基于桩端土体产生塑性位移,挤密靠近桩端附近桩周土体进而增加法向应力增强侧阻力的思想(详细介绍可见 2.5.2 小节)。对于桩侧摩阻力对桩端阻力的作用,张建新 等(2008)对这一作用进行了单目标控制参数试验,由模型试验数据可以得出桩侧摩阻力增加幅度较大时桩端极限阻力也有增强,但不如桩端对桩侧阻力影响明显;程斌(2009)通过数值模拟研究了纯粹摩阻力对桩周土的影响,表明相比桩端阻力对桩侧摩阻力的强化效应,桩侧摩阻力对桩端土的强化效应不太明显。因此,对于变截面桩变截面处的桩侧摩阻力与变阶阻力的相互作用,应该抓住主要矛盾,重点分析变阶阻力对侧阻力的增强效应。

1)超大直径阶梯形变截面空心桩周土体的受力性状

厘清超大直径阶梯形变截面空心桩变阶阻力对侧阻力的增强作用机理,关键在于掌握其在竖向荷载作用下桩周土体的变形规律。超大直径变截面空心桩的桩型结构复杂,也使其桩土相互作用机制更加复杂。因此,需要我们寻找一种可以直观反映桩土相互作用过程的研究方式。然而,无论是模型试验还是理论解析都很难直观反映出桩周土体总体的演化规律,而有限元方法忽视了土体作为散体材料的特性,如桩周土体时有出现的局部大变形、不连续性、应变软化和剪胀等现象,无法从细观出发深入研究土体运动及其力学性质(周建 等,2012a)。颗粒流软件可从细观层面对材料在外力作用下的变形响应进行研究,很好地弥补了试验及理论解析以及有限元软件模拟的不足,近年来已被广泛应用于桩土相互作用机理的研究中(周健 等,2010,2012a,2012b;徐亮,2015;司光武,2017;马哲 等,2010;朱庆盛,2015;王学红,2011)。对于颗粒流模型,颗粒粒径的选取直接影响到数值模拟的计算效率及结果质量。粒径越大,模型的计算效率越高,但计算精度则相应降低。同样的,粒径越小,计算结果越精确,但模型中颗粒数量巨大,对于计算机性能要求极高,不利于计算效率。目前保证计算精度的同时又保证计算效率的方法主要有两种:一种是采用连续—离散耦合方法构建模型,周健 等(2012b)进一步采用了三维离散—连续耦合方法进行了分层介质中桩端刺入过程的数值模拟,在研究重点区域采用 PFC 3D 软件进行模拟,而借助 FLAC 3D 软件进行远场区域土体模型的构建,成功模拟了分层介质中桩端刺入过程,另一种是采用分区变粒径的建模方法,邓益兵(2011)在螺旋挤土桩下旋成孔过程的力学特性研究中,近桩区域采用粒径较小的颗粒进行桩周土体的模拟,而后往水平背离桩体方向逐级放大颗粒粒径,以此完成土体模型的建立。而后他又在已有的变粒径建模方法基础上,进一步优化了不同粒径区域土体颗粒之间宏观弹性的一致性,同时提出了建立分区之间的过渡区域,有效解决了不同区域之间边界颗粒相互渗入的现象(邓益兵 等,2017)。超大直径变阶面空心桩的桩径巨大、桩型复杂,基于离散—连续耦合方法,采用连续单元进行桩体模拟,离散元模拟土体,同时对土体颗粒进行变径处理,在提高计算效率的同时,使得桩土相互作用的模拟具有更高的精度,极大地提升了研究的可靠性。

(1)模型的建立

采用 PFC 3D 软件与 FLAC 3D 软件建立离散—连续耦合桩土模型。模拟土层的分区方案如图 4-3 所示,土体模型总体呈圆柱状,半径 4.5m,高 5.5m,从近场到远场划分为 Z_1、Z_2、Z_3、Z_4 4 个主区域,各区域内颗粒粒径分别为 1 倍粒径、2 倍粒径、3 倍粒径以及 4.5 倍粒径。由于相邻两区域颗粒粒径相差较大,若交界处不进行处理,极易出现相邻区域交界处颗粒相互嵌入混合现象,使得交界处土体宏观力学性质出现异常,故在相邻变粒径区域之间增设过渡区域,从近场到远场分别为 T_1、T_2、T_3。经多次试验发现,当过渡区颗粒粒径取为相邻两区域颗粒粒径的平均值时,可较好地缓解相邻区域颗粒相互嵌入混合现象,故选取过渡区 T_1、T_2、T_3 粒径分别为 1.5 倍粒径、2.5 倍粒径及 3.75 倍粒径。

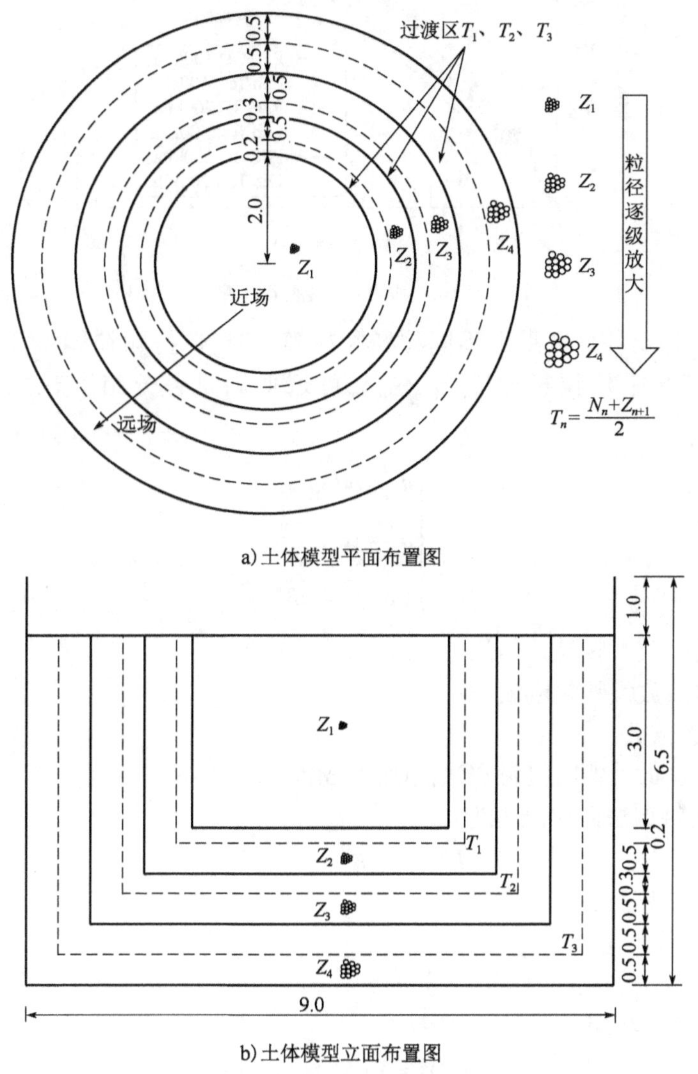

图 4-3 土体模型颗粒粒径立面布置图(尺寸单位:m)

根据由室内三轴试验取得的应力—应变曲线,反演标定出了土体材料的细观参数,颗粒间采用点接触模型,具体参数取值见表 4-1。室内试验的应力—应变曲线与模拟曲线对比如

图 4-4所示。

粉质黏土 PFC 3D 颗粒细观参数　　表 4-1

粒径倍数	孔隙率	最大半径(m)	最小半径(m)	颗粒密度(kg/m³)	法向刚度(MPa)	刚度比	切向黏结强度(kPa)	黏结强度比	摩擦系数
1	0.4	41.7×10^{-3}	25×10^{-3}	2700	2.73	1	1.08	1	0.1

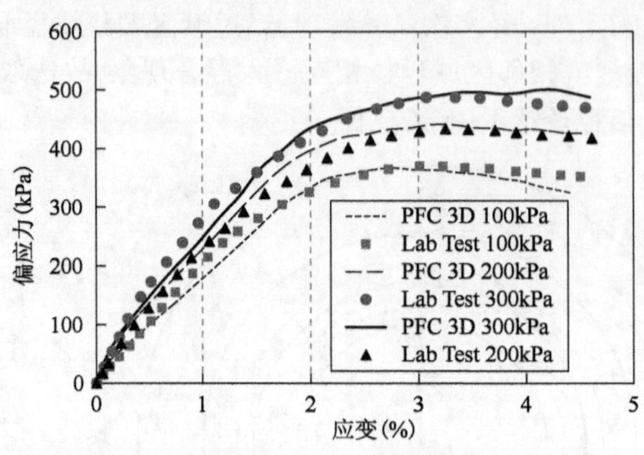

图 4-4　应力—应变曲线匹配

邓益兵(2017)提出各分区采用不同粒径颗粒模拟时,保持颗粒体系几何相似,刚度比 α 以及法向接触刚度与平均粒径比 k_n/d 不变,可近似满足各分组颗粒之间宏观弹性一致性。即:

$$\begin{cases} d' = nd \\ \alpha' = \alpha \\ (K^n)' = nK^n \end{cases} \tag{4-1}$$

式中:d、d'——颗粒、放大颗粒几何尺寸(m);

α、α'——颗粒、放大颗粒刚度比;

n——放大倍数;

$K^n(K^n)'$——颗粒、放大颗粒接触点法向刚度(MPa)。

放大颗粒的接触点法向接触力为:

$$(F_i^n)' = (K^n)'(U^n)'n_i \tag{4-2}$$

式中:U^n——接触重叠量(m);

n_i——接触面单位法向量;

其他符号含义同上。

由式(4-1)及式(4-2)得:

$$(F_i^n)' = (nK^n)(nU^n)n_i \tag{4-3}$$

即:

$$(F_i^n)' = n^2K^nU^nn_i = n^2F_i^n \tag{4-4}$$

以数值三轴试验获得的细观参数为基础,对各分区颗粒粒径及各细观参数按上述对应关系进行处理,各分区具体细观参数见表4-2,各分区模拟应力-应变曲线对比如图4-5所示。由图中可明显看出,各分区模拟应力—应变曲线基本一致。

各分区 PFC 3D 颗粒细观参数　表4-2

区域	粒径倍数	孔隙率	最大半径(m)	最小半径(m)	颗粒密度(kg/m^3)	法向刚度(MPa)	切向刚度(MPa)	法向黏结强度(kPa)	切向黏结强度(kPa)	摩擦系数
Z_1	1	0.4	41.7×10^{-3}	25×10^{-3}	2700	2.73	2.73	1.08	1.08	0.1
T_1	1.5	0.4	62.6×10^{-3}	37.5×10^{-3}	2700	4.10	4.10	2.43	2.43	0.1
Z_2	2	0.4	83.3×10^{-3}	50×10^{-3}	2700	5.46	5.46	4.31	4.31	0.1
T_2	2.5	0.4	104.3×10^{-3}	62.5×10^{-3}	2700	6.83	6.83	6.74	6.74	0.1
Z_3	3	0.4	125×10^{-3}	75×10^{-3}	2700	8.19	8.19	9.72	9.72	0.1
T_3	3.75	0.4	156.4×10^{-3}	93.8×10^{-3}	2700	10.24	10.24	15.16	15.16	0.1
Z_4	4.5	0.4	187.5×10^{-3}	112.5×10^{-3}	2700	12.29	12.29	21.83	21.83	0.1

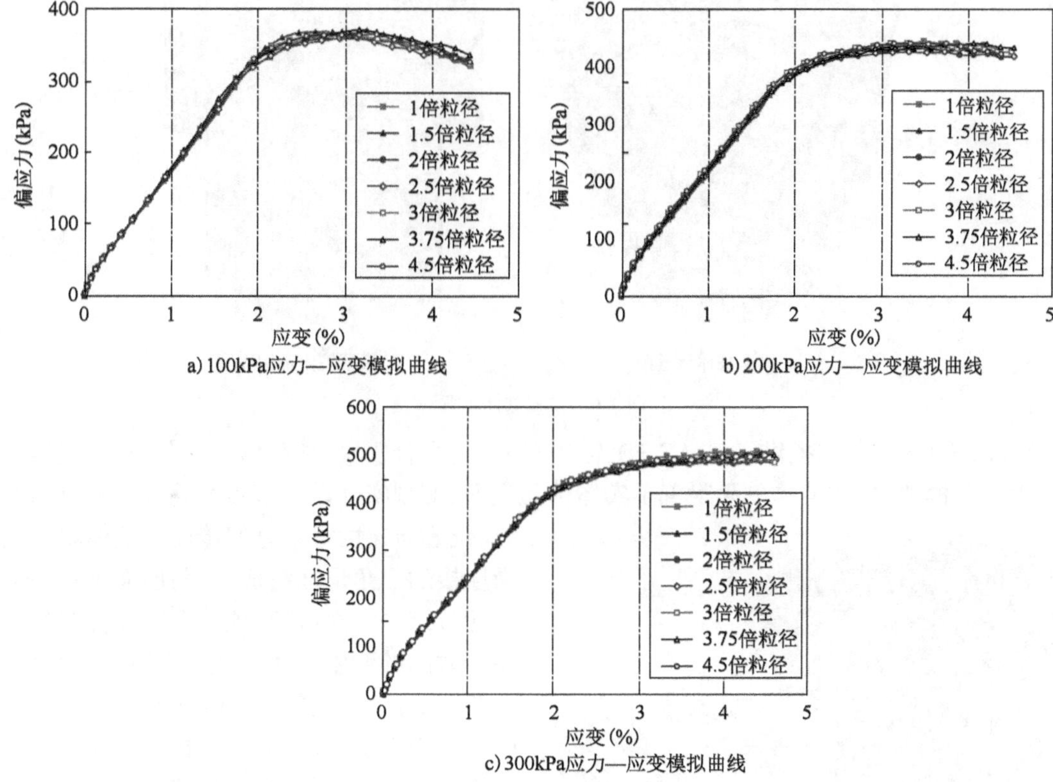

图4-5　各分区模拟应力—应变曲线

以往利用PFC 3D软件进行桩承载性能以及桩土关系的研究中,主要采用墙体单元(wall)或是颗粒单元(ball)进行桩体的模拟(徐亮,2015),两种建模方法各自的优缺点在于:一是使用墙体模拟的桩体表面平滑、均匀,但墙体单元作为刚性体进行桩体的模拟显然不切合实际;二是由颗粒组成的桩体可监测任何部位颗粒的应力状态,从而得到桩身各位置的应力状态,亦可进行抗压承载力试验的模拟,但使用颗粒模拟的桩体表面较为粗糙,不利于复杂桩型的模拟。超大直径变阶面空心桩的桩径巨大,其桩型较传统小直径直桩又复杂得多。排除墙体进行桩体模拟的方法,采用颗粒进行桩体的模拟时,若采用大颗粒模拟,其粗糙的桩表面对于模拟结果的影响极大;若要满足桩体表面平滑的要求,则需要保证颗粒足够小,而超大直径变截面空心桩巨大的桩身所需的颗粒数量极大,不利于计算效率。综合考虑以上两种建模方法的优势,采用 FLAC 3D 中实体单元进行桩体模型的建立,显然符合实际。

考虑研究重点,在保持超大直径空心桩型的基本特征同时,本研究所采用的桩体较之工程原型桩进行了适当修改,为更加简明、清晰地获取变截面处的桩周土体在竖向加载过程中的基本运动规律,模型桩采用一次变阶并对变径尺寸进行放大处理,其桩体长径比为 1,与工程当中应用的原型桩较为一致,桩体模型如图 4-6 所示,桩体采用 Elastic 模型。

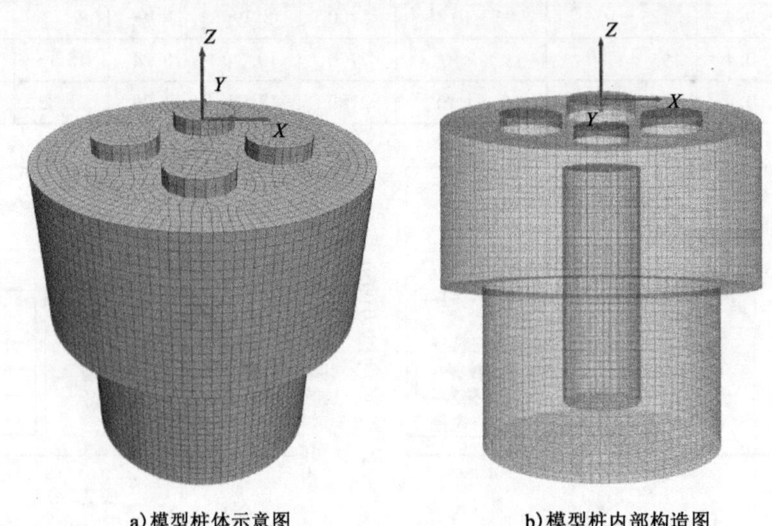

a)模型桩体示意图　　b)模型桩内部构造图

图 4-6　模型桩体示意图

FLAC 3D 6.0 版本提供了 FLAC 3D 与 PFC 3D 的耦合模块,加载耦合模块后,设置运算环境为大应变模式,生成墙体单元附着于实体单元表面,实现实体单元节点与墙面单元顶点间的力、位置与速度等信息的传递。墙体单元由边缘连接的三角形面组成,三角形面顶点与实体单元节点一一对应,其顶点速度和位置指定为关于时间的函数。离散连续区域的耦合由颗粒与墙面产生的接触力和力矩及墙面顶点处的等效力系统共同实现,将接触力和力矩转化为墙面顶点的等效力,而后传递至相应单元节点并触发单元的几何参数及单元刚度的更新,以确保计算的稳定性。如图 4-7 所示,在桩体表面生成一组墙体单元,每两个斜边相接的小三角形面对应一个网格,网格节点与三角形顶点一一对应,以实现实体单元与颗粒之间的力

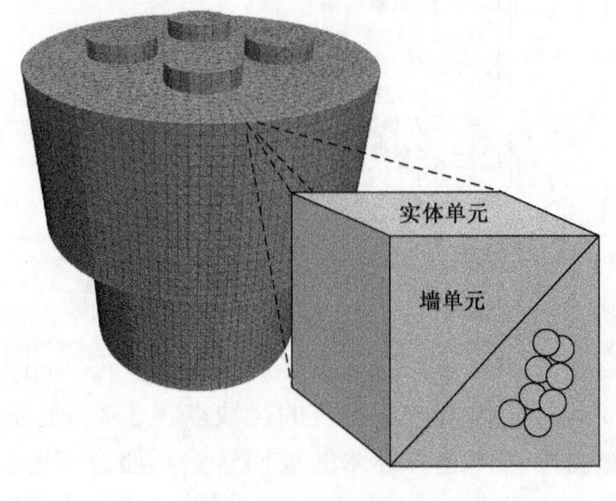

图 4-7　桩土交界面示意图

与力矩的传递。

整个模型建立可分为 6 个步骤。

①如图 4-8a)所示,生成 7 组直径高度不同的圆柱体墙单元,层层嵌套。

②首先在土体全范围生成 4.5 倍粒径颗粒,赋予颗粒细观参数,为使生成的土体颗粒更为均匀,将颗粒黏结强度设置为 0,循环 500 步,删除其他分区范围内颗粒及逸散颗粒;而后再在其他分区生成 3.75 倍颗粒粒径,赋予颗粒细观参数,再度循环 500 步,以此类推完成所有分区土体颗粒,全部生成完毕,循环使颗粒在各自分区分散均匀。

③在重力作用下进行土体颗粒的平衡循环运算,平衡状态标准取为最大不平衡力/最大接触力 =0.0001,经平衡消除不平衡力。

④删除各分区隔墙,使所有颗粒形成一个整体,再次平衡土体,而后赋予各分区相应颗粒黏结强度,同时删除顶面多余颗粒,以保证土表平整,墙体模型如图 4-8b)所示。

⑤挖除土体模型中部桩体部分颗粒,生成桩体模型,并生成墙体单元附着于桩体表面,再度平衡消除不平衡力,并删除顶面多余颗粒。

⑥将速度场与位移场归零,至此,完成了桩土模型的建立,生成颗粒总数为 175203 个,桩土模型如图 4-8c)所示。

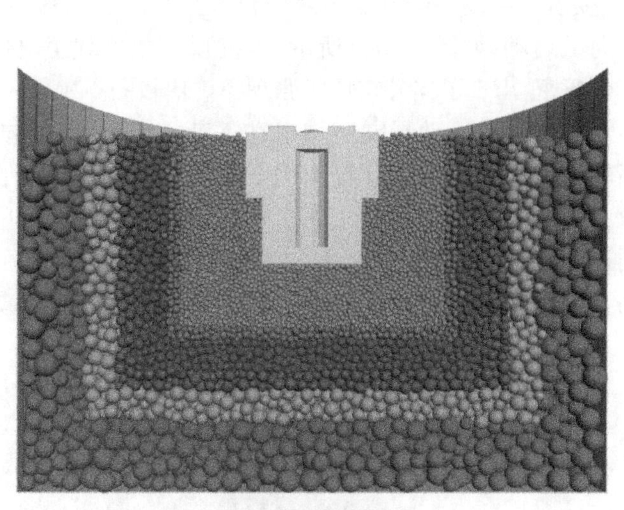

a)桩土模型剖面

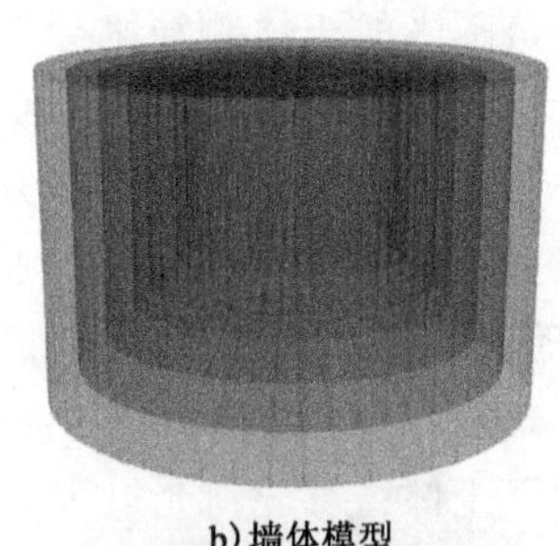

b)墙体模型

c)桩土模型

图 4-8 桩土模型示意图

采用应力加载方式对桩体上部墩柱施加共 12 级分级荷载,每一级荷载较前一级荷载增加 1000kN,值得注意的是,对于模拟的土体颗粒,若逐级施加荷载,上层颗粒则会由于模型应力环境的瞬间变化而出现上扬,而造成模拟结果的误差,故本次模拟对于每一级荷载的施加,在初始荷载的基础上逐渐递增,在循环 10000 步内达到该级目标荷载,而后再保持目标荷载循环计算至平衡,再以同样的方式进入下一级荷载施加下的计算当中,具体方案如图 4-9 所示。

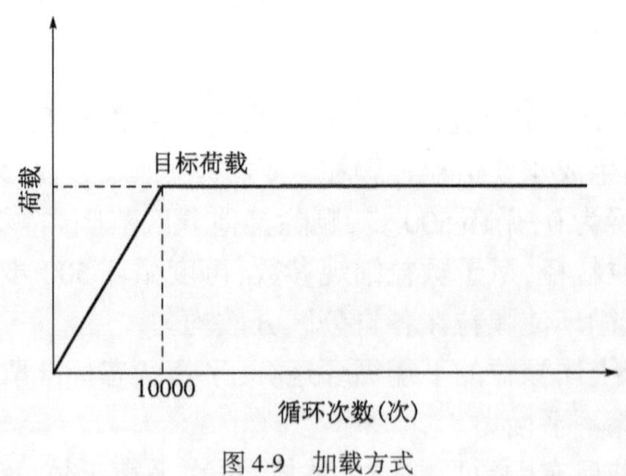

图 4-9　加载方式

(2)结果分析

图 4-10 所示为变截面桩在分级竖向荷载作用下的桩周土体颗粒的位移场矢量图。其中,矢量箭头的方向与大小分别表示土体颗粒的运动方向与位移大小。由图可知,竖向荷载作用下,土体扰动区域主要集中在下桩段及桩端区域,而上桩段影响区域较小。由图 4-10a)、b)可看出,桩体在竖向分级加载作用下出现沉降,紧邻桩周表层土颗粒随桩身沉降向下运动,而桩侧一定范围内的土体颗粒则会以桩体为中心斜向下聚拢,随桩顶荷载增加桩周土体位移场逐渐扩大,当桩顶荷载加载至 5000kN 时,变阶端部及桩端处土体颗粒仍以竖直向下位移为主,仅端角处部分土体颗粒背离桩心方向斜向下运动;如图 4-10c)所示,当桩顶荷载加载至 7000 kN 时,变阶端部及桩端部区域土体颗粒不断压密,出现了向外挤压扩张现象。比较图 4-10a) ~ d)可看出,随着上部竖向荷载的增加,桩体对桩周土体运动影响区域也在逐渐扩大,桩周土体运动方向逐渐由以竖直向下位移为主逐渐转为以竖直向下位移及斜向下挤压扩张为主,变阶端部及桩端下土体位移轮廓形式基本一致,大致呈椭球形;变阶处与桩端处位移量分别以上下桩段连接点及桩端截面圆心沿径向和竖向逐渐衰减,挤压扩张角度由内及外逐渐增大,在变阶端角及桩端端角处达到极值。在变阶端角及桩端端角处达到极值。总体分布特征与透明土试验结果基本一致。

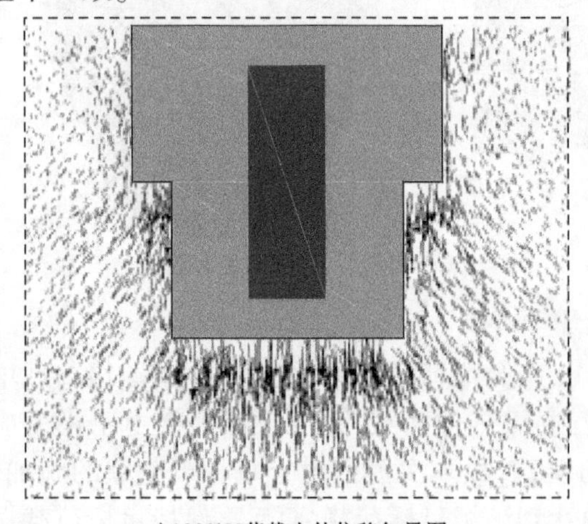

a) 1000kN荷载土体位移矢量图

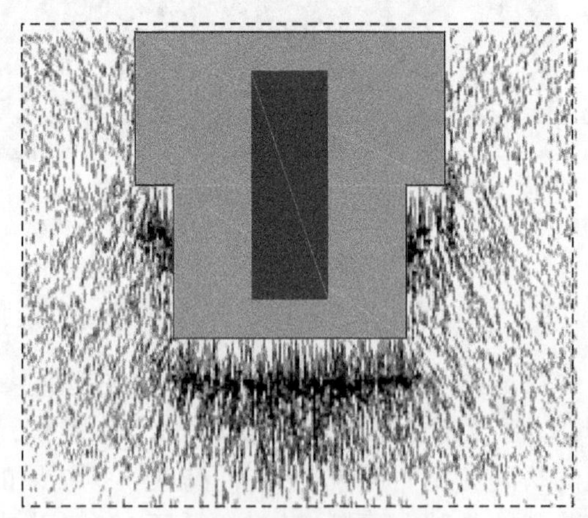

b) 5000kN荷载土体位移矢量图

图　4-10

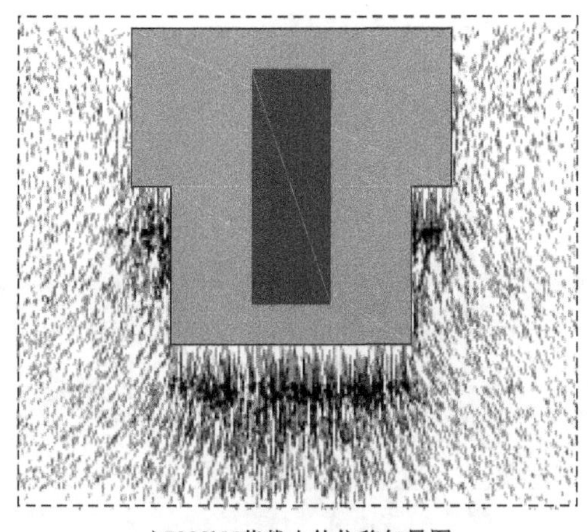

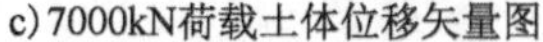
c) 7000kN荷载土体位移矢量图

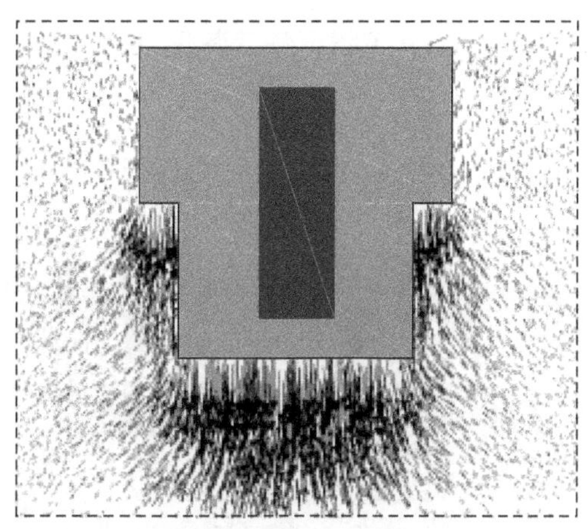

d) 10000kN荷载土体位移矢量

图 4-10　不同荷载下桩周土体位移矢量图

在上部竖向荷载加荷过程中,桩体受荷产生位移,而桩周土体颗粒受桩身挤压作用产生错动,并逐渐向外传递扩张。处于桩周各位置土体挤压程度存在一定差异,在细观层面表现为孔隙率的变化。通过在模型土体中设置测量球来获取桩周土体的孔隙率变化情况。

图 4-11 反映了变截面桩在分级竖向荷载作用下的桩周土体颗粒孔隙率变化情况,其中,负值表示土体孔隙率减小,正值表示土体孔隙率增大。由图可知,当桩体上部承受竖向荷载时,桩周各部土体表现出不同的响应:上桩段桩侧土体孔隙率出现减小现象,其减小范围沿深度方向逐渐递减,这是由于在竖向荷载作用下紧邻桩周表层土颗粒随桩身沉降向下运动,而桩侧一定范围内的土体颗粒以桩体为中心斜向下聚拢,使得该位置土体变得更为密实;变阶及桩端下一定范围内的土体亦出现孔隙率减小现象,说明此时变阶及桩端下土体受桩体挤压变得更为密实,变阶阻及端阻提高;变阶端角及桩端脚处土颗粒受到桩剪切的作用,产生旋转碰撞,使得变阶端角及桩端角附近土体孔隙率变大,这与周健 等(2012b)在研究分层介质中桩端的刺入过程中的桩端及端角处颗粒表现规律一致。比较图 4-11a) ~ d) 可看出,随着桩体上部竖向荷载逐级加大,上桩段桩侧土体孔隙率在加载初始出现减小后逐渐趋于稳定,其变化程度并不明显,而变阶及桩端下土体在此过程中不断加压密实,孔隙率减小程度不断增大,其范围不断沿径向及深度方向延伸并逐渐衰减;变阶端角附近土体孔隙率增大范围随着分级荷载的增大也在逐渐增大,而桩端角附近土体孔隙率增大区域却随着变阶下部土体孔隙率减小范围的逐渐扩大不断收缩。

可以见得,在桩顶荷载作用下,变截面桩桩身向下运动使变截面处土层产生压缩,变截面处变阶阻力得以产生和发挥,随着桩顶荷载的增大,变截面处下面土体受压向下运动,产生附加应力并挤密土体。对于变截面处变阶阻力对桩侧所产生的径向附加压力,随着变截面处桩侧土体的附加应力增大,由 Mohr-Coulomb 抗剪强度理论得知,法向应力的加大将导致桩—土间侧摩阻力的加大。因此变截面桩在受荷过程中,变截面处变阶阻力对侧阻力的作用会一直持续下去,桩侧阻力不断得到强化。

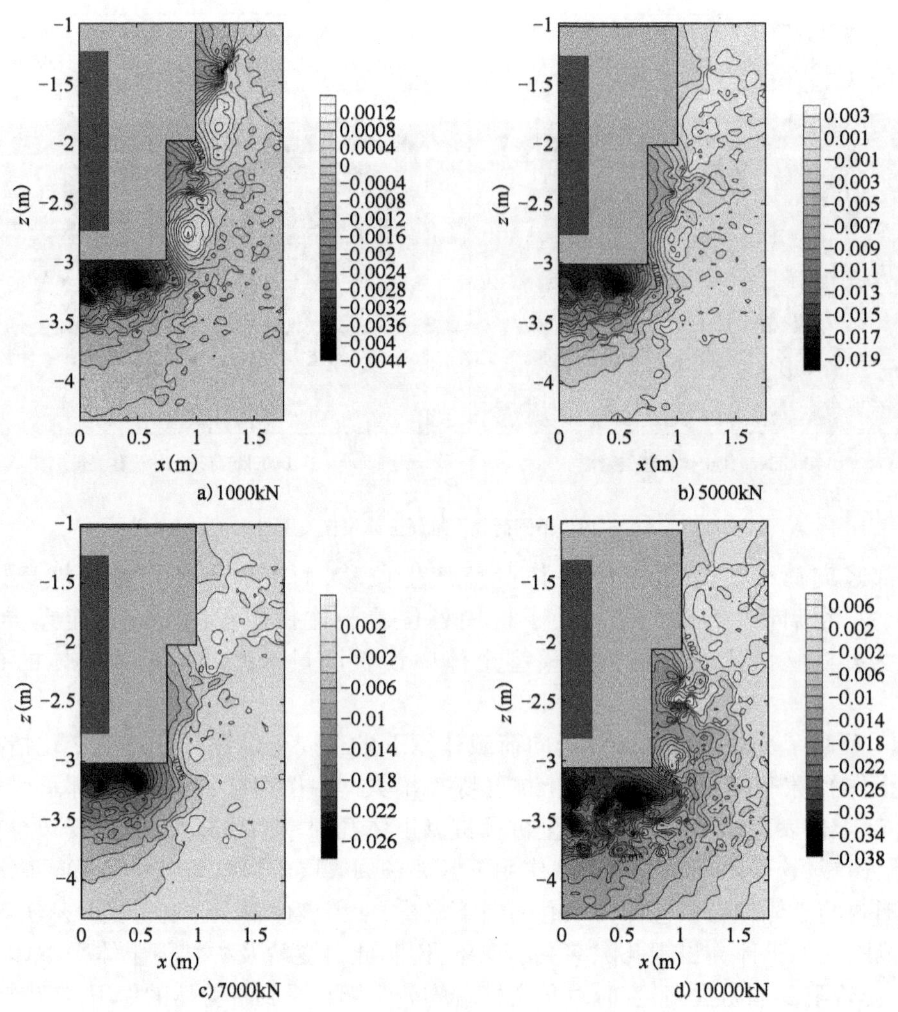

图 4-11　不同荷载下一次变截面桩周土体颗粒孔隙率变化

2)变截面处变阶阻力对桩侧阻力增大系数

超大直径阶梯形变截面桩的变阶阻力对桩侧阻力的作用如图 4-12 所示。该桩具有多个不同深度的变截面位置,本书只选取第一次变截面处作为研究对象进行分析,其余各处分析过程类似,不再重复。

该类型桩变截面处的变阶阻力对桩侧阻力之间的相互作用是一个复杂的力学过程,为了计算变阶阻力对侧阻力的增大值,对实际情况进行以下合理假设。

①变截面处变阶阻力大小相等并均匀分布,侧摩阻力沿桩周均匀分布。

②桩周土体为各向同性弹性介质。

③不考虑地下水的影响。

④不考虑桩侧阻力对变阶阻力的影响,各个变截面之间互不影响。

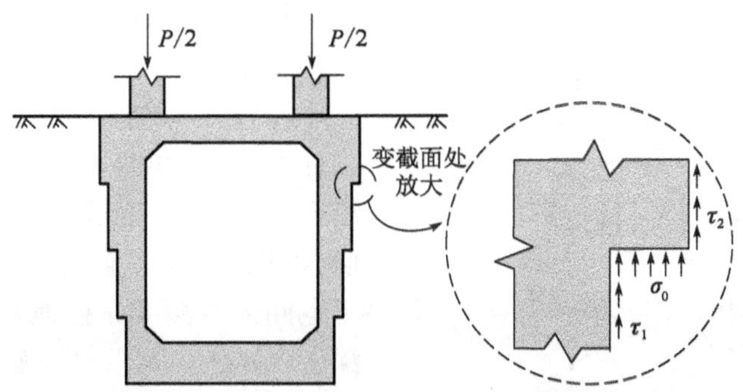

图4-12　超大直径阶梯形变截面桩受力示意图

根据Mindlin(2004)的研究,集中荷载P作用于弹性半空间体内深度h处(图4-13),地基内自地面深度z处任一点沿着x轴的应力σ_x为(以压为“正”、拉为“负”):

$$\sigma_x = \frac{p}{8\pi(1-\mu)}\left\{-\frac{(1-2\mu)(z-h)}{R_1^3} - \frac{(1-2\mu)[3(z-h)-4\mu(z+h)]}{R_2^3} + \frac{3x^2(z-h)}{R_1^5} + \frac{3(3-4\mu)x^2(z-h)-6h(z+h)[(1-2\mu)z-2\mu h]}{R_2^5} + \frac{30hx^2z(z+h)}{R_2^7} + \frac{4(1-\mu)(1-2\mu)}{R_2(R_2+z+h)}\left[1-\frac{x^2}{R_2(R_2+z+h)}-\frac{x^2}{R_2^2}\right]\right\} \tag{4-5}$$

$$R_1 = \sqrt{r^2+(z-h)^2}, R_2 = \sqrt{r^2+(z+h)^2}$$

式中:μ——土的泊松比;

r——力的作用线到所考虑点的水平距离(m);

z——所考虑点的纵坐标(m);

h——集中力的作用的深度(m)。

超大直径阶梯形变截面桩变截面处局部土体所受的变阶阻力对侧阻力的受力如图4-14所示,假设变截面处AB段上的土体受到竖向均布荷载σ_0'的作用,AC段所受竖向摩阻力τ_1',在竖向均布荷载σ_0'的作用下,AC段将产生附加应力$\Delta\sigma_x$,AC段将产生增加的摩阻力$\Delta\tau_1'$,在AC段上取一点M,该点离地面的深度为z,以下将对M点的侧阻力增大值进行求解。

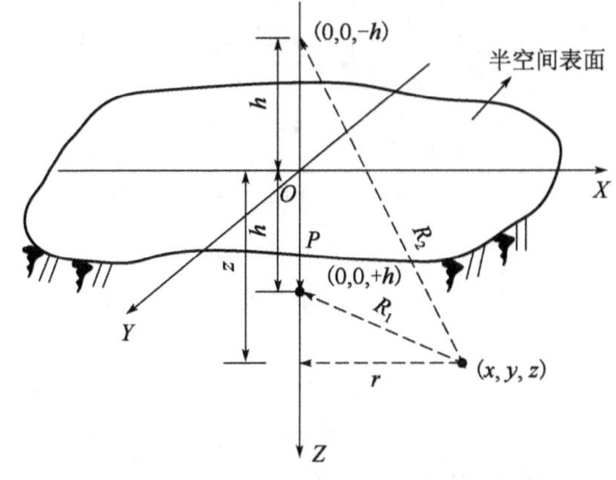

图4-13　土体内集中力P作用下Mindlin解简图

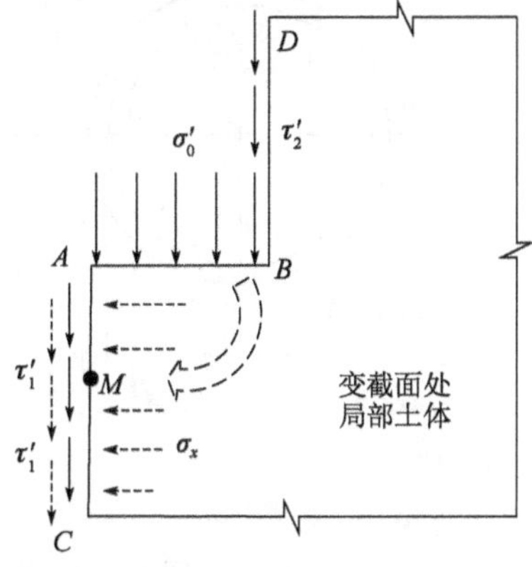

图4-14　变阶阻力对侧阻力的受力示意图

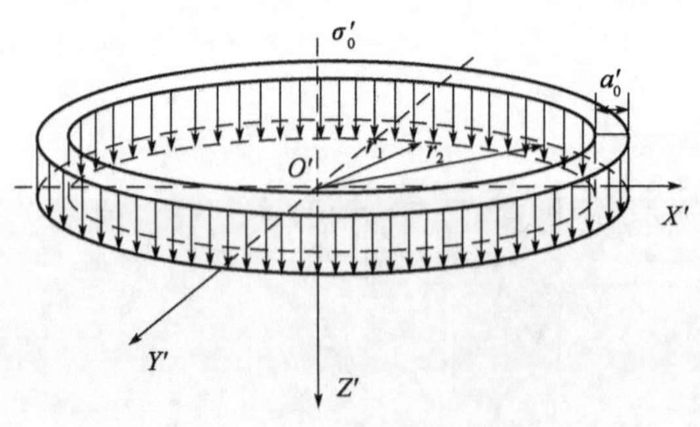

图 4-15 变阶阻力三维示意图

超大直径阶梯形变截面桩变截面处的受力状态是一个三维的问题,将变阶阻力简化成大小相等并均匀作用在桩周土体上,形成一个圆环形荷载,如图 4-15 所示。在变阶阻力的作用下,需要求出变截面下部 M 点的侧阻力增大值,根据 Mindlin 解在集中荷载 P 作用于弹性半空间体内深度 h 处地基内,可以得到自地面深度 z 处任一点沿着 X 轴的应力 σ_x,但对于超大直径阶梯形变截面桩而言,求变截面处 M 点沿着 X 轴的附加应力时,圆环形变阶阻力只有部分荷载会对侧阻力产生影响,大部分荷载会被桩体本身阻挠,为此需要找出对该点侧阻力会产生影响的变阶阻力的范围。

如图 4-16a)所示,变阶阻力处于深度为 $z=h$ 的圆环平面上,圆环中大圆的半径为 r_2,小圆的半径为 r_1,过 M 点竖直方向做垂线交 $z=h$ 平面于 O 点,过 O 点作小圆的切线交大圆于 E、F 点,则阴影部分 OEF 所围成的部分即为变阶阻力对 M 点的侧阻力产生直接影响的范围,下面将求出 OEF 范围内变阶阻力对 M 点的侧阻力增大值。

如图 4-16b)所示,变截面处下部 M 点的坐标为$(0,0,z)$,在均布荷载 σ_0'上任一点取微分单元 $\mathrm{d}x\mathrm{d}y$,在微分单元上所受到的总荷载为 $\sigma_0'\mathrm{d}x\mathrm{d}y$,则该微分单元荷载在 M 点产生的 X 方向的附加应力 $\mathrm{d}\sigma_{xM}$为:

$$\mathrm{d}\sigma_{xM}=\frac{\sigma_0'\mathrm{d}x\mathrm{d}y}{8\pi(1-\mu)}\left\{-\frac{(1-2\mu)(z-h)}{R_1^3}-\frac{(1-2\mu)[3(z-h)-4\mu(z+h)]}{R_2^3}+\right.$$
$$\frac{3x^2(z-h)}{R_1^5}+\frac{3(3-4\mu)x^2(z-h)-6h(z+h)[(1-2\mu)z-2\mu h]}{R_2^5}+ \tag{4-6}$$
$$\left.\frac{30hx^2z(z+h)}{R_2^7}+\frac{4(1-\mu)(1-2\mu)}{R_2(R_2+z+h)}\left[1-\frac{x^2}{R_2(R_2+z+h)}-\frac{x^2}{R_2^2}\right]\right\}$$

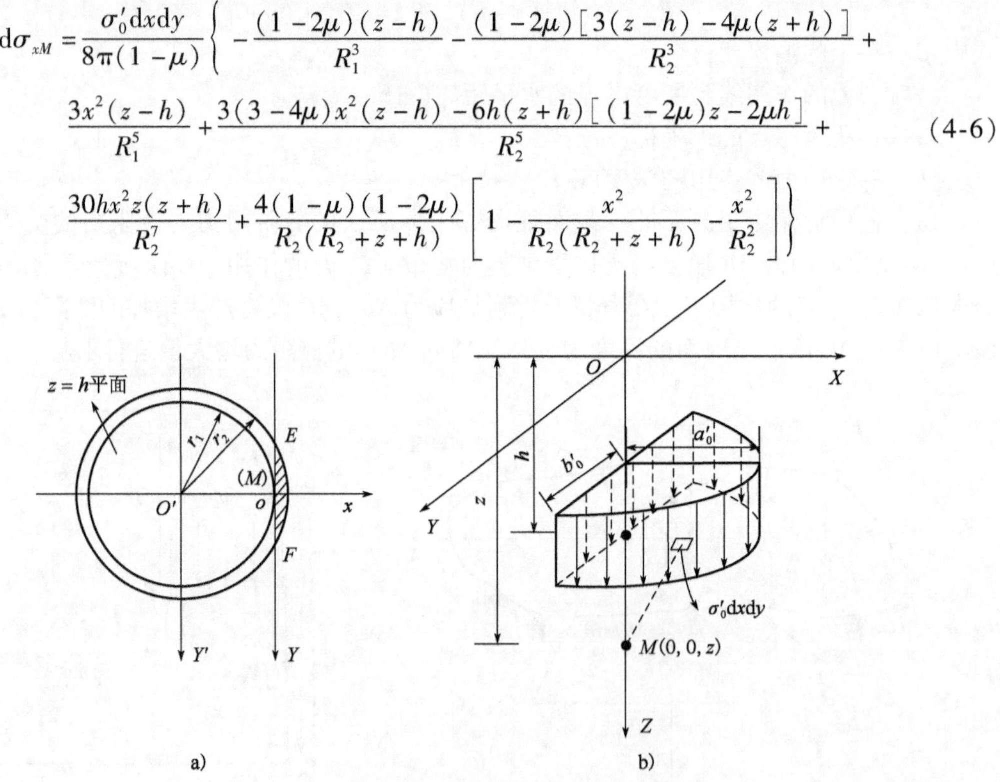

图 4-16 变阶阻力对侧阻力增强效应的计算简图

对上式进行二重积分，由于积分面积为弓形，计算比较复杂，为了便于计算，将弓形等效为面积相等的矩形（图4-17），假设矩形的宽度为 $a_0 = a_0'$，长度为 $2b_0$，通过计算得到 b_0 的值为：

$$b_0 = \frac{1}{2a_0}\left(r_2^2 \arccos\frac{r_1}{r_2} - r_1\sqrt{r_2^2 - r_1^2}\right) \tag{4-7}$$

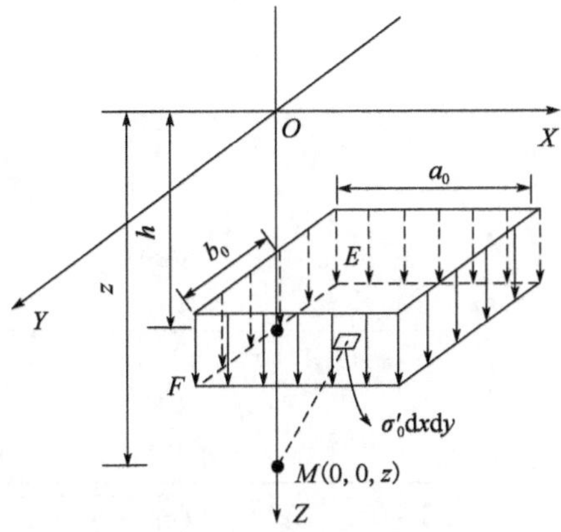

图4-17　简化后变阶阻力对侧阻力增强效应的计算简图

$$\sigma_{xM} = \iint_A d\sigma_{xM} = 2 \times \frac{\sigma'_0}{8\pi(1-\mu)}\int_0^{b_0}\int_0^{a_0}\left\{-\frac{(1-2\mu)(z-h)}{R_1^3} - \frac{(1-2\mu)[3(z-h)-4\mu(z+h)]}{R_2^3} + \frac{3x^2(z-h)}{R_1^5} + \frac{3(3-4\mu)x^2(z-h)-6h(z+h)[(1-2\mu)z-2\mu h]}{R_2^5} + \frac{30hx^2z(z+h)}{R_2^7} + \frac{4(1-\mu)(1-2\mu)}{R_2(R_2+z+h)}\left[1-\frac{x^2}{R_2(R_2+z+h)} - \frac{x^2}{R_2^2}\right]\right\}dxdy \tag{4-8}$$

其中，$b_0 = \frac{1}{2a_0}(r_2^2\arccos\frac{r_1}{r_2} - r_1\sqrt{r_2^2 - r_1^2})$，$a_0 = r_2 - r_1$。

将式(4-8)中常量提出，整理得：

$$\sigma_{xM} = \iint_A d\sigma_x = \frac{p_0}{4\pi(1-\mu)}\left\{-(1-2\mu)(z-h)\int_0^{b_0}\int_0^{a_0}\frac{1}{R_1^3}dxdy - (1-2\mu)[3(z-h) - 4\mu(z+h)]\int_0^{b_0}\int_0^{a_0}\frac{1}{R_2^3}dxdy + 3(z-h)\int_0^{b_0}\int_0^{a_0}\frac{x^2}{R_1^5}dxdy - 6h(z+h)[(1-2\mu)z-2\mu h]\int_0^{b_0}\int_0^{a_0}\frac{1}{R_2^5}dxdy + 3(3-4\mu)(z-h)\int_0^{b_0}\int_0^{a_0}\frac{x^2}{R_2^5}dxdy + 30hz(z+h)\int_0^{b_0}\int_0^{a_0}\frac{x^2}{R_2^7}dxdy + 4(1-\mu)(1-2\mu)\int_0^{b_0}\int_0^{a_0}\frac{1}{R_2(R_2+z+h)}\left[1-\frac{x^2}{R_2(R_2+z+h)} - \frac{x^2}{R_2^2}\right]dxdy\right\} \tag{4-9}$$

上式需要计算的积分项分别为：$\iint_{0\,0}^{b_0 a_0} \frac{1}{R_1^3}\mathrm{d}x\mathrm{d}y, \iint_{0\,0}^{b_0 a_0} \frac{1}{R_2^3}\mathrm{d}x\mathrm{d}y, \iint_{0\,0}^{b_0 a_0} \frac{1}{R_2^5}\mathrm{d}x\mathrm{d}y, \iint_{0\,0}^{b_0 a_0} \frac{x^2}{R_1^5}\mathrm{d}x\mathrm{d}y, \iint_{0\,0}^{b_0 a_0} \frac{x^2}{R_2^5}\mathrm{d}x\mathrm{d}y$，$\iint_{0\,0}^{b_0 a_0} \frac{x^2}{R_2^7}\mathrm{d}x\mathrm{d}y$ 和 $\iint_{0\,0}^{b_0 a_0} \frac{\mathrm{d}x\mathrm{d}y}{R_2(R_2+z+h)}\left[1-\frac{x^2}{R_2(R_2+z+h)}-\frac{x^2}{R_2^2}\right]$。

现将式(4-9)所需计算的积分项演算如下：

①求 $\iint_{0\,0}^{b_0 a_0} \frac{1}{R_1^3}\mathrm{d}x\mathrm{d}y, \iint_{0\,0}^{b_0 a_0} \frac{1}{R_2^3}\mathrm{d}x\mathrm{d}y$

$$\begin{aligned}\iint_{0\,0}^{b_0 a_0} \frac{1}{R_1^3}\mathrm{d}x\mathrm{d}y &= \iint_{0\,0}^{b_0 a_0} \frac{1}{[x^2+y^2+(z-h)^2]^{3/2}}\mathrm{d}x\mathrm{d}y \\ &= \int_0^{b_0} \frac{a_0\mathrm{d}y}{[y^2+(z-h)^2]\sqrt{a_0^2+y^2+(z-h)^2}} \\ &= \frac{1}{z-h}\arctan\frac{a_0 b_0}{(z-h)\sqrt{a_0^2+b_0^2+(z-h)^2}}\end{aligned} \tag{4-10}$$

同理可以求得：

$$\begin{aligned}\iint_{0\,0}^{b_0 a_0} \frac{1}{R_2^3}\mathrm{d}x\mathrm{d}y &= \iint_{0\,0}^{b_0 a_0} \frac{1}{[x^2+y^2+(z+h)^2]^{3/2}}\mathrm{d}x\mathrm{d}y \\ &= \int_0^{b_0} \frac{a_0\mathrm{d}y}{[y^2+(z+h)^2]\sqrt{a_0^2+y^2+(z+h)^2}} \\ &= \frac{1}{z+h}\arctan\frac{a_0 b_0}{(z+h)\sqrt{a_0^2+b_0^2+(z+h)^2}}\end{aligned} \tag{4-11}$$

②求 $\iint_{0\,0}^{b_0 a_0} \frac{1}{R_2^5}\mathrm{d}x\mathrm{d}y$

$$\iint_{0\,0}^{b_0 a_0} \frac{1}{R_2^5}\mathrm{d}x\mathrm{d}y = \iint_{0\,0}^{b_0 a_0} \frac{1}{[x^2+y^2+(z+h)^2]^{5/2}}\mathrm{d}x\mathrm{d}y \tag{4-12}$$

$$\iint_{0\,0}^{b_0 a_0} \frac{1}{R_2^3}\mathrm{d}x\mathrm{d}y = \int_0^{a_0}\left[\frac{y}{R_2^3}\right]_0^{b_0}\mathrm{d}x + 3\iint_{0\,0}^{b_0 a_0} \frac{y^2}{R_2^5}\mathrm{d}x\mathrm{d}y \tag{4-13}$$

$$\iint_{0\,0}^{b_0 a_0} \frac{1}{R_2^3}\mathrm{d}x\mathrm{d}y = \int_0^{b_0}\left[\frac{x}{R_2^3}\right]_0^{a_0}\mathrm{d}y + 3\iint_{0\,0}^{b_0 a_0} \frac{x^2}{R_2^5}\mathrm{d}x\mathrm{d}y \tag{4-14}$$

将式(4-13)和式(4-14)相加得：

$$
\begin{aligned}
2\int_0^{b_0}\int_0^{a_0}\frac{1}{R_2^3}\mathrm{d}x\mathrm{d}y &= \int_0^{a_0}\left[\frac{y}{R_2^3}\right]_0^{b_0}\mathrm{d}x + \int_0^{b_0}\left[\frac{x}{R_2^3}\right]_0^{a_0}\mathrm{d}y + 3\int_0^{b_0}\int_0^{a_0}\frac{x^2+y^2}{R_2^5}\mathrm{d}x\mathrm{d}y \\
&= \int_0^{a_0}\left[\frac{y}{R_2^3}\right]_0^{b_0}\mathrm{d}x + \int_0^{b_0}\left[\frac{x}{R_2^3}\right]_0^{a_0}\mathrm{d}y + 3\int_0^{b_0}\int_0^{a_0}\frac{1}{R_2^3}\mathrm{d}x\mathrm{d}y - 3(z+h)^2\int_0^{b_0}\int_0^{a_0}\frac{1}{R_2^5}\mathrm{d}x\mathrm{d}y
\end{aligned}
\tag{4-15}
$$

所以：

$$
3(z+h)^2\int_0^{b_0}\int_0^{a_0}\frac{1}{R_2^5}\mathrm{d}x\mathrm{d}y = \int_0^{a_0}\left[\frac{y}{R_2^3}\right]_0^{b_0}\mathrm{d}x + \int_0^{b_0}\left[\frac{x}{R_2^3}\right]_0^{a_0}\mathrm{d}y + \int_0^{b_0}\int_0^{a_0}\frac{1}{R_2^3}\mathrm{d}x\mathrm{d}y
\tag{4-16}
$$

$$
\int_0^{a_0}\left[\frac{y}{R_2^3}\right]_0^{b_0}\mathrm{d}x = \int_0^{a_0}\frac{b_0}{[x^2+b_0^2+(z+h)^2]^{3/2}}\mathrm{d}x = \frac{a_0b_0}{[b_0^2+(z+h)^2][a_0^2+b_0^2+(z+h)^2]^{3/2}}
\tag{4-17}
$$

同理得：

$$
\int_0^{a_0}\left[\frac{x}{R_2^3}\right]_0^{b_0}\mathrm{d}x = \frac{a_0b_0}{[a_0^2+(z+h)^2][a_0^2+b_0^2+(z+h)^2]^{3/2}}
\tag{4-18}
$$

将式(4-17)、式(4-18)和式(4-11)代入式(4-16)得：

$$
\begin{aligned}
\int_0^{b}\int_0^{a_0}\frac{1}{R_2^5}\mathrm{d}x\mathrm{d}y = \frac{1}{3(z+h)^2}\Bigg\{&\frac{a_0b_0[a_0^2+b_0^2+2(z+h)^2]}{[a_0^2+(z+h)^2][b_0^2+(z+h)^2]\sqrt{a_0^2+b_0^2+(z+h)^2}} + \\
&\frac{1}{z+h}\arctan\frac{a_0b_0}{(z+h)\sqrt{a_0^2+b_0^2+(z+h)^2}}\Bigg\}
\end{aligned}
\tag{4-19}
$$

③求 $\int_0^{b_0}\int_0^{a_0}\frac{x^2}{R_2^7}\mathrm{d}x\mathrm{d}y$

$$
\begin{aligned}
\int_0^{b_0}\int_0^{a_0}\frac{x^2}{R_2^7}\mathrm{d}x\mathrm{d}y &= \int_0^{b_0}\int_0^{a_0}\frac{x^2}{[x^2+y^2+(z+h)^2]^{7/2}}\mathrm{d}x\mathrm{d}y = \frac{1}{5}\int_0^{b_0}\int_0^{a_0}\frac{1}{R_2^5}\mathrm{d}x\mathrm{d}y - \frac{1}{5}\int_0^{b_0}\left[\frac{x}{R_2^5}\right]_0^{a_0}\mathrm{d}y \\
&= \frac{1}{15(z+h)^2}\Bigg\{\frac{a_0b_0[a_0^2+b_0^2+2(z+h)^2]}{[a_0^2+(z+h)^2][b_0^2+(z+h)^2]\sqrt{a_0^2+b_0^2+(z+h)^2}} + \\
&\quad \frac{1}{z+h}\arctan\frac{a_0b_0}{(z+h)\sqrt{a_0^2+b_0^2+(z+h)^2}} - \\
&\quad \frac{a_0b_0[a_0^2+(z+h)^2]+2a_0b_0[a_0^2+b_0^2+(z+h)^2]}{15[a_0^2+(z+h)^2]^2[a_0^2+b_0^2+(z+h)^2]^{3/2}}\Bigg\}
\end{aligned}
\tag{4-20}
$$

④求 $\int_0^{b_0}\int_0^{a_0}\frac{x^2}{R_1^5}\mathrm{d}x\mathrm{d}y$ 和 $\int_0^{b_0}\int_0^{a_0}\frac{x^2}{R_2^5}\mathrm{d}x\mathrm{d}y$

$$\begin{aligned}\int_0^{b_0}\int_0^{a_0}\frac{x^2}{R_1^5}\mathrm{d}x\mathrm{d}y &= \int_0^{b_0}\int_0^{a_0}\frac{x^2}{[x^2+y^2+(z-h)^2]^{5/2}}\mathrm{d}x\mathrm{d}y = \frac{1}{3}\int_0^{b_0}\int_0^{a_0}\frac{1}{R_1^3}\mathrm{d}x\mathrm{d}y - \frac{1}{3}\int_0^{b_0}\left[\frac{x}{R_1^3}\right]_0^{a_0}\mathrm{d}y \\ &= \frac{1}{3(z-h)}\arctan\frac{a_0b_0}{(z-h)\sqrt{a_0^2+b_0^2+(z-h)^2}} - \\ &\quad \frac{a_0b_0}{3[a_0^2+(z-h)^2]\sqrt{a_0^2+b_0^2+(z-h)^2}}\end{aligned} \tag{4-21}$$

同理可以求得：

$$\begin{aligned}\int_0^{b_0}\int_0^{a_0}\frac{x^2}{R_2^5}\mathrm{d}x\mathrm{d}y &= \int_0^{b_0}\int_0^{a_0}\frac{x^2}{[x^2+y^2+(z+h)^2]^{5/2}}\mathrm{d}x\mathrm{d}y = \frac{1}{3}\int_0^{b_0}\int_0^{a_0}\frac{1}{R_2^3}\mathrm{d}x\mathrm{d}y - \frac{1}{3}\int_0^{b_0}\left[\frac{x}{R_2^3}\right]_0^{a_0}\mathrm{d}y \\ &= \frac{1}{3(z+h)}\arctan\frac{a_0b_0}{(z+h)\sqrt{a_0^2+b_0^2+(z+h)^2}} - \\ &\quad \frac{a_0b_0}{3[a_0^2+(z+h)^2]\sqrt{a_0^2+b_0^2+(z+h)^2}}\end{aligned} \tag{4-22}$$

⑤求 $\int_0^{b_0}\int_0^{a_0}\frac{1}{R_2(R_2+z+h)}\left[1-\frac{x^2}{R_2(R_2+z+h)}-\frac{x^2}{R_2^2}\right]\mathrm{d}x\mathrm{d}y$

$$\begin{aligned}&\int_0^{b_0}\int_0^{a_0}\frac{1}{R_2(R_2+z+h)}\left[1-\frac{x^2}{R_2(R_2+z+h)}-\frac{x^2}{R_2^2}\right]\mathrm{d}x\mathrm{d}y \\ &= \frac{1}{z+h}\int_0^{b_0}\int_0^{a_0}\left(\frac{1}{R_2}-\frac{x^2}{R_2^3}\right)\mathrm{d}x\mathrm{d}y - \frac{1}{z+h}\int_0^{b_0}\int_0^{a_0}\left[\frac{1}{R_2+z+h}-\frac{x^2}{R_2\,(R_2+z+h)^2}\right]\mathrm{d}x\mathrm{d}y \\ &= \frac{1}{z+h}\int_0^{b_0}\int_0^{a_0}\left(\frac{1}{R_2}-\frac{x^2}{R_2^3}\right)\mathrm{d}x\mathrm{d}y - \frac{1}{z+h}\int_0^{b_0}\mathrm{d}y\int_0^{a_0}\frac{\mathrm{d}x}{R_2+z+h}\end{aligned} \tag{4-23}$$

因为：

$$\int_0^{b_0}\int_0^{a_0}\frac{x^2}{R_2^3}\mathrm{d}x\mathrm{d}y = \int_0^{b_0}\int_0^{a_0}\frac{1}{R_2}\mathrm{d}x\mathrm{d}y - \int_0^{b_0}\left[\frac{x}{R_2}\right]_0^{a_0}\mathrm{d}y \tag{4-24}$$

所以：

$$\int_0^{b_0}\int_0^{a_0}\left(\frac{1}{R_2}-\frac{x^2}{R_2^3}\right)\mathrm{d}x\mathrm{d}y = \int_0^{b_0}\left[\frac{x}{R_2}\right]_0^{a_0}\mathrm{d}y \tag{4-25}$$

故式(4-23)可以化简为：

$$\begin{aligned}&\int_0^{b_0}\int_0^{a_0}\frac{1}{R_2(R_2+z+h)}\left[1-\frac{x^2}{R_2(R_2+z+h)}-\frac{x^2}{R_2^2}\right]\mathrm{d}x\mathrm{d}y \\ &= \frac{a_0}{z+h}\int_0^{b_0}\left[\frac{1}{\sqrt{a_0^2+y^2+(z+h)^2}}-\frac{1}{\sqrt{a_0^2+y^2+(z+h)^2}+z+h}\right]\mathrm{d}y\end{aligned} \tag{4-26}$$

令：$y^2 = [a_0^2 + (z+h)^2]\tan^2 t, m = \arctan \dfrac{b_0}{\sqrt{a_0^2 + (z+h)^2}}$

则式(4-23)化简为：

$$\begin{aligned}
&\int_0^{b_0}\int_0^{a_0} \frac{1}{R_2(R_2+z+h)}\left[1 - \frac{x^2}{R_2(R_2+z+h)} - \frac{x^2}{R_2^2}\right]\mathrm{d}x\mathrm{d}y \\
&= \frac{a_0}{z+h}\int_0^m \left[\frac{\sqrt{a_0^2+(z+h)^2}\sec^2 t}{\sqrt{a_0^2+(z+h)^2}\sec t} - \frac{\sqrt{a_0^2+(z+h)^2}\sec^2 t}{\sqrt{a_0^2+(z+h)^2}\sec t + z + h}\right]\mathrm{d}t \\
&= \frac{a_0}{z+h}\int_0^m \left[\frac{1}{\cos t} - \frac{1}{\cos t} + (z+h)\frac{1}{\sqrt{a_0^2+(z+h)^2} + (z+h)\cos t}\right]\mathrm{d}t \\
&= a_0\int_0^m \left[\frac{1}{\sqrt{a_0^2+(z+h)^2} + (z+h)\cos t}\right]\mathrm{d}t \\
&= a_0^2\left\{\frac{2}{\sqrt{a_0^2+(z+h)^2-(z+h)^2}}\arctan\left[\sqrt{\frac{\sqrt{a_0^2+(z+h)^2}-(z+h)}{\sqrt{a_0^2+(z+h)^2}+(z+h)}}\tan\frac{t}{2}\right]\right\}_0^m \\
&= 2\arctan\left[\sqrt{\frac{\sqrt{a_0^2+(z+h)^2}-(z+h)}{\sqrt{a_0^2+(z+h)^2}+(z+h)}}\tan\frac{m}{2}\right]
\end{aligned} \tag{4-27}$$

因为 $\tan m = \dfrac{b_0}{\sqrt{a_0^2+(z+h)^2}}$，可以求得：

$$\tan\frac{m}{2} = \frac{b_0}{\sqrt{a_0^2+b_0^2+(z+h)^2} + \sqrt{a_0^2+(z+h)^2}} \tag{4-28}$$

将式(4-28)代入式(4-27)，化简得到：

$$\begin{aligned}
&\int_0^{b_0}\int_0^{a_0} \frac{1}{R_2(R_2+z+h)}\left[1 - \frac{x^2}{R_2(R_2+z+h)} - \frac{x^2}{R_2^2}\right]\mathrm{d}x\mathrm{d}y \\
&= 2\arctan\left\{\frac{b_0[\sqrt{a_0^2+(z+h)^2}-(z+h)]}{a_0[\sqrt{a_0^2+b_0^2+(z+h)^2}+\sqrt{a_0^2+(z+h)^2}]}\right\}
\end{aligned} \tag{4-29}$$

该项积分最后得到的表达式形式上与文献(袁聚云 等,1995;王洪新,2016)不一样,相比文献(袁聚云 等,1995),本书的表达式要简洁些。为初步检验结果的正确性,对式中的未知数选取一些简单的整数代入计算后,得到的结果与文献(袁聚云 等,1995)一致,但和文献(王洪新,2016)存在一些偏差。

最后,将式(4-10)、式(4-11)、式(4-19)～式(4-22)和式(4-29)代入到式(4-9),整理得到:

$$\sigma_{xM}=\frac{\sigma_0'}{4\pi(1-\mu)}\left\{2\mu\arctan\frac{a_0b_0}{(z-h)\sqrt{a_0^2+b_0^2+(z-h)^2}}-\right.$$

$$\frac{a_0b_0(z-h)}{[a_0^2+(z-h)^2]\sqrt{a_0^2+b_0^2+(z-h)^2}}+$$

$$2\mu(3-4\mu)\arctan\frac{a_0b_0}{(z+h)\sqrt{a_0^2+b_0^2+(z+h)^2}}-$$

$$\frac{(3-4\mu)a_0b_0(z-h)}{[a_0^2+(z+h)^2]\sqrt{a_0^2+b_0^2+(z+h)^2}}+ \tag{4-30}$$

$$\frac{4\mu a_0b_0h[a_0^2+b_0^2+2(z+h)^2]}{[a_0^2+(z+h)^2][b_0^2+(z+h)^2]\sqrt{a_0^2+b_0^2+(z+h)^2}}-$$

$$\frac{2a_0b_0zh(z+h)[3a_0^2+2b_0^2+3(z+h)^2]}{[a_0^2+(z+h)^2]^2[a_0^2+b_0^2+(z+h)^2]^{3/2}}+$$

$$\left.8(1-\mu)(1-2\mu)\arctan\left[\frac{b_0\left(\sqrt{a_0^2+(z+h)^2}-(z+h)\right)}{a_0\left(\sqrt{a_0^2+b_0^2+(z+h)^2}+\sqrt{a_0^2+(z+h)^2}\right)}\right]\right\}$$

$$=\alpha_{xM}\sigma_0'$$

式中：α_{xM}——变阶阻力荷载下的附加应力系数。

根据张明义 等(2002)对桩—土界面滑动摩擦所做的研究，可以将土的抗剪强度τ_f 表达为滑动面上法向总应力 σ 的函数。

对于砂土：

$$\tau=\sigma\tan\varphi \tag{4-31}$$

对于黏性土：

$$\tau=c+\sigma\tan\varphi \tag{4-32}$$

式中：τ——土的抗剪强度(kPa)；

c——土的黏聚力(kPa)；

φ——土的内摩擦角(°)。

则 M 点的附加应力 σ_{xM}引起的桩侧摩阻力为：

$$\Delta\tau_1=c+\sigma_{xM}\tan\varphi \tag{4-33}$$

考虑变阶阻对侧阻力的影响后，M 点的总桩侧摩阻力为：

$$\tau=\tau_1+\Delta\tau_1=c+(\sigma+\sigma_{xM})\tan\varphi=\tau_1+\sigma_{xM}\tan\varphi=\tau_1+\alpha_{xM}\tan\varphi\sigma_0' \tag{4-34}$$

设变阶阻对侧阻力的增大系数为 α，则：

$$\alpha=\frac{\tau_1+\sigma_{xM}\tan\varphi}{\tau_1}=\frac{\tau_1+\alpha_{xM}\sigma_0'\tan\varphi}{\tau_1}=1+\frac{\alpha_{xM}\tan\varphi\sigma_0'}{\tau_1} \tag{4-35}$$

变阶阻 σ_0'和侧阻力τ_1 可用 5.2 节基于扰动状态理论提出的荷载传递函数表示，并代入式(4-34)后可计算受变阶阻影响增大后的侧阻力，代入式(4-35)可计算出侧阻力的增大系数。

4.2 基于扰动状态理论的桩基荷载传递模型

由 4.1 节分析可知，尽管超大直径阶梯形变截面空心桩的桩型较传统桩型存在较大差异，但其仍然保留了传统桩基的荷载传递特征。故而本节将采用荷载传递法来解释超大直径阶梯形变截面桩的荷载传递机理。该方法理论基础扎实，计算参数少，适用范围广，成为目前分析桩基荷载传递机理的一种主流方法。目前，常见的典型荷载传递模型有双曲线模型、抛物线以及指数曲线模型等(杨桦 等,2006)，上述模型虽然能较准确地反映部分桩土相互作用的力学机制，但是不能体现桩—土作用的软化性质。为此，不少学者针对此缺点将上述模型进行了修改，提出了桩侧三折线荷载传递软化模型(王宏,2015)。但由于模型自身存在拐点，求解需要分段讨论，导致计算量的增加，拐点位置的选择对计算结果的准确性存在较大的影响。由此可见，传统的荷载传递函数有自身的一定优势，但同时也存在一些缺点。为突破传统，寻找新的更适合桩基的荷载传递函数，不少学者提出了许多新的方法。王伟 等(2010)在荷载传递函数中引入应力因子的概念，提出了一个应力—应变曲线的三参数复合双曲线指数模型。肖昭然(2002)结合桩土的扰动效应提出在扰动区内采用双曲线模型，扰动区外，采用线弹性模型。但桩身总位移只是简单的等于扰动区内位移加扰动区外位移，没有体现扰动位移和非扰动位移之间的关系。刘齐建 等(2006)结合 DSC 提出了桩基荷载传递函数扰动状态模型，该模型具有足够的理论基础，具有参数较少且确定简单的特点，能反映荷载传递函数的性质，如硬化与软化，但是荷载传递函数实质上 RI 状态采用线弹性模型，但未考虑荷载传递的非线性，且对于表达式中参数的分析较少。

基于上述不足，本书结合 DSC 将超大直径阶梯形变截面桩桩侧与桩端土体单元的状态视为 RI 状态和 FA 状态，荷载由它们共同承担，RI 状态采用双曲线模型，FA 状态采用传统的莫尔—库仑强度理论，将桩的塑性剪切位移作为分布变量，建立模型中扰动因子 D 的计算方法，提出一种新的桩—土荷载传递函数，由此构建基于 DSC 的桩侧与桩端荷载传递函数模型。

4.2.1 基于扰动状态理论的桩侧荷载传递理论模型

1)扰动状态理论的基本原理

美国学者 Desai C S(2001)提出的扰动状态概念理论，是一种针对材料的受力扰动而发展起来的本构模拟方法。扰动状态理论认为：材料单元的观测行为可用处在 RI 状态和 FA 状态这两种状态的行为来表示。在外部荷载作用下所引起材料微观结构的变形过程中，材料单元被认为是由随机地处于 RI 状态和 FA 状态的部分所组成的混合物，如图 4-18 所示。材料内部的微观结构从 RI 状态，经过一个自我调整或自组织过程，达到 FA 状态。在这种自我调整或自组织过程中材料有可能包括导致产生微裂隙的损伤或导致颗粒相对运动的强化，这个扰动过程可通过一个扰动因子 D(disturbance factor)来描述，即描述材料从 RI 状态转变为 FA 状态过程的函数，此扰动因子可通过宏观量测来描述扰动的演化，从而对材料的本构关系进行模拟。

DSC 模型中 RI 状态可选用线弹性、弹塑性或其他合适的模型，FA 状态则可选用临界状态或其他合适的模型。实际材料的观测特性可以通过 RI 状态和 FA 状态的材料的特性以及扰动因子来模拟。图 4-19 所示为利用扰动状态概念描述弹塑性材料力学响应的关系示意图。

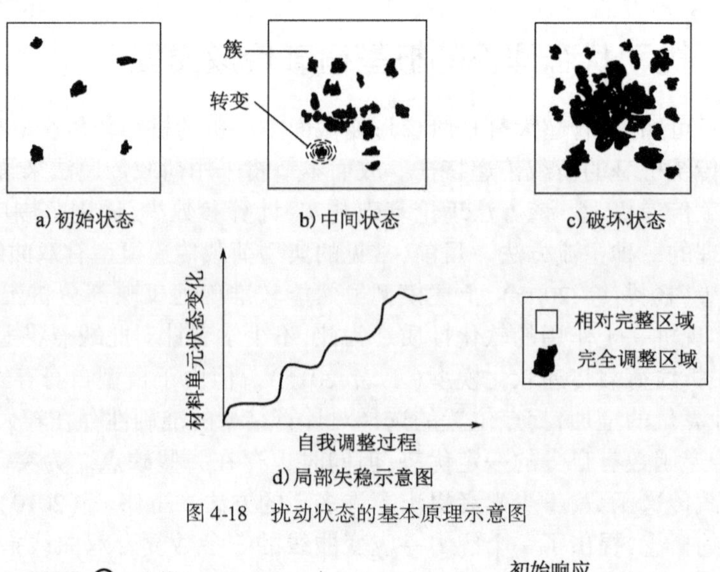

图 4-18　扰动状态的基本原理示意图

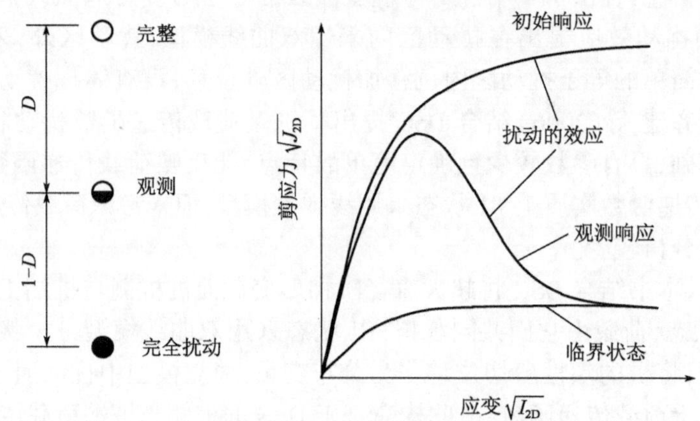

图 4-19　扰动状态概念示意图

DSC 认为两种状态本构模型得到的响应都是材料本身的固有响应,扰动是材料本身固有的性质,外部荷载作用只是诱因,材料的变化过程是自发产生的。对于桩周的土体,受荷后土体单元处于 RI 状态和 FA 状态的组合,这两种状态的单元服从随机分布,由扰动因子 D 来反映二者的权重,DSC 基本表达式为:

$$\sigma = (1 - D)\sigma_i + D\sigma_c \tag{4-36}$$

式中:σ——单元总应力(kPa);

σ_i——材料 RI 状态单元所承受的应力(kPa);

σ_c——材料 FA 状态单元所承受的应力(kPa);

D——扰动因子。

2)模型构建

引入扰动状态概念对入超大直径阶梯形变截面空心桩的桩土界面在竖向荷载作用下的扰动行为进行描述。如图 4-20 所示,当桩顶承担荷载时,部分桩土界面处于相对完整状态(RI 状态),而另一部分桩土界面处于完全调整状态(FA 状态)。这两部分的比例在加载过程中是动态变化的,可以根据变形协调准则来确定。由式(4-36),可确定桩侧桩—土间相互作用界面荷载传递函数的表达式为：

$$\tau = (1 - D)\tau_i + D\tau_c \tag{4-37}$$

式中：τ——桩侧摩阻力(kPa)；

τ_i——处于 RI 状态单元承担的应力(kPa)；

τ_c——处于 FA 状态单元承担的应力(kPa)；

D——扰动因子。

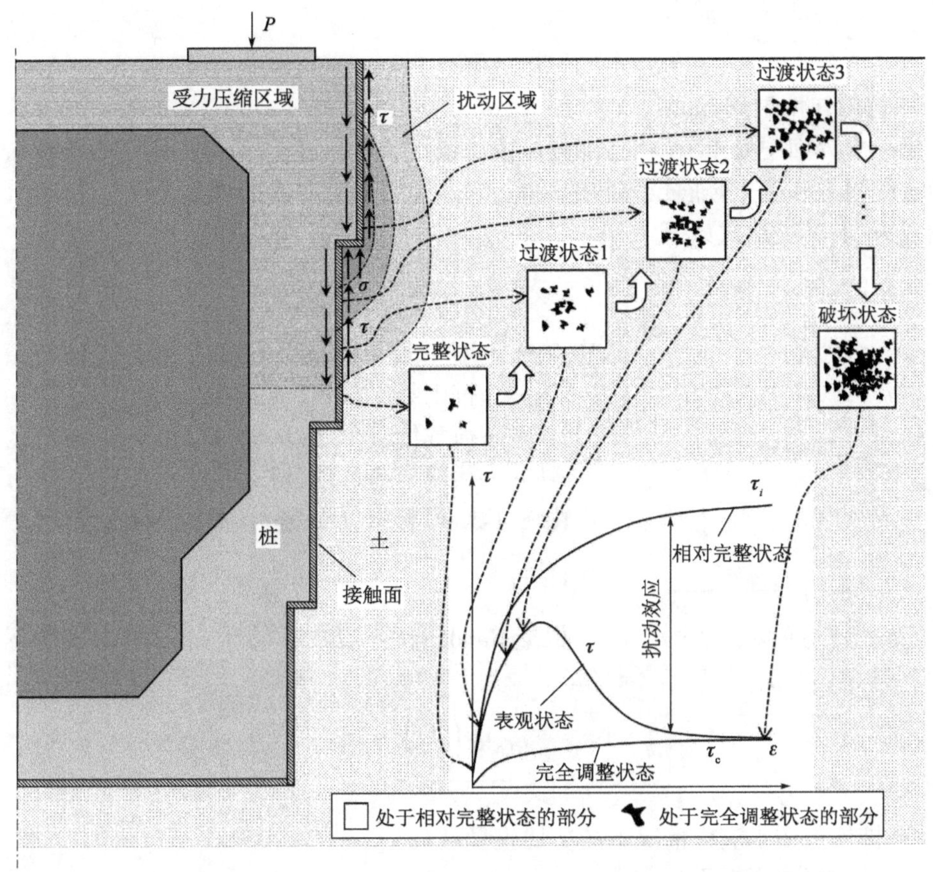

图 4-20　结合扰动状态概念的桩土界面示意图

假设扰动因子 D 与桩土间的塑性剪切位移有关，当土体单元中开始出现塑性位移时，意味着扰动的出现，可定义扰动参数为桩土界面已经破损的微元个数 n_p 与总微元个数 n 之比为：

$$D = \frac{n_p}{n} \tag{4-38}$$

假设各微元体的强度服从 Weibull 分布，则其分布密度函数 $f(x)$ 为：

$$f(x) = \frac{\eta}{\xi}\left(\frac{x}{\xi}\right)^{\eta - 1}\exp\left[-\left(\frac{x}{\xi}\right)^{\eta}\right] \tag{4-39}$$

式中：ξ、η——反映桩土界面材料力学性质的 Weibull 分布参数(ξ 单位：mm)。

当桩—土界面上塑性剪切位移为 s_p 时，桩—土界面上已经破损的微元个数 $n_p(s_p)$ 为：

$$n_{\mathrm{p}}(s_{\mathrm{p}}) = \int_{0}^{s_{\mathrm{p}}} nf(x)\,\mathrm{d}x \tag{4-40}$$

将式(4-39)、式(4-40)代入式(4-38)中,即得扰动因子为:

$$D = \frac{n_{\mathrm{p}}(s_{\mathrm{p}})}{n} = \frac{n\left\{1 - \exp\left[-\left(\frac{s_{\mathrm{p}}}{\xi}\right)^{\eta}\right]\right\}}{n} = 1 - \exp\left[-\left(\frac{s_{p}}{\xi}\right)^{\eta}\right] \tag{4-41}$$

塑性剪切位移 s_{p} 按下式计算。

$$s_{\mathrm{p}} = s - s_{\mathrm{e}} = s - \frac{a\,\tau}{1 - b\,\tau} \tag{4-42}$$

式中:s_{e}——桩的弹性位移(mm)。

对于桩—土界面中处于 RI 状态部分可按非线性弹性理论计算。桩侧双曲线荷载传递模型可模拟桩侧阻力和桩土竖向位移间的关系,它是运用最为普遍的模型之一。本节 RI 状态拟选用双曲线模型,其表达式如下:

$$\tau_i = \frac{s}{a + bs} \tag{4-43}$$

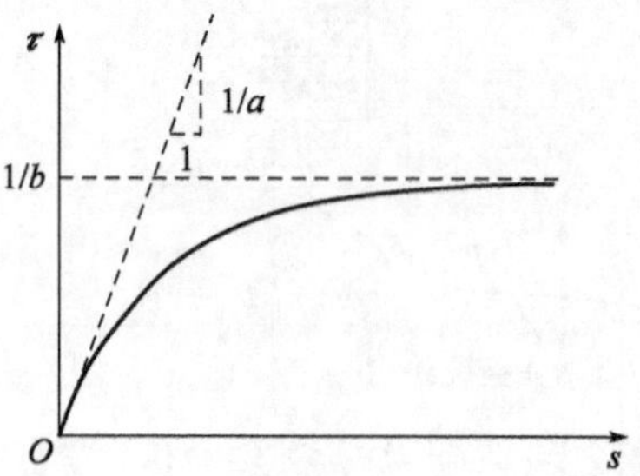

式中:τ_i——RI 状态单元承担的桩侧摩阻力(kPa);

s——桩土竖向位移(mm);

a——荷载传递参数(mm·kPa^{-1});

b——荷载传递参数(kPa^{-1})。

由图 4-21 可看出,$1/a$ 是τ-s 曲线的起始斜率。

即:$\left.\frac{1}{a} = \frac{d\,\tau}{ds}\right|_{s\to 0}$

图 4-21　桩侧摩阻力与桩身位移的关系

根据 Randolph 等(2015)的研究,a 可以按照下式进行计算。

$$a = \frac{r_0 \ln\left(\frac{r_{\mathrm{m}}}{r_0}\right)}{G_{\mathrm{s}}} \tag{4-44}$$

式中:G_{s}——桩侧土在小应变情况下的剪切模量(kPa);

r_0——桩身横截面半径(m);

r_{m}——土变形的影响半径(m)。

当桩位于均质土中时,r_{m} 取值(Lee C Y,1993)为:

$$r_{\mathrm{m}} = 2.5L(1 - \upsilon_{\mathrm{s}}) \tag{4-45}$$

式中:L——桩长(m);

υ_{s}——桩侧土的泊松比。

桩位于成层土中时,r_{m} 取值可表示(Lee C Y,1993)为:

$$r_{\mathrm{m}} = 2.5L\frac{\sum_{i=1}^{n} G_{\mathrm{s}i} h_i}{G_{\mathrm{sm}}}\left(1 - \frac{\sum_{i=1}^{n} \upsilon_{\mathrm{s}i} h_i}{L}\right) \tag{4-46}$$

式中:$\upsilon_{\mathrm{s}i}$——第 i 层土的泊松比;

$G_{\mathrm{s}i}$——第 i 层土的剪切模量(kPa);

G_{sm}——土层中的最大剪切模量值(kPa);

h_i——第 i 层土的厚度(m);

n——土层层数。

由图4-26也可知,$1/b$ 为双曲线函数的渐进线,即桩土相对位移为无穷大时所对应的桩侧阻力τ_f,τ_f 的值和极限剪切应力τ_u 的关系可表示为:

$$b=\frac{1}{\tau_f},\tau_f=R\,\tau_u \tag{4-47}$$

式中:R——桩侧土侧阻力破坏比,其值可取为0.80~0.95。

桩—土界面极限剪应力τ_u 可表示为:

$$\tau_u=K_h\gamma z\tan\delta \tag{4-48}$$

式中:K_h——土的水平土压力系数;

γ——土的重度(kN/m^3);

z——计算点的深度(m);

δ——桩土界面的摩擦角(°),其值和桩侧土的内摩擦角 φ 存在一定联系,一般为0.6~0.8倍的土体内摩擦角。

随着土体单元所受荷载的不断增大,处于RI状态的部分单元不断变化至FA状态。桩侧土体单元在FA状态时,桩—土界面单元部分可以认为已经达到了极限状态,它的特性不同于RI状态,其承担的应力可看作残余强度。假设它符合理想塑性模型,FA状态时的桩—土界面荷载计算公式可采用莫尔—库仑强度理论计算(钱家欢 等,1996)。

$$\tau_c=\sigma_3\frac{\sin\varphi}{1-\sin\varphi}+c\frac{\cos\varphi}{1-\sin\varphi} \tag{4-49}$$

式中:c——土的黏聚力(kPa);

φ——土的残余摩擦角(°);

σ_3——深度 z 处作用于桩身的围压(kPa)。

在实际工程中,可以根据桩基静载荷试验实测结果直接得到τ_c。

将式(4-43)、式(4-49)和式(4-41)代入式(4-37),可以得到基于DSC的桩侧荷载传递函数:

$$\tau=\frac{s}{a+bs}\cdot\exp\left[-\left(\frac{s_p}{\xi}\right)^{\eta}\right]+\tau_c\cdot\left\{1-\exp\left[-\left(\frac{s_p}{\xi}\right)^{\eta}\right]\right\} \tag{4-50}$$

展开得:

$$\tau=\frac{s}{a+bs}\cdot\exp\left[-\left(\frac{s-\dfrac{a\,\tau}{1-b\,\tau}}{\xi}\right)^{\eta}\right]+\tau_c\cdot\left\{1-\exp\left[-\left(\frac{s-\dfrac{a\,\tau}{1-b\,\tau}}{\xi}\right)^{\eta}\right]\right\} \tag{4-51}$$

式中:a——荷载传递参数(mm·kPa^{-1});

b——荷载传递参数(kPa^{-1})。

ξ、η——桩土界面材料力学性质的Weibull分布参数(ξ 的单位:mm);

τ_c——桩侧残余摩阻力(kPa);

s——桩土竖向位移(mm)。

对基于DSC的桩侧荷载传递函数一般表达式(4-50)进行分析:

(1)当塑性位移 $s_p=0$ 时,即扰动因子 $D=0$,此时土体未扰动,土体单元全部为 RI 状态,处于弹性阶段,则该表达式为$\tau=s/(a+bs)$,τ-s 的图形是典型的双曲线。当塑性位移 $s_p\neq0$ 时,若扰动因子$0<D<1$,此时土体呈现扰动状态,处于弹塑性阶段,则该表达式为式(4-50),τ-s 的图形可以随参数改变出现多种形状,既可以表现出土体的硬化也可以表现软化;若扰动因子 $D=1$,此时土体为 FA 状态,处于理想刚塑性阶段,则该表达式为$\tau=\tau_c$,τ-s 的图形为一条水平直线。

(2)$\lim\limits_{s\to+\infty}\tau(s)=\tau_c$,因此该函数有渐近线$\tau=\tau_c$,桩侧土体残余应力为$\tau_c$。

基于 DSC 的桩侧荷载传递函数的一般表达式中含有 5 个参数,分别是 a、b、ξ、η 和τ_c,下面列举两种方法确定这些参数。

方法一:参数 a、b 为双曲线模型中的荷载传递参数,可以根据公式求出;τ_c 为τ-s 的残余强度,可由τ-s 的实测数据直接得到;参数 ξ、η 为桩土界面材料力学性质的 Weibull 分布参数,可由实测的τ-s 数据间接确定。

将式(4-51)做如下变形:

$$y=Ax+B \tag{4-52}$$

其中

$$\left.\begin{aligned} y&=\ln\left[-\ln\left(\frac{\tau-\tau_c}{\dfrac{s}{a+bs}-\tau_c}\right)\right]\\ x&=\ln\left(s-\frac{a\tau}{1-b\tau}\right)\\ A&=\eta\\ B&=-\eta\ln\xi \end{aligned}\right\} \tag{4-53}$$

将 a、b 和τ_c 代入式(4-53)中可求出 x、y 的值,则式(4-52)可变为关于 A、B 的线性方程。通过该直线方程求出直线的斜率 A 和截距 B,进而求出参数 ξ 和 η。

方法二:基于 DSC 的桩侧荷载传递函数的一般表达式是一个隐函数,可以对τ-s 实测点进行非线性拟合,求出参数的具体值,拟合采用 MATLAB 工具箱中自带的 nlinfit 函数。

通过 MATLAB 软件对数据进行拟合可以得出 a、b、ξ、η 和τ_c 的参数值以及拟合优度。

3)参数分析

基于 DSC 的桩侧桩—土间荷载传递函数受 5 个参数的影响,即荷载传递参数 a、b 和桩侧残余摩阻力τ_c,以及反映桩—土界面材料力学性质的 Weibull 分布参数ξ、η。为分析该模型中各个参数对模型曲线的影响,采用 MATLAB 软件编写相应的计算程序进行分析。图 4-22 所示为参数 a 对τ-s 曲线的影响,假定参数 b、ξ、η、τ_c 不变(取 $b=0.01\text{kPa}^{-1}$,$\xi=0.5\text{mm}$,$\eta=0.5$,$\tau_c=20\text{kPa}$),a 的改变(分别取 $0.005\text{mm}\cdot\text{kPa}^{-1}$、$0.01\text{mm}\cdot\text{kPa}^{-1}$、$0.02\text{mm}\cdot\text{kPa}^{-1}$、$0.04\text{mm}\cdot\text{kPa}^{-1}$)对界面$\tau$-$s$ 曲线的形状有较大的影响。由图 4-22 可知,参数 a 的变化,主要影响τ-s 曲线的初始斜率,从而使曲线的形状发生明显的变化。首先,τ-s 曲线在弹性阶段表现出非线性,呈现双曲线形状,随着参数 a 的增大,在坐标轴第一象限内,曲线的初始斜率随之减小,反之,初始斜率随之增大;与此同时,当参数 a 增大时,曲线的峰值点随之减小,残余强度几乎不变。

图4-23所示为参数 b 对 τ-s 曲线的影响，假定参数 a、ξ、η、τ_c 不变（取 $a=0.01\text{mm}\cdot\text{kPa}^{-1}$，$\xi=0.5\text{mm}$，$\eta=0.5$，$\tau_c=20\text{kPa}$），分析 b 改变（分别取 0.005kPa^{-1}、0.01kPa^{-1}、0.02kPa^{-1}、0.04kPa^{-1}）对界面的 τ-s 曲线形状的影响，由图可知，参数 b 的变化将影响 τ-s 曲线到达残余摩阻力 τ_c 时的沉降值，随着参数 b 的增加，τ-s 曲线中侧阻力 τ 接近残余摩阻力 τ_c 时所对应的沉降值越小。当 $b=0.04\text{kPa}^{-1}$ 时，位移 s 达到2mm后，侧阻力就几乎接近残余摩阻力 τ_c；然而当 $b=0.005\text{kPa}^{-1}$ 时，位移 s 达到10mm后 τ 都还未到达残余摩阻力 τ_c。另外，曲线的峰值点随参数 b 的减小而逐渐增大，且加工软化越来越明显。

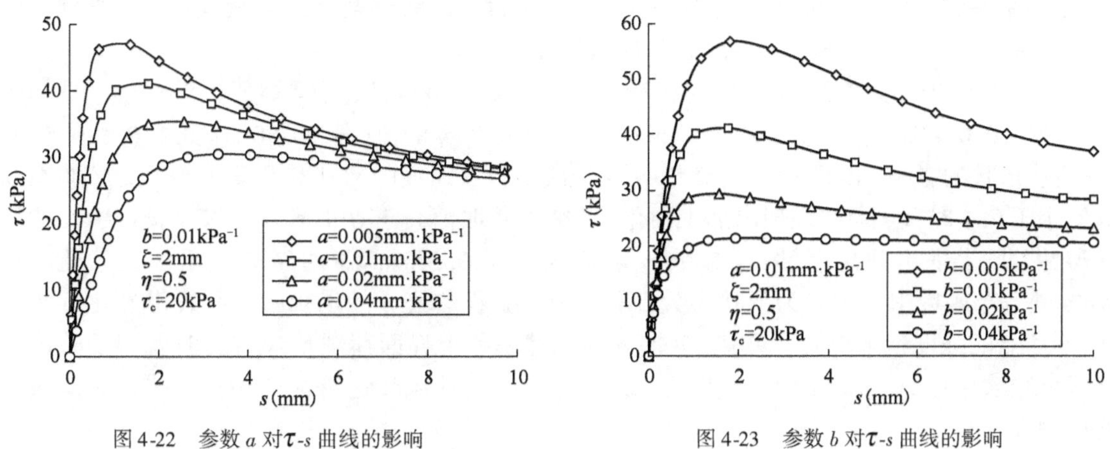

图4-22 参数 a 对 τ-s 曲线的影响

图4-23 参数 b 对 τ-s 曲线的影响

如图4-24所示为参数 ξ 对 τ-s 曲线的影响，当参数 a、b、η、τ_c 固定时（取 $a=0.01\text{mm}\cdot\text{kPa}^{-1}$，$b=0.01\text{kPa}^{-1}$，$\eta=0.5\text{mm}$，$\tau_c=20\text{kPa}$），$\xi$ 改变（分别取1mm、2mm、3mm、4mm）对界面的 τ-s 曲线形状影响非常小，总体曲线形状基本相似，且此时侧阻力均呈现出一定的软化的特征。在Weibull分布函数中参数 ξ 为比例参数，图4-24中参数 ξ 依次增大后的曲线表明了该参数 ξ 影响曲线的大小而不影响形状，参数 ξ 反映了桩—土界面宏观强度的大小，参数 ξ 越大，则强度越高。

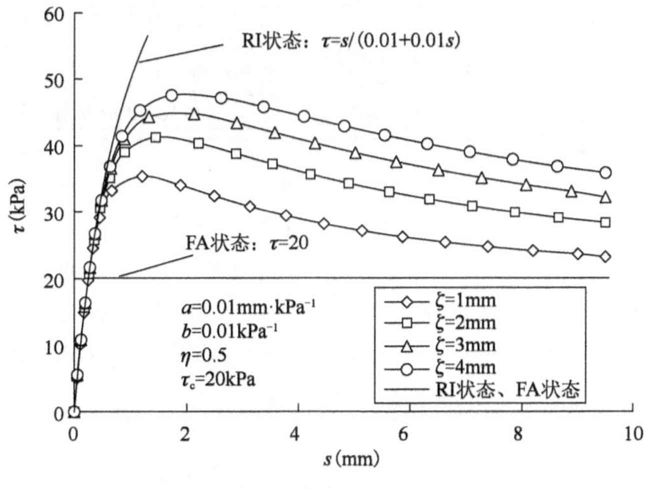

图4-24 参数 ξ 对 τ-s 曲线的影响

在图4-24中加入RI和FA状态的曲线进行对比分析，可见在初始阶段所有曲线都重合，此时土体单元总体处于RI状态。随着荷载的增大，土体单元的微结构自调整或自组织的过程中被不断地调整并在其某些部分达到FA状态，τ-s曲线逐渐从双曲线中分叉，并且参数ξ的取值越小，越先分叉，原因是参数ξ的取值直接影响了扰动因子D的大小，土体的响应是根据RI状态和FA状态的响应通过扰动因子D来表达的。在其他参数相等的情况下，参数ξ的值越小，扰动因子D越大，更多的土体微元从RI状态转变成FA状态，τ-s曲线越先从RI状态双曲线中分离，分叉后桩—土界面宏观强度越小。随着荷载增大，土体的扰动越大，扰动因子D增大，越来越多的土体单元从RI状态转变成FA状态，τ-s曲线逐渐接近渐近线$\tau=\tau_c$，直到无限趋近于直线$\tau=\tau_c$，即土体单元都转化为FA状态。

如图4-25所示为参数η对τ-s曲线的影响，假定参数a、b、ξ、τ_c不变（取$a=0.01\text{mm}\cdot\text{kPa}^{-1}$，$b=0.01\text{kPa}^{-1}$，$\xi=0.5\text{mm}$，$\tau_c=20\text{kPa}$），改变参数$\eta$的值（分别取0.01、0.1、0.3、0.5）对$\tau$-$s$曲线形状的影响，由图可知，随着参数$\eta$的改变，$\tau$-$s$曲线的形状有显著的变化。当参数$\eta$取值小于0.1时，$\tau$-$s$曲线表现出加工硬化；当参数$\eta$取值介于0.1到0.3某个值时，$\tau$-$s$曲线在塑性阶段表现出理想塑性；当参数$\eta$取值为大于0.3时，$\tau$-$s$曲线表现出加工软化。在Weibull分布函数中参数η为形状参数，图4-25中随着参数η的增加，τ-s曲线由硬化逐步软化，峰值点的强度越来越低。可知，参数η在描述桩—土界面荷载传递特征时既能反映硬化又能反映软化特征，这对不同土层性质以及不同桩—土荷载传递特征的多样性描述具有较好的适用性。

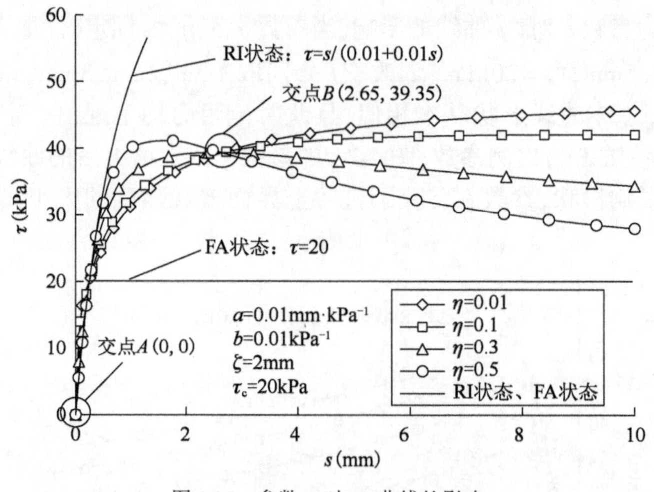

图4-25　参数η对τ-s曲线的影响

值得注意的是，4条τ-s曲线会相交于2个点，通过计算得到交点的坐标为$A(0,0)$，$B(2.65,39.35)$，原因是基于DSC的荷载传递函数有幂函数的性质，当参数$\eta>0$时，图像都通过固定的两个点，例如图中的交点A和B点。归根到底是由于荷载传递函数表达式中$s=a\tau/(1-b\tau)+\xi$时，幂函数的底数等于1，此时指数η的改变对交点没有影响，因此τ-s曲线会相交于两个点。

图4-26所示为τ_c对τ-s曲线的影响，参数a、b、ξ、η不变时（如取$a=0.01\text{mm}\cdot\text{kPa}^{-1}$，$b=0.01\text{kPa}^{-1}$，$\eta=0.5$，$\xi=0.5\text{mm}$），$\tau_c$变化（分别取10kPa、20kPa、30kPa、40kPa）对桩—土界面的

τ-s 曲线的形态没有影响。在初始阶段所有曲线都重合,参数τ_c 对初始阶段的 RI 状态基本没有影响,τ_c 的改变对侧摩阻力的极值产生了影响,τ_c 的值越大,侧摩阻力的极值也越大,且各条τ-s 曲线软化段基本相互平行。

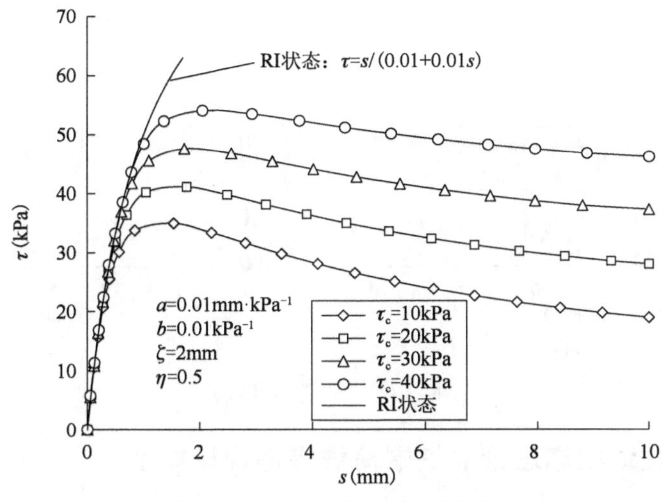

图 4-26 参数τ_c 对τ-s 曲线的影响

4)模型验证

为验证上述模型的正确性,现以文献(刘福天 等,2010)常州高架道路一期工程中的 2 号大直径灌注试桩作为验证对象。该试验地点位于江苏省常州市,2 号试桩的直径为 1.2m,桩长为 44m,长径比为 36.7。该处地基土的构成,除表层填土外,其余均为第四系河湖相沉积物,主要由黏土、亚黏土、亚砂土、粉砂及细砂等组成。选取 2 号试桩桩长在 21m 处的荷载传递实测值与本模型进行对比分析,该处土体为亚黏土亚砂土互层。按本书模型拟合计算的基本参数见表 4-3。图 4-27a)所示为 2 号试桩桩长在 21m 处土层的τ-s 实测值与理论结果的对比曲线,可见,实测值与理论结果二者吻合较好,模型曲线能反映桩—土荷载传递曲线的全过程,并且曲线表现出了土体的硬化过程。

桩侧荷载传递函数参数 表 4-3

土层	a(mm·kPa^{-1})	b(kPa^{-1})	ξ(mm)	η	τ_f(kPa)
亚黏土亚砂土互层	8.38×10^{-3}	2.67×10^{-2}	2.34	0.51	36.02
填土层	4.40×10^{-2}	4.25×10^{-2}	2.00	0.70	8.81

为了说明本书提出的侧阻荷载传递函数具有广泛的适用性,不仅可以表现出土体的硬化性质,还可以表现出软化特性。选取文献(赵春风 等,2009)大直径深长钻孔灌注试桩进行分析,试桩的直径为 1.2m,桩长为 48.2m,长径比为 40.2,选取试桩桩长在 1.5m 处填土的荷载传递实测值与本模型进行对比分析,通过 MATLAB 软件对实测值进行拟合,得到了本书荷载传递模型的基本参数,其值见表 2-1,τ-s 实测值与理论结果的对比曲线如图 4-27b)所示。由图可知,模型曲线能反映桩土荷载传递曲线的全过程,尤其是软化过程,并且与实测结果吻合良好。可见,采用本书提出的荷载传递函数可以较好地描述桩侧荷载传递函数的软化以及硬化特性。

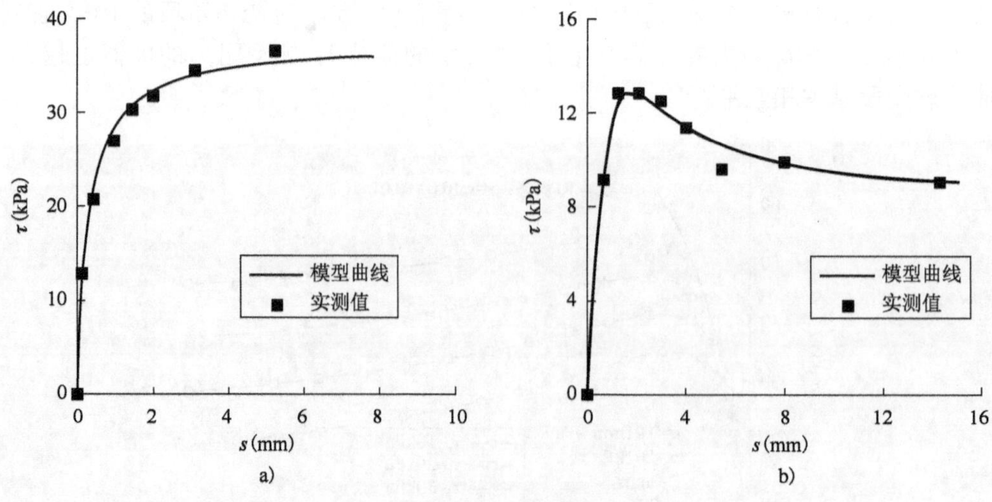

图 4-27 桩侧τ-s 曲线

4.2.2 基于扰动状态理论的桩端荷载传递理论模型

1)基于扰动状态理论的桩端荷载传递模型

基于 DSC 构建了桩侧荷载传递函数,下面采用类似方法构建桩端端阻力的荷载传递函数。由于桩端阻力和变截面处的变阶阻力都是压应力,所以该桩桩端的端阻力和变截面处的变阶阻力都采用该类型的荷载传递函数。本文以端阻力进行推导,但也适用于变截面处的变阶阻力。基于 DSC 的桩端荷载传递函数模型中 RI 状态采用抛物线模型,FA 状态采用传统的莫尔—库仑强度理论,提出一种新的桩端的荷载传递函数模型。

RI 状态模型选取非线性模型,根据舒翔 等(2001)提出的模型:

$$\sigma_i = \sigma_u \sqrt{\frac{s}{s_{cs}}} \tag{4-54}$$

式中:σ_u——桩端极限阻力(kPa);

s_{cs}——桩端临界位移(mm)。

FA 状态采用传统的莫尔—库仑强度理论,见式(4-49)。同理可以得到桩端处的荷载传递函数表达式:

$$\sigma = \sigma_u \sqrt{\frac{s}{s_{cs}}} \cdot \exp\left[-\left(\frac{s_p}{\xi'}\right)^{\eta'}\right] + \sigma_c \cdot \left\{1 - \exp\left[-\left(\frac{s_p}{\xi'}\right)^{\eta'}\right]\right\} \tag{4-55}$$

展开得:

$$\sigma = \sigma_u \sqrt{\frac{s}{s_{cs}}} \cdot \exp\left[-\left(\frac{s - \frac{\sigma^2}{\sigma_u^2} s_{cs}}{\xi'}\right)^{\eta'}\right] + \sigma_c \cdot \left\{1 - \exp\left[-\left(\frac{s - \frac{\sigma^2}{\sigma_u^2} s_{cs}}{\xi'}\right)^{\eta'}\right]\right\} \tag{4-56}$$

式中:σ_u——桩端阻力(kPa);

s_{cs}——桩端处临界位移(mm)；

ξ'、η'——桩土界面材料力学性质的 Weibull 分布参数(ξ'的单位：mm)；

σ_c——桩端残余阻力(kPa)；

s——桩端处位移(mm)；

s_p——桩端土体塑性位移(mm)。

其中，σ_u、s_{cs}、σ_c 可由 σ-s 的实测曲线直接得到，参数 ξ' 和 η' 可由实测的 σ-s 间接确定。

对基于 DSC 的桩端处的荷载传递函数表达式(4-56)进行如下分析：

(1)当塑性位移 $s_p=0$ 时，即扰动因子 $D=0$，此时土体未扰动，处于弹性阶段，则该表达式为 $\sigma=\sigma_u\sqrt{s/s_{cs}}$，$\sigma$-$s$ 的图形是典型的抛物线。当塑性位移 $s_p\neq0$ 时，若扰动因子 $0<D<1$，此时土体呈现扰动状态，处于弹塑性阶段，则该表达式为式(4-56)，σ-s 的图形可以随参数改变出现多种形状，既可以表现出土体的硬化也可以表现软化；若扰动因子 $D=1$，此时土体呈现完全扰动状态，处于理想刚塑性阶段，则该表达式为 $\sigma=\sigma_u$，σ-s 的图形为一条水平直线。

(2) $\lim\limits_{s\to+\infty}\sigma(s)=\sigma_c$，因此该函数有渐近线 $\sigma=\sigma_c$，桩端处土体残余应力为 σ_c。

将式(4-56)进行如下变形：

$$y'=Ax'+B \tag{4-57}$$

其中

$$\begin{cases} y'=\ln\left[-\ln\left(\dfrac{\sigma-\sigma_c}{\sigma_u\sqrt{\dfrac{s}{s_{cs}}}-\sigma_c}\right)\right] \\ x'=\ln\left(s-\dfrac{\sigma^2}{\sigma_u^2}s_{cs}\right) \\ A=\eta' \\ B=-\eta'\ln\xi' \end{cases} \tag{4-58}$$

将 σ_u、s_{cs} 和 σ_c 代入式(4-58)中可求出 x'、y'，则式(4-57)可变为关于 A、B 的线性方程。通过直线方程求出直线的斜率 A 和截距 B，进而求出参数 ξ' 和 η'。另一种方法是通过数学软件 MATLAB 进行曲线拟合出各个参数。

2)参数分析

桩端处桩—土的荷载传递函数 σ-s 受 5 个参数的影响：极限端阻力 σ_u，桩端处临界位移 s_{cs}，桩端残余阻力 σ_c，反映桩—土界面材料力学性质的 Weibull 分布参数 ξ'、η'。为分析该模型中各个参数对模型曲线的影响，采用 MATLAB 软件编写相应的计算程序进行分析。

图 4-33 所示为参数 σ_u 对 σ-s 曲线的影响，假定参数 s_{cs}、ξ'、η'、σ_c 不变(取 $s_{cs}=3$mm，$\xi=3$mm，$\eta'=0.5$，$\sigma_c=1000$kPa)，σ_u 改变(分别取 800kPa、1000kPa、1200kPa、1400kPa)对桩端 σ-s 曲线的形状有较大的影响。由图 4-28 可知，参数 σ_u 决定应变软化时的极大值，即极限摩阻力。随着参数 σ_u 的增大，极限摩阻力随之增加。

图4-29所示为参数 s_{cs} 对 σ-s 曲线的影响，假定参数 σ_u、ξ'、η'、σ_c 不变（取 $\sigma_u=1200\text{kPa}$，$\xi'=3\text{mm}$，$\eta'=0.5$，$\sigma_c=1000\text{kPa}$），分析 s_{cs} 改变（分别取3mm、5mm、7mm、9mm）对界面的 σ-s 曲线形状的影响。由图4-29可知，参数 s_{cs} 决定应变软化函数的驻点（临界点），即出现软化时的极限位移，且在其他参数不变的情况下，s_{cs} 越小，其软化现象越明显。

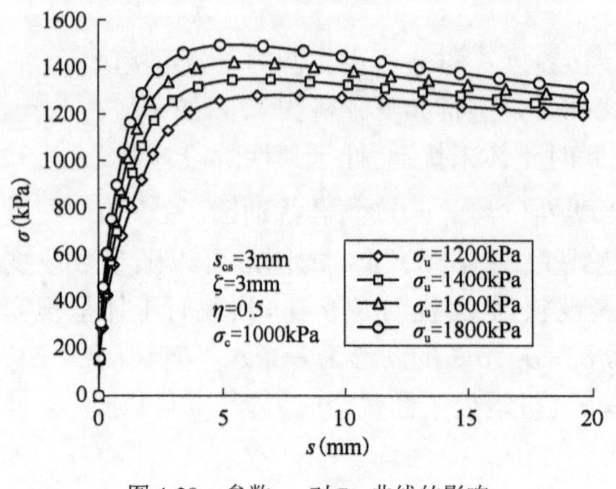

图4-28　参数 σ_u 对 τ-s 曲线的影响

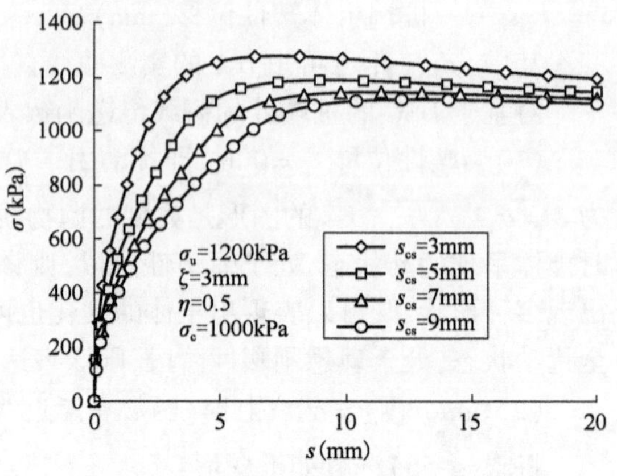

图4-29　参数 S_{cs} 对 σ-s 曲线的影响

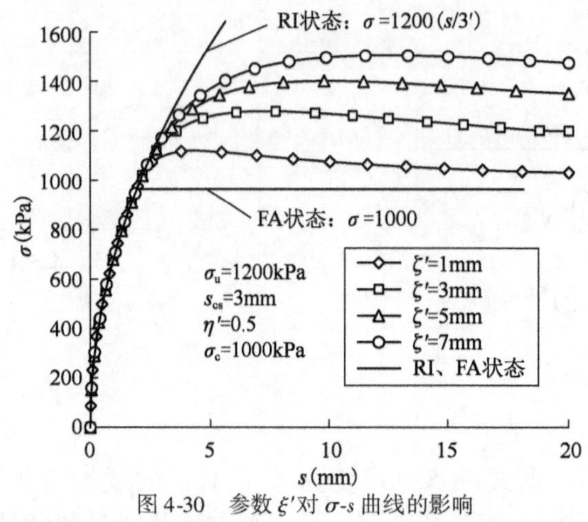

图4-30　参数 ξ' 对 σ-s 曲线的影响

图4-30所示为 ξ' 对 σ-s 曲线的影响，当参数 σ_u、s_{cs}、η'、σ_c 固定时（取 $\sigma_u=1200\text{kPa}$，$s_{cs}=3\text{mm}$，$\eta=0.5$，$\sigma_c=1000\text{kPa}$），ξ' 改变（分别取为1、3、5、7）对界面的 σ-s 曲线形状影响非常小，总体曲线形状基本相似，且此时变阶阻力均呈现出一定的软化的特征。图4-30中参数 ξ' 依次增加2mm后的所得到的曲线，表明了该参数 ξ' 影响大小而不影响形状，参数 ξ' 反映了桩土界面宏观强度的大小，参数 ξ' 越大，则强度越高。

在图4-30中表示出RI和FA状态的曲线。由图可知 σ-s 曲线在初始阶段都重合，此时土体单元总体处于RI状态。随着荷载的增大，部分土体单元从RI状态转变成FA状态，σ-s 曲线出现从RI状态抛物线中分叉的情况，并且参数 ξ' 的取值越小，σ-s 曲线越先出现分叉，曲线分叉后其范围都在RI和FA状态曲线所包围的区域里。随着土体的扰动增加，扰动因子 D 增大，越来越多的土体单元从RI状态转变成FA状态，最终 σ-s 曲线会趋近于渐近线 $\sigma=\sigma_c$。

图4-31所示为参数 η' 对 σ-s 曲线的影响，假定参数 σ_u、s_{cs}、ξ'、σ_c 不变（取 $\sigma_u=1200\text{kPa}$，$s_{cs}=3\text{mm}$，$\xi'=3\text{mm}$，$\sigma_c=1000\text{kPa}$），分析参数 η' 的改变（分别取0.1、0.3、0.5、0.7）对桩端土体的 σ-s 曲线形状的影响，由图可知，随着参数 η' 的改变，σ-s 曲线的形状有显著的变化，随着参数 η' 的减小，曲线由软化逐渐变化到硬化，相应的曲线峰值点越来越低。参数 η' 在描述桩—土界面荷载传递特征时既能反映硬化又能反映软化特征，对于不同性质土体都表现出较好的适用性，能够对性质变化大的各种土体进行模拟，适用性广泛。

图 4-31 中 4 条 σ-s 曲线会相交于 A 和 B 两个点，计算得到交点的坐标为 $A(0,0)$，$B(6.40,1276.69)$，原因是基于 DSC 的荷载传递函数有幂函数的性质，当参数 $\eta'>0$ 时，图像都通过固定的两个点。交点 B 点的产生是当 $s=\xi'+s_{cs}\sigma^2/\sigma_u^2$ 时，即幂函数的底数等于 1，此时指数 η' 的改变对交点没有影响，故 4 条 σ-s 曲线都会相交于 B 点。

图 4-32 所示为 σ_c 对 σ-s 曲线的影响，参数 σ_u、s_{cs}、ξ'、η' 不变时（如取 $\sigma_u=1200\text{kPa}$，$s_{cs}=3\text{mm}$，$\xi'=3\text{mm}$，$\eta'=0.5$），σ_c 变化（分别取 600kPa、800kPa、1000kPa、1200kPa）对桩—土界面的 σ-s 曲线的形态没有影响。在初始阶段所有曲线都重合，参数 σ_c 对初始阶段的 RI 状态基本没有影响，参数 σ_c 决定曲线的极大值，即极限摩阻力。σ_c 越大，端阻力的极值也越大，且各条 σ-s 曲线软化段基本相互平行。

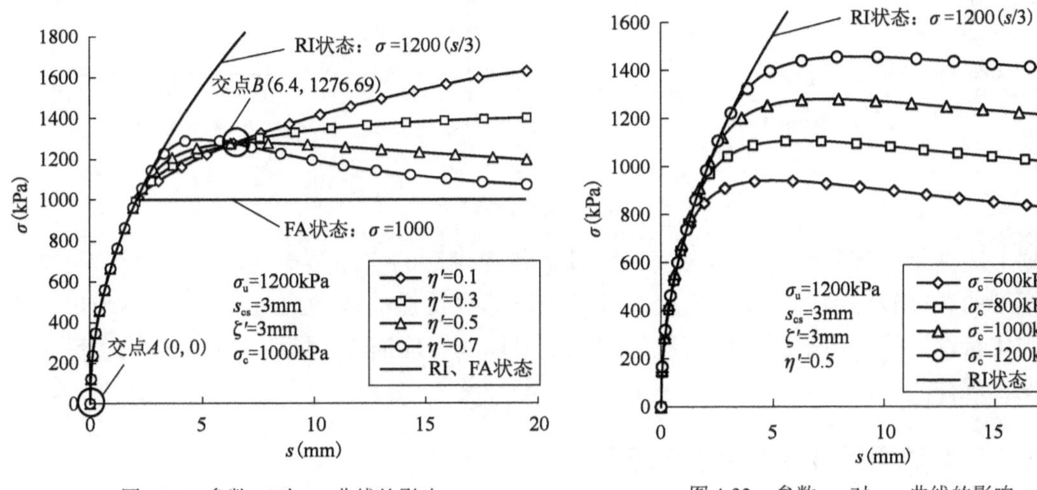

图 4-31　参数 η' 对 σ-s 曲线的影响　　　图 4-32　参数 σ_c 对 σ-s 曲线的影响

3）模型验证

现以文献（任春山，2016）中某特大桥钻孔灌注桩作为验证对象，验证上述模型的正确性。试验地点位于天津市，桩长为 52.9m，桩直径为 1.0m，桩长径比为 52.9。桩端处土体为粉土，选择该文献中的实测桩端阻力随桩端位移的变化曲线与本书计算得到的模型进行对比。按本书模型计算的基本参数见表 4-4。试桩桩端处的 σ-s 实测值与理论结果的对比曲线如图 4-33a）所示。

桩端（变阶处）荷载传递函数参数　　表 4-4

土　层	σ_u（kPa）	s_{cs}（mm）	ξ'（mm）	η'	σ_c（kPa）
黏土	985.35	2.86	3.26	0.61	810.50
粉土	283.32	1.91	2.95	0.30	201.23

为进一步表明本书提出的模型适用性强，不仅适用于等截面桩的桩端荷载传递函数，还适用于变截面桩的变截面处变阶阻荷载传递函数，选取文献（王俊炜，2014）模型试验中 3 号变截面桩作为计算对象，3 号变截面桩桩长 1.4m，桩身的上部桩长为 0.7cm、外径为 14cm，桩身的下部桩长为 0.7cm、外径 8cm。变截面处土体为黏性土，通过模型试验得到 3 号变截面桩变阶阻力与位移的实测值，模型拟合得到的结果如图 4-33b）所示，模型计算的基本参数见表 2-2。

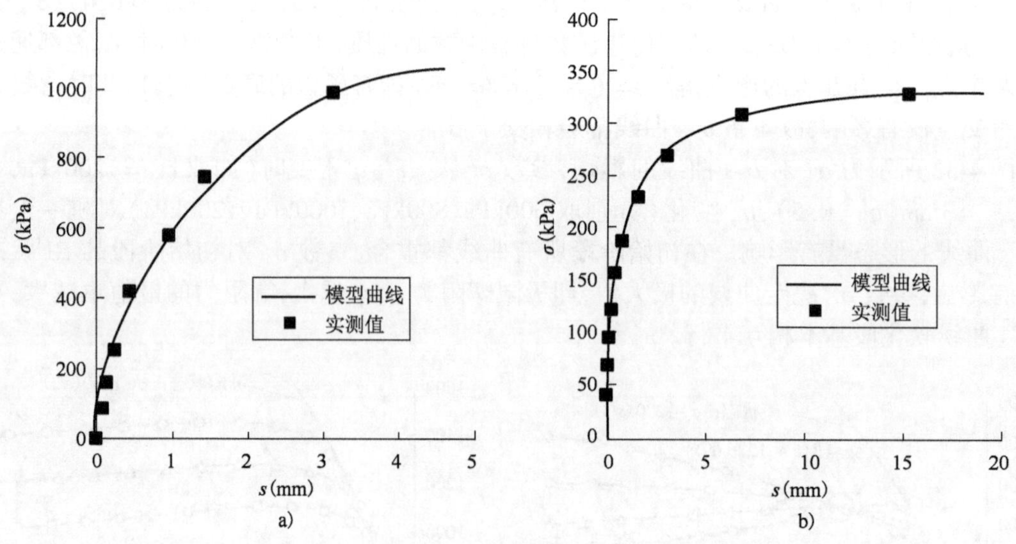

图 4-33　桩端 σ-s 曲线

根据上述两个工程案例的桩端(变阶处)荷载传递函数的实测结果与本模型曲线对比,可知本书模型曲线能较好地反映变截面处和桩端土体荷载传递曲线的全过程,可以体现出传递函数的硬化特性。采用本书提出的荷载传递函数可以较好地描述变阶阻力和桩端阻力随桩端位移的变化规律。

4.2.3　变截面桩变阶作用的算例验证

1)附加应力系数的验证

验证理论推导出的计算公式(4-30),最好的方法就是数值积分,将数值积分结果和解析计算结果进行对比就可以验证上述解析解的正确性。本书数值积分采用大型数学软件 MATLAB 进行计算,对于变截面处端阻力未做简化时,大直径变截面桩变截面处在均布弓形面积荷载 σ'_0 的作用下,变截面下部 M 点的 X 方向的附加应力可以表示为:

$$\sigma_{xM} = \iint_A \mathrm{d}\sigma_{xM} = 2\int_0^{y}\int_0^{a_0}\sigma_x \mathrm{d}x\mathrm{d}y = \alpha_{xM}\sigma'_0 \tag{4-59}$$

其中,$y=\sqrt{r_2^2-(x+r_1)^2}$。

对于变截面处端阻力简化后,变截面处在均布矩形面积荷载 σ'_0 的作用下,变截面下部 M 点的 X 方向的附加应力可以表示为:

$$\sigma_{xM} = \iint_A \mathrm{d}\sigma_{xM} = 2\int_0^{b_0}\int_0^{a_0}\sigma_x \mathrm{d}x\mathrm{d}y = \alpha_{xM}\sigma'_0 \tag{4-60}$$

如图 4-34 所示,取深圳大桥 ϕ15m 超大直径阶梯形变截面空心桩的第一个变截面处进行分析,变截面处埋深 $h=4\text{m}$,大圆半径 $r_2=7.5\text{m}$,小圆半径 $r_1=7\text{m}$,地层的泊松比取值为 $\mu=$

0.35。采用数值积分方法和解析方法分别计算变截面桩变截面下部不同深度处的应力系数 α_{xM}，计算结果见表4-5。

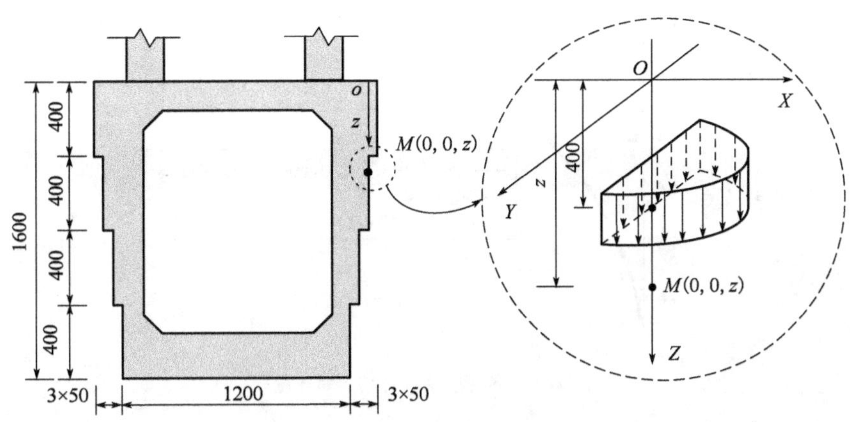

图4-34 超大直径变截面空心桩计算示意图(尺寸单位:cm)

数值解与解析解对比

表4-5

深度 z(m)	方 法	附加应力系数 α_{xM}
4.01	解析解	0.1328
	简化后数值解	0.1353
	未简化数值解	0.1351
	文献(Samieh A M, et al, 2011)解	0.1328
	文献(Pal S, et al, 2015)解	0.1355
4.20	解析解	0.0624
	简化后数值解	0.0626
	未简化数值解	0.0617
	文献(Samieh A M, et al, 2011)解	0.0624
	文献(Pal S, et al, 2015)解	0.0651

计算结果表明,简化后数值解与未简化数值解得到的结果差距很小,在深度 $z=4.2$m 处绝对误差仅为1.46%,因此将弓形荷载简化成矩形荷载是可行的。本书解析解与文献(Samieh A M, et al, 2011)解析解得到的计算结果相同,它们和数值解得到的结果基本一致,说明本书推导出的公式正确。但是与文献(Pal S et al, 2015)中的公式计算结果对比,可以发现结果存在一些差距,原因是文献(Pal S et al, 2015)求该文中公式积分得到的表达式与本书以及文献(Samieh A M et al, 2011)存在差异,由于该项得到的积分结果仅仅是最终结果的一部分,因此对结果产生了一些影响。通过仔细分析,可以得出文献(Pal S et al, 2015)中的求解公式存在一些错误。通过计算得到该桩的第一个变截面处以下范围的附加应力系数随深度的变化曲线如图4-35所示。由图可知本书的解析解、简化后数值解和未简化数值解以及文献(Samieh A M, et al 2011)解得到的曲线几乎一致,可知本书解析解正确。另外,可以得到改变截面桩第一次变截面处变阶阻力对侧阻力的增强范围为4.0~4.64m,占该桩段长度的16.0%。

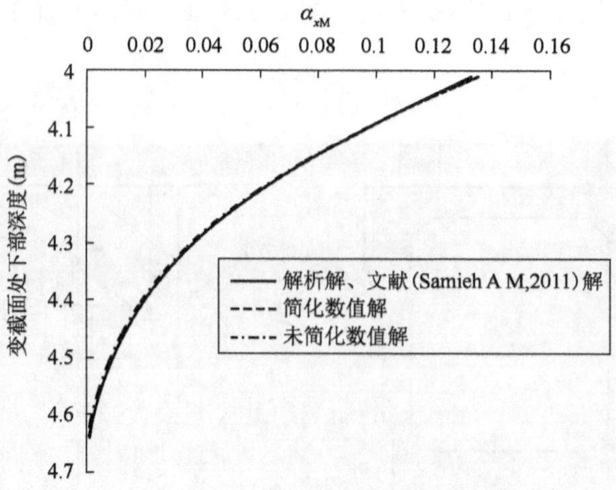

图 4-35 各种解法计算结果对比图

2)侧阻力增大系数的验证

以文献(王俊炜,2014)模型试验中3号变截面桩作为计算对象,3号变截面桩桩长1.4m,变阶比为0.5,桩身的上部外径为14cm、内径为7cm,桩身的下部外径为8cm、内径为4cm。桩周围土体为黏性土,内摩擦角为19.8°。通过模型试验得到3号变截面桩桩侧摩阻力与位移的实测值,变截面处变阶阻力与位移的实测值等。取该桩在变截面处变阶阻力和位移,以及变截面下部即0.72m处的侧阻力和位移的实测值,选取本书提出的基于DSC的桩侧和变截面处荷载传递函数模型拟合实测值,通过计算后得到如图4-36所示的曲线图。由图可知,计算值和实测值拟合较好。

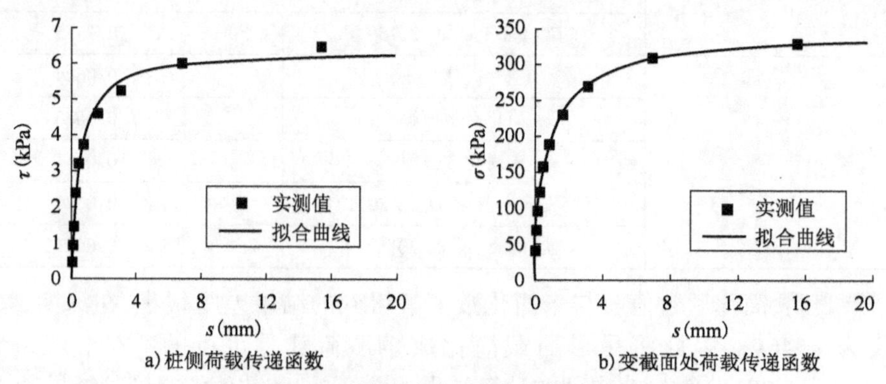

图 4-36 桩侧和变截面处荷载传递函数

通过拟合后桩侧和变截面的荷载传递函数的表达式分别为:

$$\tau_1=\frac{s}{0.077+0.157s}\cdot\exp\left[-0.908\left(\frac{s-\frac{0.077\,\tau_1}{1-0.157\,\tau_1}}{2.312}\right)\right]+$$
$$7.201\cdot\left\{1-\exp\left[-0.908\left(\frac{s-\frac{0.077\,\tau_1}{1-0.157\,\tau_1}}{2.312}\right)\right]\right\} \tag{4-61}$$

$$
\sigma_0' = 283.324\sqrt{\frac{s}{1.911}} \cdot \exp\left[-0.302\left(\frac{s-\frac{1.911\sigma_0'^2}{283.324^2}}{2.951}\right)\right] + 201.230 \cdot \left\{1-\exp\left[-0.302\left(\frac{s-\frac{1.911\sigma_0'^2}{283.324^2}}{2.951}\right)\right]\right\} \tag{4-62}
$$

由公式(4-30)可以求得3号变截面桩桩身在0.72m处的附加应力系数。

在0.72m处：$\alpha_{xM2}=0.0301$。

将式(4-61)和式(4-62)代入式(4-35)可得到侧阻力增大系数，其中内摩擦角取值为19.8。

$$
\alpha_2 = 1 + \frac{0.0108\sigma_0'}{\tau_1} \tag{4-63}
$$

通过计算可以求出3号变截面桩桩身在0.72m处的侧阻力增大系数，并和实测值进行比较，如图4-37所示。将单桩变截面处下部未受到变阶阻影响的侧阻力乘以该侧阻力增大系数，得到0.72m处考虑侧阻力增大效应的计算侧阻力，并与实测值进行比较，如图4-38所示。由图可知，计算值和实测值比较接近，表明采用该方法计算变截面桩在变截面处的侧阻力的增强效应具有一定适用性和可行性。

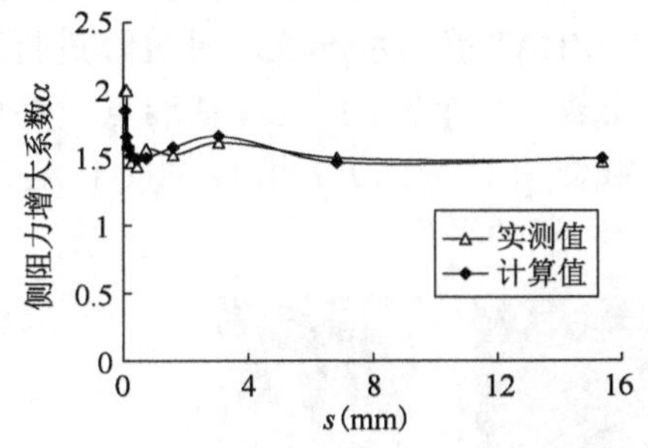

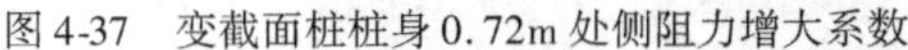

图4-37　变截面桩桩身0.72m处侧阻力增大系数

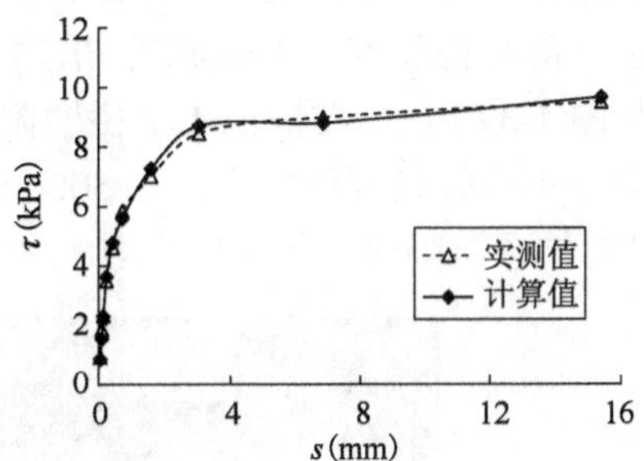

图4-38　变截面桩桩身0.72m处荷载传递函数

通过以上对变截面桩变阶阻力对侧阻力的定量分析可知，变截面处变阶阻力对侧阻力的增强效应确实存在。关于变截面处侧阻力在变截面附近得到强化这一现象，可从变截面处土体受力与变形机理进行分析。在桩顶荷载作用下，变截面桩桩身向下运动使变截面处土层产生压缩，变截面处变阶阻力得以产生和发挥，随着桩顶荷载的增大，变截面处下面土体受压向下运动，产生附加应力并挤密土体。对于变截面处变阶阻力对桩侧所产生的径向附加压力，本书已经利用弹性理论中的Mindlin解进行了定量的求解，随着变截面处桩侧土体的附加应力增大，由Mohr-Coulomb抗剪强度理论得知，法向应力的加大将导致桩—土间侧摩阻力的加大。因此变截面桩在受荷过程中，变截面处变阶阻力对侧阻力的作用会一直持续下去，桩侧阻力不断得到强化。

4.2.4　基于扰动状态理论的时效荷载传递理论模型

大量的工程资料表明桩基的承载性状具有显著的时效性（黄宏伟，2000；张继红 等，2002；

王成平,2003;Standing et al,2006)。引起桩基承载性能时效性的因素较为复杂,针对桩—土时效扰动的荷载传递机理,学者们采用不同方法来反映桩—土体系的作用机制,黄雨 等(2006)将时间效应系数加入传统的荷载传递函数中,以分别描述桩侧摩阻力和桩端阻力随时间的变化;陈仁朋 等(2007)考虑了桩—土界面初始抗剪刚度随时间增长特性,改进了传统的桩土界面荷载传递双曲线模型;Wu 等(2012)利用广义 Voigt 模型来考虑桩侧土体的线弹性性质和黏性特性,研究了成层地基中静荷载作用下单桩沉降的时间效应。事实上采用简单的传递函数法作为理论推导往往无法真实反映桩—土体系的作用机制,对桩—土界面及区域内土体从细观角度进行分析可知,仅一部分受力体处于 DSC 中破坏后的 FA 状态,而另一部分仍处于错动前的 RI 状态,且两部分体积随时间的变化而不断调整来满足变形协调与共同承载,特别是针对本书研究的超大直径阶梯形变截面空心桩桩变截面处桩—土界面荷载传递过程,其时效扰动现象最为显著。

本小节把桩—土作用界面考虑成一定厚度的接触单元,并将桩基时效沉降考虑成接触单元剪切蠕变及土体自身蠕变共同引起的。提出一个基于扰动状态理论的时效荷载传递模型来描述超大直径阶梯形变截面空心桩的桩—土作用界面的蠕变特性。

1)超大直径阶梯形变截面空心桩的时效承载特性

为研究超大直径阶梯形变截面空心桩的时效承载特性,对图 4-1 所示的桩—土模型进行蠕变计算。在施加荷载阶段开启蠕变计算,将土层模型由 Mohr-Coulomb 模型改为 Burgers 模型。Burgers 模型的土体参数通过反分析法(邓东平 等,2012)对现场沉降监测数据进行反演取得。

桩顶上部结构顶推施工完成后,采用 JMDL-6210A/HAT 静力水准仪对桩沉降进行了现场监测。如图 4-39 所示,在桩顶 4 个桥墩附近的桩面安装了 4 个监测设备,基准点设在已成功投入使用一年多的左幅桥墩上。在 50000kN 竖向荷载作用下,从 2017 年 12 月 1 日至 2018 年 4 月 1 日对桩顶沉降进行了 120d 监测,桩沉降为 4 个测点的平均值。

图 4-39　ϕ15m 超大直径阶梯形变截面空心桩沉降监测

出于安全考虑,沉降监测工作于桩顶荷载施加后 24h 进行。因此,在数值模拟中,需在蠕变的开始阶段假定一个合理的沉降值。现场沉降监测曲线与数值模拟曲线对比如图 4-40 所示,土层 burgers 模型参数见表 4-6。

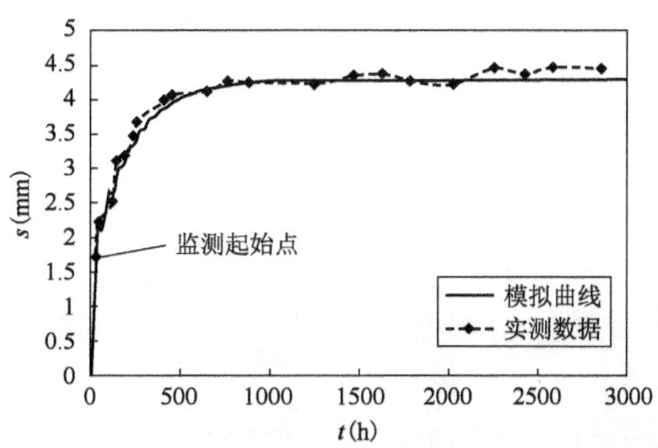

图 4-40　ϕ15m 超大直径阶梯形变截面空心桩 s-t 曲线

burgers 模型参数　　表 4-6

土　层	E_M(MPa)	E_K(MPa)	η_M(MPa·s)	η_K(MPa·s)
黏土	663.35	2536.70	∞	5.38×10^5

超大直径阶梯形变截面空心桩的轴力和侧摩阻力随时间推移逐渐发生变化，如图 4-41 所示。由图可见，荷载通过桩体向下传递的过程是一个时变过程，桩周土体随着时间的推移逐渐变形，桩土间传递的荷载也随之进行动态调整。可以见得，超大直径阶梯形变截面空心桩的桩—土接触面存在一个时效扰动效应。下文我们将尝试引入扰动状态概念对这一现象进行解释。

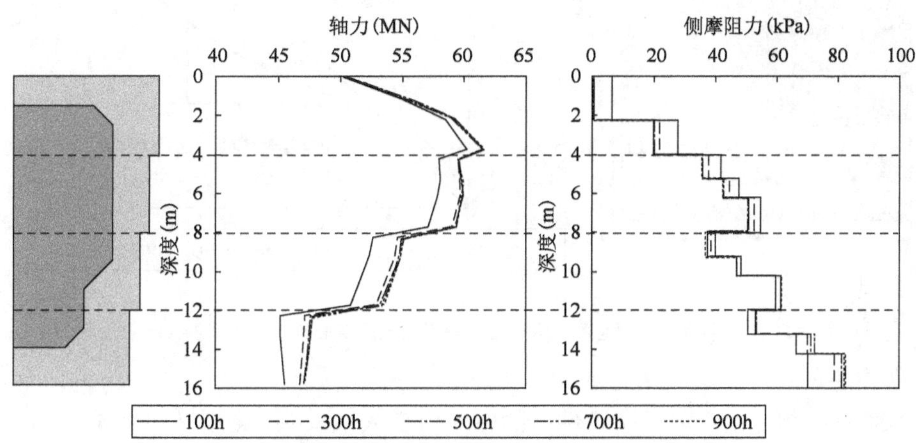

图 4-41　超大直径阶梯形变截面空心桩桩—土接触面扰动行为

随着时间的推移，桩的沉降主要由桩—土相互作用和桩侧土的剪切蠕变引起(Edil et al，1988)。根据 DSC 理论，桩土相互作用和桩侧土的剪切蠕变过程可以看作是一个时变扰动过程。对于由不同材料制成的两个物体接触，如桩和土壤，二者之间存在一个有限的"弥散"区域，其行为可被视为一个厚度较小的界面区域(Desai，2001)。如图 4-42 所示，将桩—土界面和桩侧土的剪切蠕变行为假定为一个界面区，该界面区由两种状态的单元组成，即相对完整状态(RI)和完全调整状态(FA)。当超大直径阶梯形变截面空心桩桩顶承担竖向荷载时，界面区单元通过一个随时间变化的连续过渡，逐渐从初始完整状态转变为最终破坏状态，从而有效地承担荷载。在这一过程中，桩土相互作用受界面区时变扰动的影响，使得桩的应力状态发生相应变化(图4-41)。显然，桩的应力状态与界面区的时变扰动有一定的关系，但很难通过桩的应力状态来确定界面区的扰动程度。因此，必须建立一个时效荷载传递模型来量化界面区在蠕变阶段的行为。

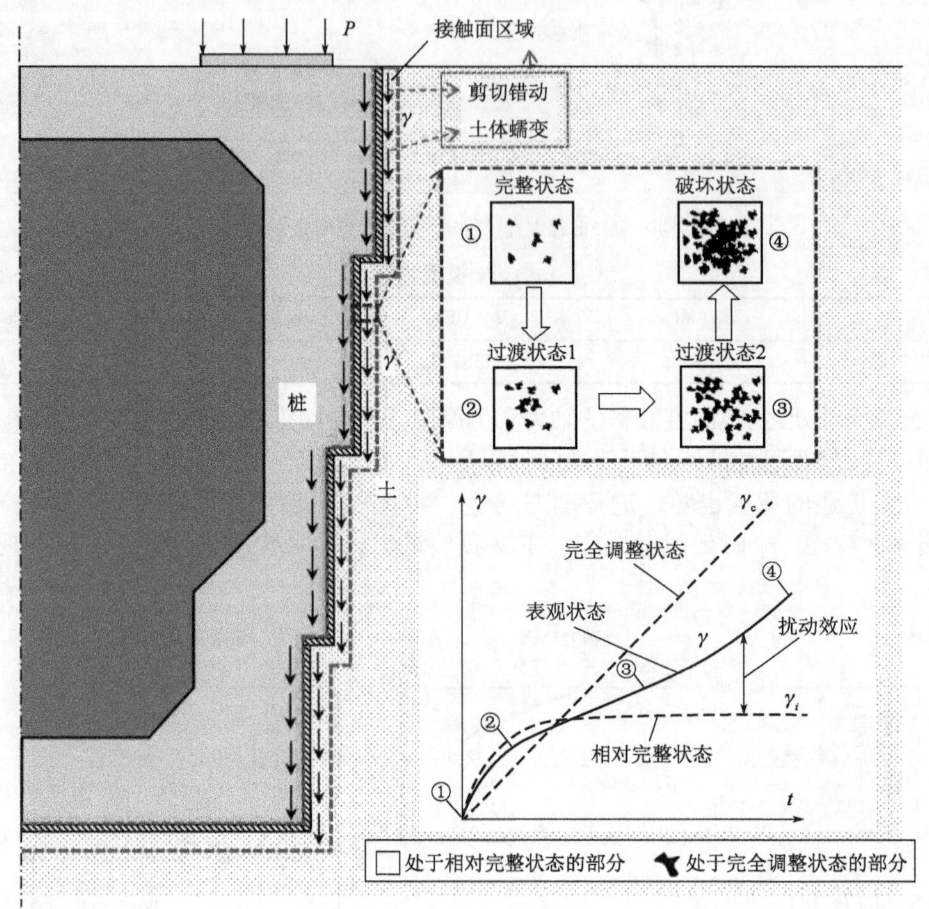

图4-42 基于扰动状态概念的超大直径阶梯形变截面空心桩桩—土接触面时效扰动

2)模型构建

基于DSC的思想，在单轴压缩条件下的轴向应变表达式为(吴刚 等,2004)：

$$\varepsilon = (1 - D_{\varepsilon})\varepsilon^{i} + D_{\varepsilon}\varepsilon^{c} \tag{4-64}$$

式中：ε^{i}——土体在RI状态下的应变值；

ε^{c}——土体在FA状态下的应变值。

在单轴压缩情况下，假设扰动因子D仅由轴向应变表达，不考虑横向应变影响，则扰动状态因子可考虑成以塑性应变累积值为自变量的函数关系式，借鉴Weibull函数的常用形式可定义为：

$$D = D(\xi^{p}) = D_{u}\left\{1 - \exp\left[\left(-\frac{\xi^{p}}{M}\right)^{N}\right]\right\} \tag{4-65}$$

式中：M、N——扰动因子的参数；

D_u——扰动极限值，$0 < D_u \leqslant 1$，通常取 $D_u = 1$；

ξ^p——塑性应变累积值。

假定同一应力水平下扰动因子仅与时间变量相关，考虑 ξ^p 与时间的相关性，则式(4-65)可表示为：

$$D = D(\xi^p) = D[f(t)] \tag{4-66}$$

对于式(4-66)的具体形式，一般可以通过土体蠕变试验得到的试验数据，采取经验法预先假定恰当的函数试算。针对不同土体的蠕变试验，式(4-66)可以采用不同的函数来体现，对于土体的蠕变过程扰动演化规律，根据经验和土体蠕变试验可将式(4-66)假定为：

$$D[f(t)] = 1 - \exp\left[-\left(\frac{t}{A}\right)^B\right] \tag{4-67}$$

式中：A、B——两待定常数(A 的单位：s)。

上式扰动因子的表达式中含有参数 A、B，为分析二者对模型曲线的影响，并为后文参数值的选取提供一定的参考，采用 MATLAB 软件编写相应的计算程序分别对参数 A、B 进行分析。

图 4-43 所示为参数 A 对扰动曲线的影响，假定参数 B 的取值不变的情况下，参数 A 的改变(取值分别为 2h、4h、8h、16h)对曲线的形状的影响较小，A 的值越大在同一时间点所得到的扰动因子 D 值越小，且在加载初期过后 D 值的变化率逐渐减小；加载初期过后 4 条曲线呈现近似平行的关系，说明 A 值的变化基本不改变曲线后期的形状。A 的值的大小控制着加载初期 D 值的增长，即可以控制初始状态的扰动程度。

同样，假定参数 A 的值不变时，参数 B 的值改变(取值分别为 0.05、0.2、0.5、0.8)，得到如图 4-44 所示的曲线，在 A 保持恒定大小时，加载初期扰动因子 D 的增长量基本相同，但较短时间后，不同的 B 值使得扰动因子 D 的增长产生了不同的变化速率，可见参数 B 的值对加载初期扰动因子 D 影响较小。从图中还可以看出，加载后期中 D 值的改变对曲线的形状产生了较大的影响。表明了 B 值的变化可以实现曲线形状的改变，其值大小控制着加载中后期 D 值的增长，即可用它来表征材料在特定环境下发生扰动的速率。

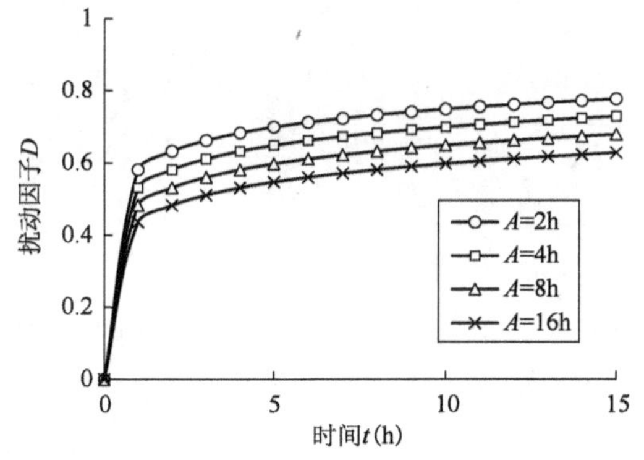

图 4-43　参数 A 对扰动因子 D 时效曲线的影响

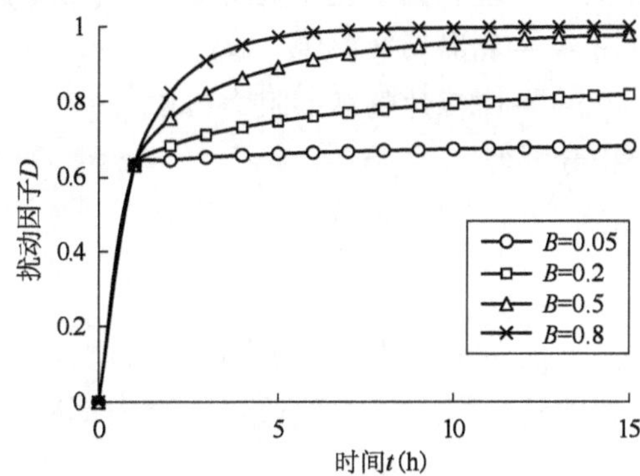

图 4-44　参数 B 对扰动因子 D 时效曲线的影响

当作用在桩顶的荷载相对较小时，由于桩—土界面单元大部分处于 RI 状态，因此桩—土相互作用引起的扰动可以用黏弹性模型来描述。随着荷载的增加，作用在桩侧的摩擦力和作用在桩端和变截面上的阻力也不断增大。同时，桩—土界面单元的状态逐渐由 RI 状态变为

FA 状态，直至所有桩土界面单元都转换为 FA 状态。FA 状态下桩—土界面单元的部分表现出黏塑性特征（须使用黏塑性模型来定义）。

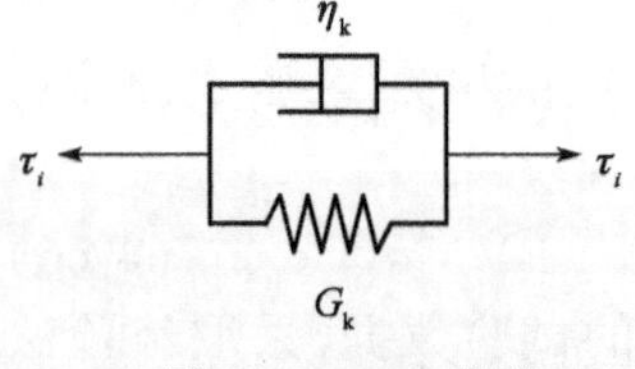

图 4-45　Kelvin 模型

桩周土体处于 RI 状态的部分，未受到诸如微裂纹产生等扰动因素的影响，反映了一种相对于受扰动而言的“完整”状态。考虑到模型的准确性和参数的简易性，RI 状态模型选取 Kelvin 模型，Kelvin 模型适用于描述土体的黏弹性特征，如图 4-45 所示。

Kelvin 模型一维状态下的微分方程可表示为：

$$\tau_i = G_k \gamma_i + \eta_k \dot{\gamma}_i \tag{4-68}$$

积分可得：

$$\gamma_i = \frac{\tau_i}{G_k}\left[1 - \exp\left(-\frac{G_k}{\eta_k}t\right)\right] \tag{4-69}$$

式中：τ_i——Kelvin 模型所受应力（MPa）；

G_k——剪切模量（MPa）；

η_k——黏滞系数（MPa · s）。

桩周土体处于 FA 状态时，由于在变形过程中处于 RI 状态的材料对处于 FA 状态的材料会产生产生包围和限制作用，应把其看成具有一定强度特征的材料，可选用临界状态或其他符合的模型来表示，本节 FA 状态选取理想黏塑性模型来描述，如图 4-46所示。

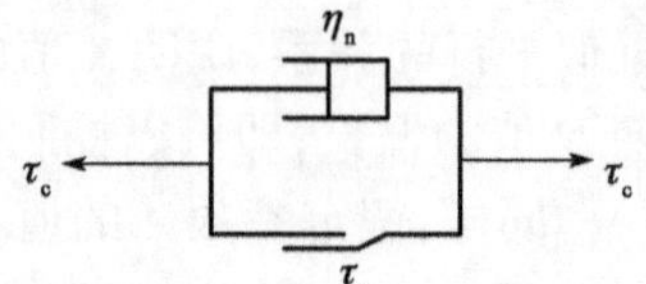

图 4-46　理想黏塑性体力学模型

理想黏塑性一维状态下的微分形式表示为：

$$\tau_c = \tau_n + \eta_n \dot{\gamma}_c \tag{4-70}$$

式中：τ_c——理想黏塑性模型所受应力（MPa）；

η_n——黏滞系数（MPa · s）；

τ_n——摩擦片的摩擦阻力（MPa）。

积分可得：

$$\gamma_c = \frac{\tau_c - \tau_n}{\eta_n}t \tag{4-71}$$

假定扰动演化过程中应力始终协调，RI 状态、FA 状态的元件满足串联关系，如图 4-47 所示。故此时平均应力、RI 态和 FA 态内部应力存在以下关系：

$$\tau = \tau_i = \tau_c \tag{4-72}$$

将式（4-67）、式（4-69）、式（4-71）和式（4-72）代入式（4-64）后得到：

$$\gamma(t) = \{1 - D[f(t)]\}\frac{\tau}{G_k}\left[1 - \exp\left(-\frac{G_k}{\eta_k}t\right)\right] + D[f(t)]\frac{(\tau - \tau_n)t}{\eta_n} \tag{4-73}$$

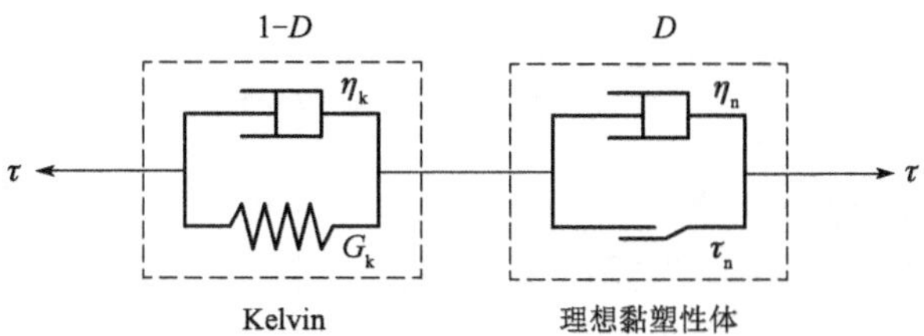

图 4-47　DSC 组合模型

将式(4-67)代入式(4-73)得到：

$$\gamma(t)=\frac{\tau}{G_k}\exp\left[-\left(\frac{t}{A}\right)^B\right]\left[1-\exp\left(-\frac{G_k}{\eta_k}t\right)\right]+\frac{(\tau-\tau_n)t}{\eta_n}\left\{1-\exp\left[-\left(\frac{t}{A}\right)^B\right]\right\} \tag{4-74}$$

式中：$\gamma(t)$——t 时刻的总应变；

G_k——土体剪切模量(MPa)；

η_k、η_n——黏滞系数(MPa·s)；

τ——初始剪切应力(MPa)；

τ_n——摩擦片的摩擦阻力(MPa)；

A、B——扰动因子的参数(A 的单位为：s)。

3)参数分析

(1)子模型的影响

分别考察 DSC 的时效荷载传递模型与其子模型(Kelvin 模型、理想黏塑性模型)的关系。分别将土体模型定义为时效荷载传递模型与其子模型(Kelvin 模型、理想黏塑性模型)，以此描述某级荷载作用下界面区内某一单元剪应变随时间的关系。计算参数统一选取为：桩周土体的剪切模量 $G_k=4$MPa，黏滞阻尼系数 $\eta_k=\eta_n=7\times10^3$MPa·s，为了计算方便，模型中两个黏滞阻尼系数取值相同，初始剪切应力数值为$\tau=50$kPa，摩擦片的摩擦阻力$\tau_n=40$kPa，扰动因子的参数 $A=5\times10^4$s，$B=0.8$(扰动参数 A 取值较大的原因是时间 t 取值范围较大)。根据式(4-74)得到剪应变与时间的关系，如图 4-48 所示。由图可见，在剪切应力为$\tau_0=50$kPa 作用下，三种情况的剪应变都随着时间逐渐增大。在土体为 Kelvin 模型时，荷载施加后约前 40min 内，剪应变是一个激增的过程，此后一直到 145min 左右，剪应变的增长速度相对缓慢，大约 185min 之后，剪应变会达到稳定；在土体为理想黏塑性模型时，剪应变和时间呈现线性增长规律；在土体为时效扰动模型时，剪应变随时间的变化曲线介于前面两者曲线之间，在 0～145min，该曲线变化趋势接近黏弹性模型曲线，在此之后，该曲线的斜率逐渐增大，直到趋近黏塑性曲线的斜率。工程中习惯将时间取为对数，则相应的 s-lg$t$ 曲线，如图 4-49 所示。

值得注意的是，在图 4-48 中，3 条曲线会相交于 E 点和 F 点，联立 Kelvin 模型和理想黏塑性模型的数学方程可以解得 E 点和 F 点的坐标分别为(0,0)，(8688.93,0.0124)。交点 F 产生的原因是在相等的外荷载作用下，在某一时刻，Kelvin 模型和理想黏塑性模型产生了相等的位移 s，此时基于 DSC 的时效扰动模型的位移 $s(t)=s(1-D)+sD=s$，故 3 条曲线会在某时刻相交于点 F。为方便分析基于 DSC 的时效扰动模型的全过程，将该模型分成两个阶段，交点 F 作为分段的过渡点，EF 段称为时效扰动模型阶段 Ⅰ，剩余的为阶段 Ⅱ。

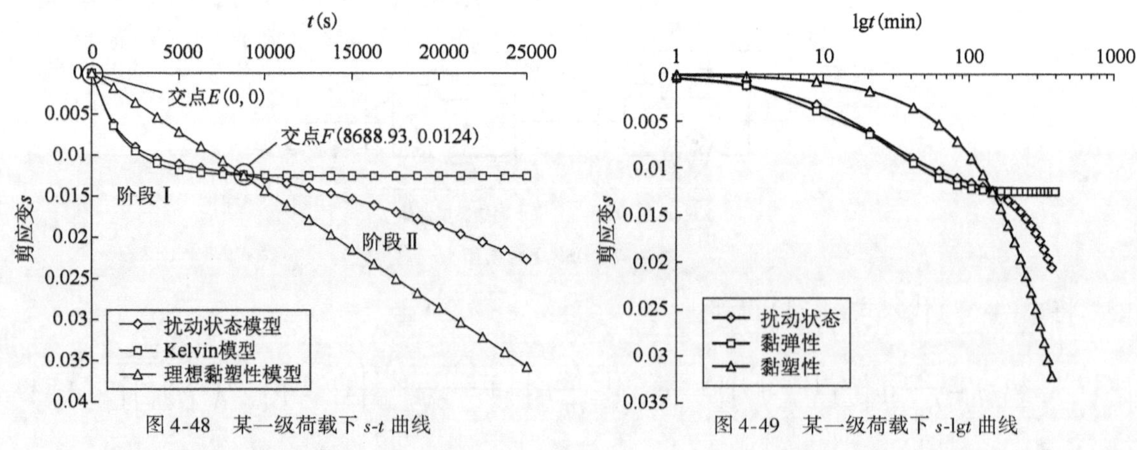

图 4-48 某一级荷载下 s-t 曲线

图 4-49 某一级荷载下 s-lgt 曲线

(2)土体剪切模量 G_k 变化的影响

分别选取不同的桩周土体剪切模量 G_k 的数值,来分析 G_k 的变化对于剪应变与时间关系的影响情况。试选取土体剪切模量 $G_k=2\text{MPa}$,$E=4\text{MPa}$,$E=8\text{MPa}$,$E=16\text{MPa}$;黏滞系数 $\eta_k=\eta_n=5\times10^3\text{MPa}\cdot\text{s}$;初始剪切应力数值为 $\tau=50\text{kPa}$;摩擦片的摩擦阻力 $\tau_n=40\text{kPa}$,扰动因子参数 $A=8\times10^4\text{s}$,$B=0.8$。计算得到如图 4-50、图 4-51 所示的曲线。由图可知,随着剪切模量 G_k 的增大,剪应变稳定值呈现减小的趋势,且剪应变随时间增大的速度逐渐变缓;同时,随着剪切模量 G_k 的增大,桩身剪应变值达到过渡点的时间随之减小。剪切模量 G_k 值的变化对于桩身剪应变的影响作用较为显著,在 $t=8000\text{s}$,剪切模量 $G_k=16\text{MPa}$ 时,桩身剪应变为 0.005mm;剪切模量 $G_k=2\text{MPa}$ 时,桩身剪应变为 0.023mm,为前者的 4.6 倍,说明剪切模量 G_k 值的变化在一定程度上反映了土体强度对于单桩剪应变性状的影响。

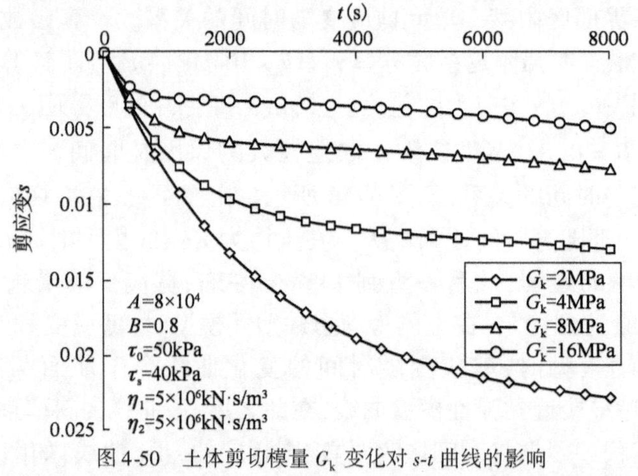

图 4-50 土体剪切模量 G_k 变化对 s-t 曲线的影响

(3)黏滞系数 η_k 变化的影响

分别选取不同的黏滞系数 η_k 的数值,来分析 η_k 的变化对于剪应变与时间关系的影响情况。试选取土体黏弹性状态时的黏滞系数 η_k 的值分别为 $2.5\times10^3\text{MPa}\cdot\text{s}$、$5\times10^3\text{MPa}\cdot\text{s}$、$10\times10^3\text{MPa}\cdot\text{s}$、$20\times10^3\text{MPa}\cdot\text{s}$,其余参数的取值及计算结果如图 4-52、图 4-53 所示。从图中可以看出,参数 η_k 的变化对于剪应变到过渡点时的时间影响较大,随着黏滞系数 η_k 的增大,剪应变达到过渡点的时间随之增大。

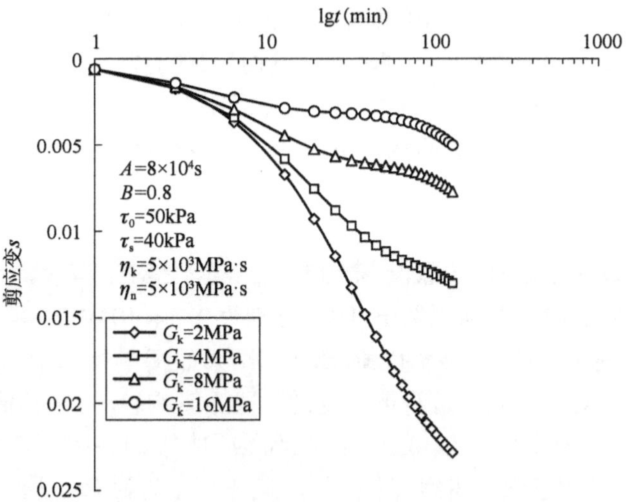

图 4-51　土体剪切模量 G_k 变化对 s-lg$t$ 曲线的影响

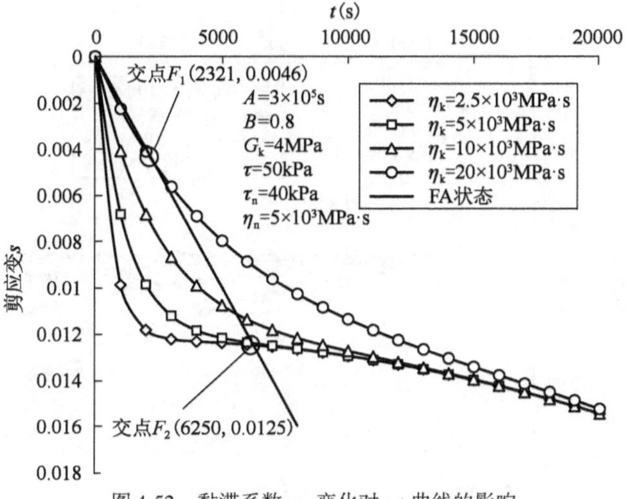

图 4-52　黏滞系数 η_k 变化对 s-t 曲线的影响

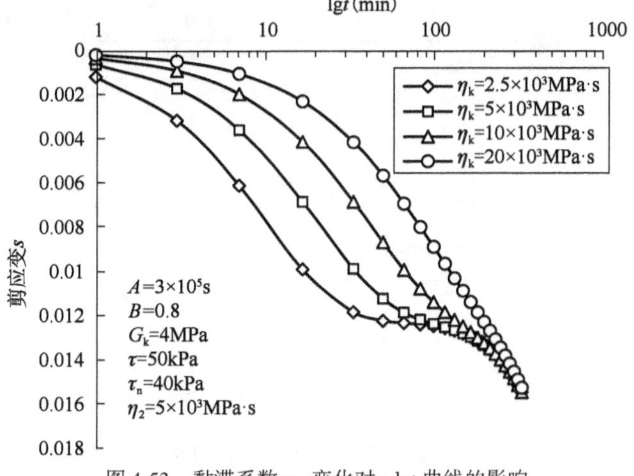

图 4-53　黏滞系数 η_k 变化对 s-lg$t$ 曲线的影响

在 η_k 值较小的情形下(如 $\eta_k = 2.5 \times 10^3 \text{MPa} \cdot \text{s}$),剪应变达到过渡点的时间大约为 38min;当 η_k 值较大时,(如 $\eta_k = 20 \times 10^3 \text{MPa} \cdot \text{s}$),剪应变到过渡点的时间大约为 1.7h,剪应变达到过渡点的时间随着黏滞阻尼系数的增大而增大。这和黏滞阻尼系数的物理意义是相符的。可知,黏滞系数 η_k 对于加载后桩身剪应变曲线的阶段Ⅱ曲线影响较小,剪应变达到过渡点时的时间是随着黏滞系数 η_k 的值的增加而增大。

(4)黏滞系数 η_n 变化的影响

分别选取不同的黏滞系数 η_n 的数值,来分析 η_n 的变化对于剪应变与时间关系的影响情况。试取土体黏塑性状态时的黏滞系数 η_n 的值分别为 $2.5 \times 10^3 \text{MPa} \cdot \text{s}$、$5 \times 10^3 \text{MPa} \cdot \text{s}$、$10 \times 10^3 \text{MPa} \cdot \text{s}$、$20 \times 10^3 \text{MPa} \cdot \text{s}$,其余参数的取值及计算结果如图 4-54、图 4-55 所示。从图中可以看出,黏滞系数 η_n 变化对于加载后桩身剪应变的阶段Ⅰ影响较小,在其他条件不变的情况下,前面一段曲线会重合,随着黏滞系数 η_n 的增大,阶段Ⅱ曲线的斜率逐渐减小,图中 $\eta_n = 20 \times 10^3 \text{MPa} \cdot \text{s}$ 时,阶段Ⅱ曲线接近水平直线,斜率趋于零,土体接近黏弹性状态。因此,黏滞系数 η_n 对阶段Ⅱ影响显著,并且随着黏滞系数 η_n 的增大,阶段Ⅱ曲线的斜率逐渐减小,直至趋近零。

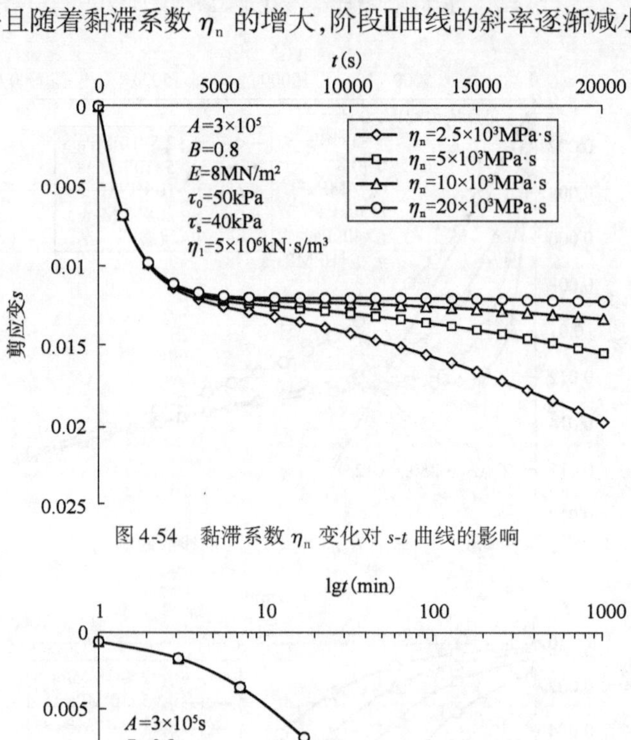

图 4-54　黏滞系数 η_n 变化对 s-t 曲线的影响

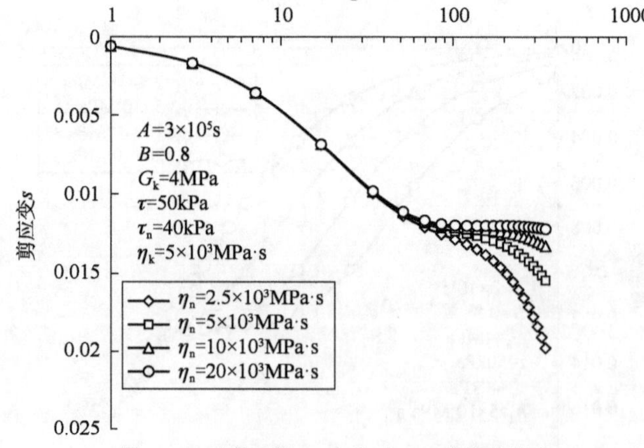

图 4-55　黏滞系数 η_n 变化对 s-lg$t$ 曲线的影响

（5）初始剪切应力τ变化的影响

保持其他基本计算参数不变，仅改变初始剪切应力τ，τ的值分别取为50kPa、70kPa、90kPa、110kPa，由此得到的不同初始剪切应力τ时的桩身剪应变s和时间t的s-t曲线和s-lg$t$曲线如图4-56、图4-57所示。从图中可以看出，初始剪切应力τ的改变对曲线整个过程都有影响，主要对桩身剪应变的影响作用较为显著，初始剪切应力τ越大，桩基剪应变越大，曲线斜率越大。

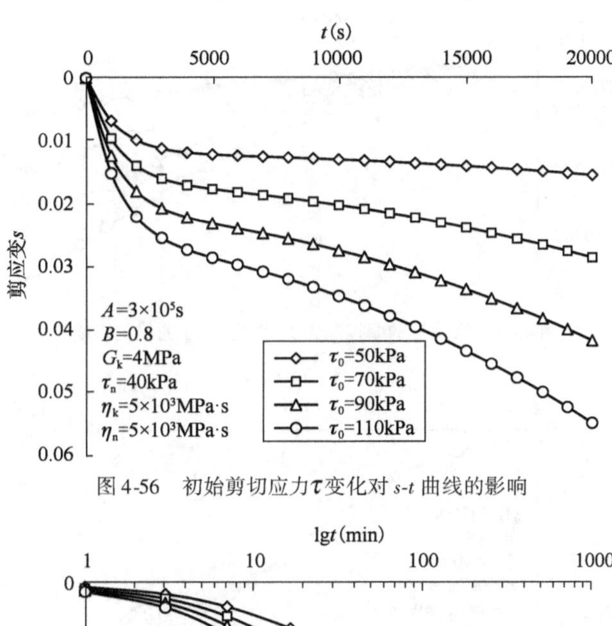

图4-56　初始剪切应力τ变化对s-t曲线的影响

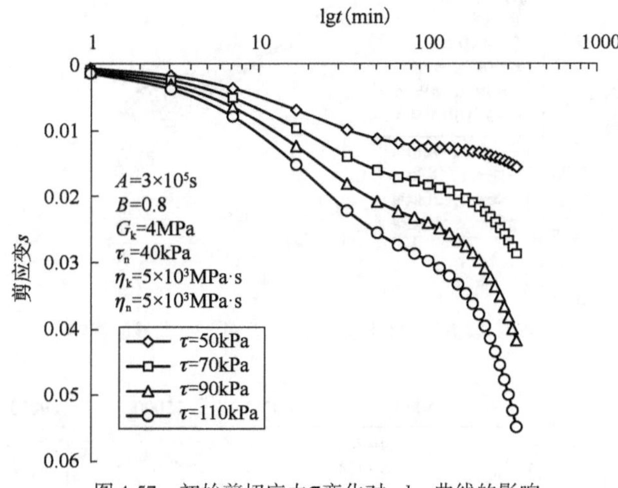

图4-57　初始剪切应力τ变化对s-lg$t$曲线的影响

（6）摩擦片的摩擦阻力τ_n变化的影响

保持其他基本计算参数不变，仅变化摩擦片的摩擦阻力τ_n，τ_n的值分别为40kPa、30kPa、20kPa、10kPa，由此得到的不同摩擦阻力τ_n时的桩身剪应变s和时间t的s-t曲线和s-lg$t$曲线如图4-58、图4-59所示。由图可知，s-t和s-lg$t$曲线在前一段基本重合，可见摩擦阻力τ_n的改变对阶段Ⅰ影响较小；该曲线在后面产生了分叉，曲线形状变化较大，τ_n的改变对曲线阶段Ⅱ产生较大影响，在此阶段，随着摩擦阻力τ_n值的减小，曲线斜率增大。

（7）扰动因子的参数A变化的影响

保持其他基本计算参数不变，仅改变扰动因子的参数A，其取值分别为3×10^4s、1×10^5s、$3\times$

10^5s、1×10^6s，分析其值改变对 s-t 关系的影响情况，如图 4-60、图 4-61 所示。

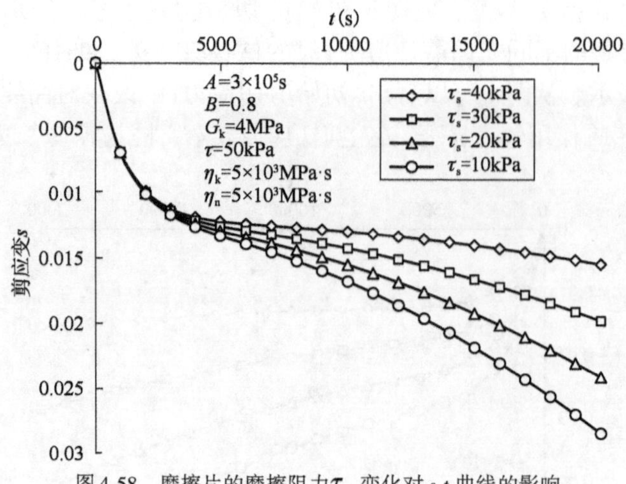

图 4-58 摩擦片的摩擦阻力 τ_n 变化对 s-t 曲线的影响

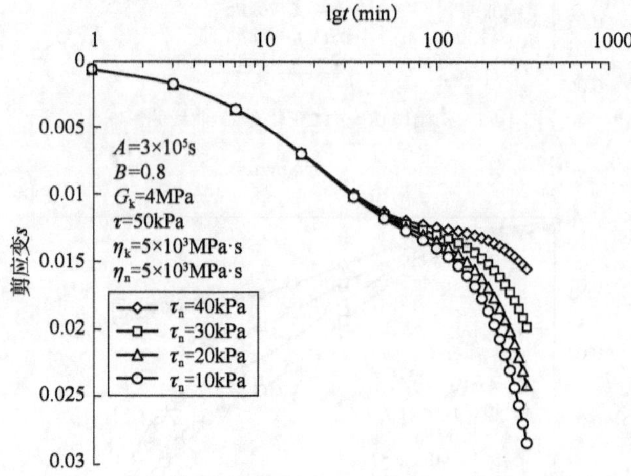

图 4-59 摩擦片的摩擦阻力 τ_n 变化对 s-lg$t$ 曲线的影响

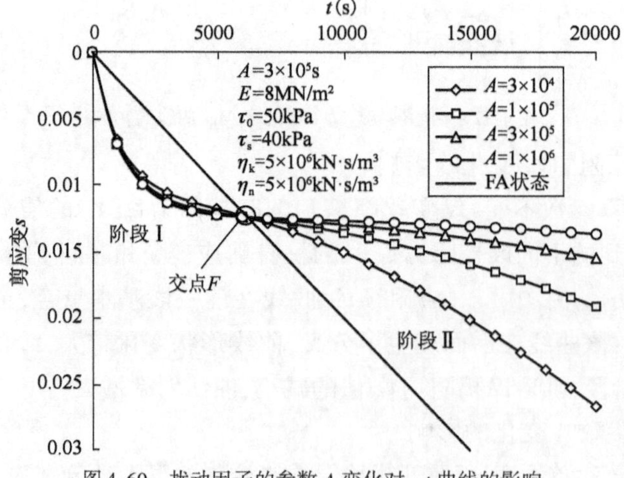

图 4-60 扰动因子的参数 A 变化对 s-t 曲线的影响

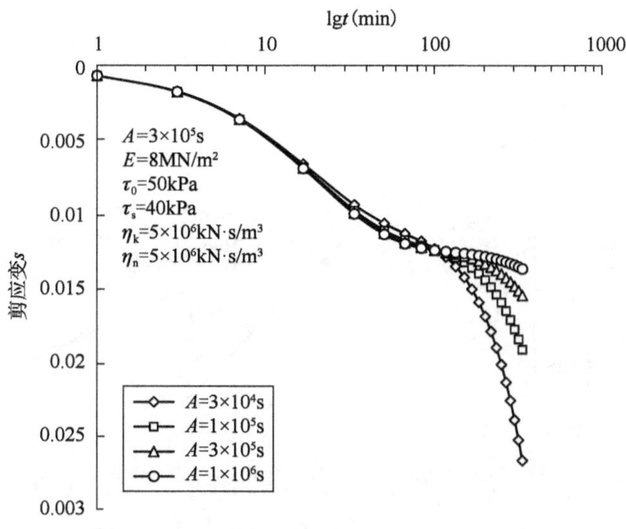

图 4-61　扰动因子的参数 A 变化对 s-lg$t$ 曲线的影响

由此可知,参数 A 的变化对曲线整个阶段都会产生影响,但对阶段Ⅱ的影响比较显著,在阶段Ⅱ中,随着参数 A 的增大,曲线斜率减小,土体接近黏弹性状态;反之,随着参数 A 的减小,曲线斜率增大,土体接近黏塑性状态。根据 DSC,作用力引起土体材料微观结构的扰动,随着参数 A 的改变,引起扰动因子 D 的变化,土体材料内部的微观结构从 RI 状态经过一个自调节的过程,转变成 FA 状态。参数 A 的越小,扰动因子 D 越大,越多的土体单元转化成 FA 状态,曲线斜率增大,最终 s-t 曲线会趋近于 FA 状态的曲线。

(8)扰动因子的参数 B 变化的影响

保持其他基本计算参数不变,仅变化扰动因子的参数 B,B 的值分别为 0.2、0.4、0.8、1.6,由此得到的不同参数 B 时的桩身剪应变 s 和时间 t 的 s-t 曲线和 s-lg$t$ 曲线如图 4-62、图 4-63 所示。从图中可以看出,参数 B 的变化对整个阶段曲线的形状有较大的影响,但对阶段Ⅱ的影响比较显著,在阶段Ⅱ时,随着参数 B 的增大,曲线斜率减小,曲线倾向于水平状态;反之,倾向于理想黏塑性状态。参数 B 和参数 A 类似,随着参数 B 的变化,扰动因子 D 也随着改变,最终影响曲线形状。可知,参数 A 和 B 的改变,都会对扰动因子 D 的数值产生影响,进而调整黏弹性和黏塑性状态所占的比例,导致曲线形状发生变化。

4)模型验证

以吉安深圳大桥 ϕ15m 超大直径阶梯形变截面空心桩实例数值模拟结果来验证该模型的有效性。如图 4-64 所示为该桩 6m 深度处桩—土界面区单元的剪应变随时间发展曲线。由图可见,DSC 时效荷载传递模型对数值模拟结果具有较好的拟合结果,这表明了该模型可较好地用于描述超大直径阶梯形变截面空心桩的时效荷载传递特性。DSC 时效荷载传递模型的模型拟合参数见表 4-7。

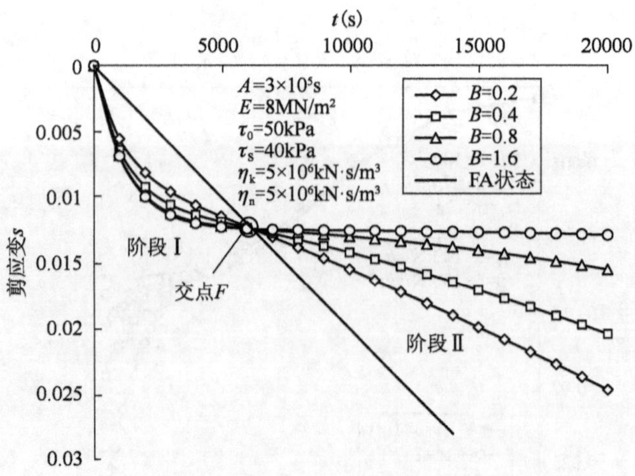

图 4-62　扰动因子的参数 B 变化对 s-t 曲线的影响

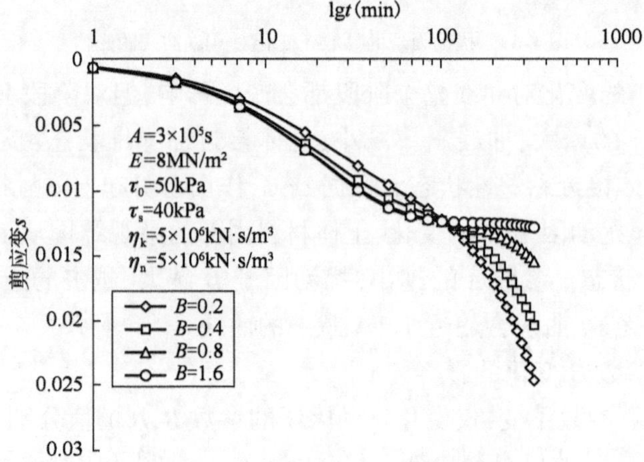

图 4-63　扰动因子的参数 B 变化对 s-lg$t$ 曲线的影响

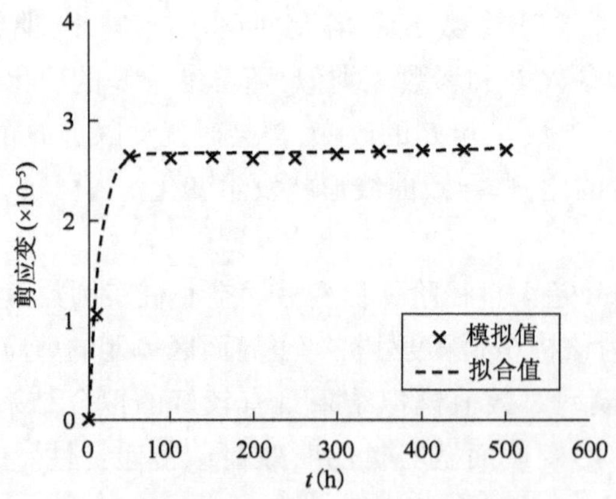

图 4-64　桩在 6m 深处剪应变随时间发展曲线

DSC 时效荷载传递模型参数　　表 4-7

深度(m)	A(s)	B	G_k(Pa)	τ(Pa)	τ_n(Pa)	η_k(Pa·h)	η_n(Pa·h)
6	776.840	0.025	14750.683	1	0	2.136×10^5	1.556×10^8

本章参考文献

陈光林, 2013. 超大直径波纹钢空心桩的开发研究[D]. 南昌:华东交通大学.

陈仁朋, 周万欢, 曹卫平, 等, 2007. 改进的桩土界面荷载传递双曲线模型及其在单桩负摩阻力时间效应研究中的应用[J]. 岩土工程学报, 29(6):824-830.

程斌, 2009. 桩侧摩阻力和桩端阻力相互作用研究[D]. 上海:同济大学.

邓东平, 李亮, 赵炼恒, 等, 2012. 京沪高铁桩基沉降时间曲线反分析及预测[J]. 长江科学院院报 (4):57-63.

邓益兵, 杨彦骋, 史旦达, 等, 2017. 三维离散元大尺度模拟中变粒径方法的优化及其应用[J]. 岩土工程学报, 39(1): 62-70.

邓益兵, 周健, 刘文白, 等, 2011. 螺旋挤土桩下旋成孔过程的颗粒流数值模拟[J]. 岩土工程学报, 33(9): 1391-1398.

杜海金, 叶洪东, 李燕, 等, 2004. 粉喷桩侧摩阻力强化效应分析[J]. 岩石力学与工程学报, 23(22):37-75.

付茹, 周博, 李小青, 2015. 基于颗粒离散元的桩侧摩阻力增强效应研究[J]. 水电能源科学(5): 127-131.

郭志广, 魏丽敏, 何群, 等, 2014. 基于双曲线模型的增强型桩荷载传递特性研究[J]. 水文地质工程地质, 41(4):68-74.

郭仲魁, 2011. 扰动状态模型和扰动有限元基本方程求解研究[D]. 沈阳:沈阳建筑大学.

黄宏伟, 2000. 微型预制桩单桩承载力时效现场试验分析[J]. 岩石力学与工程学报 (5): 666-669.

黄明,江松,许德祥,等,2018. 超大直径变截面空心桩的荷载传递特征与理论模型[J]. 岩石力学与工程学报,37(10):2370-2383.

黄雨, 叶为民, 唐益群, 等, 2006. 打入桩荷载—沉降性状的时间效应分析[J]. 岩石力学与工程学报 (8):1710-1713.

李军,2015. 考虑侧阻增强效应的基桩极限承载力试验及确定方法研究[D]. 长沙:湖南大学.

罗卫华,2016. 单桩桩侧摩阻力增强效应的试验及理论计算[J]. 公路工程(2):1-5.

刘福天, 赵春风, 吴杰, 等, 2010. 常州地区大直径钻孔灌注桩承载性状及尺寸效应试验研究[J]. 岩石力学与工程学报(4):858-864.

刘齐建, 杨林德, 2006. 桩基荷载传递函数扰动状态模型及应用[J]. 同济大学学报(自然科学版), 34(2):165-169.

马哲, 吴承霞, 肖昭然, 2010. 静压桩端阻力和侧阻力的颗粒流数值模拟[J]. 中国矿业大学学报，39(4)：622-626.

孟明辉，邢皓枫，刘之葵，等，2013. 基于桩侧阻力强化效应的嵌岩桩承载力计算[J]. 岩石力学与工程学报，31(a01)：2925-2933.

钱家欢，殷宗泽，1996. 土工原理与计算[M]. 2版. 北京：中国水利水电出版社：721.

任春山，2016. 单桩载荷试验桩—土荷载传递特征研究[J]. 铁道勘察(2)：24-27

史玉良，1993. 预制节桩的荷载试验及荷载传递性能分析[J]. 工业建筑，23(7)：3-9.

舒翔，黄雨，陈竹昌，2001. 单桩轴向刚度的非线性分析[J]. 同济大学学报(自然科学版)，29(10)：1142-1146.

司光武，2017. 矩形与圆形截面抗滑桩离心模型试验及颗粒流数值模拟研究[D]. 成都：西南交通大学.

王宏，2015. 基于三折线软化模型的钻孔灌注桩沉降特性研究及施工控制[D]. 重庆：重庆大学.

王洪新，2016. 半无限弹性体内作用竖向矩形和条形均布荷载时的应力计算公式[J]. 岩土力学，37(1)：113-118.

王俊炜，2014. 变截面与等截面管桩单桩承载性状及经济对比分析[D]. 株洲：湖南工业大学.

王戍平，2003. 深厚软土中 PHC 长桩的时效性试验研究[J]. 岩土工程学报(2)：239-241.

王伟，宋新江，凌华，等，2010. 滨海相软土应力—应变曲线复合指数—双曲线模型[J]. 岩土工程学报，28(9)：1455-1459.

王学红，2011. 高频液压振动锤沉桩机理的颗粒离散元模拟[D]. 福州：福州大学.

吴刚，张磊，2004. 单轴压缩下岩石破坏后区的扰动状态概念分析[J]. 岩石力学与工程学报，23(10)：1628.

吴兴序，1997. 桩的端阻和侧摩阻的相互作用及其工程应用价值[J]. 西南交通大学学报，32(3)：313-318.

肖昭然，2002. 单桩分析的双曲线模型及相应参数的确定[J]. 土工基础(3)：60-63.

徐亮，2015. 压入式自旋桩头在砂土中试验的颗粒流数值模拟分析[D]. 扬州：扬州大学.

杨桦，杨敏，2006. 荷载传递法研究单桩荷载—沉降关系进展综述[J]. 地下空间与工程学报(1)：155-159.

袁聚云，赵锡宏，1995. 竖向均布荷载作用在地基内部时的土中应力公式[J]. 力学季刊(3)：213-222.

张继红，顾国荣，陈晖，2002. 上海地区预制桩承载力时间效应的统计分析与研究[J]. 土木工程学报(4)：98-102.

张建新，吴东云，2008. 桩端阻力与桩侧阻力相互作用研究[J]. 岩土力学，29(2)：541-544.

张明义，邓安福，2002. 桩—土滑动摩擦的试验研究[J]. 岩土力学，23(2)：246-249.

赵春风，鲁嘉，孙其超，等，2009. 大直径深长钻孔灌注桩分层荷载传递特性试验研究[J]. 岩石力学与工程学报(5):1020-1026.

赵海生, 2012. 基于土体流变特性的单桩沉降计算模型研究[D]. 西安:西安理工大学.

周健, 陈小亮, 王冠英, 等, 2012a. 开口管桩沉桩过程试验研究与颗粒流模拟[J]. 同济大学学报(自然科学版), 40(2): 173-178.

周健, 郭建军, 张昭, 等, 2010. 砂土中单桩静载室内模型试验及颗粒流数值模拟[J]. 岩土学报,31(6): 1763-1768.

周健, 黄金, 张姣, 等, 2012b. 基于三维离散—连续耦合方法的分层介质中桩端刺入数值模拟[J]. 岩石力学与工程学报, 31(12): 2564-2571.

朱庆盛, 2015. 红黏土静压管桩承载机理及挤土效应研究[D]. 柳州:广西科技大学.

Desai C S,2001. Mechanics of Materials and Interfaces:The Disturbed State Concept[M]. Boca Raton:CRC Press.

Edil T B,Mochtar I B,1988. Creep response of model pile in clay[J]. Journal of Geotechnical Engineering,144(11):1245-1260.

Huang M, Jiang S, Xu C S,et al,2020. A new theoretical settlement model for large step－tapered hollow piles based on disturbed state concept theory[J]. Computers and Geotechnics,124: 103626(1-11).

Lee C Y, 1993. Pile Group Settlement Analysis by Hybrid Layer Approach[J]. Journal of Geotechnical Engineering,119(6):984-997.

Mindlin R D, 2004. Force at a Point in the Interior of a Semi - Infinite Solid[J]. Physics,7(5): 195-202.

Ogura H, Yamagata K, Ohsugi F, 1988a. Study on Bearing Capacity of Nodular Cylinder Pile by Full ~ scale Test of Jacked Piles[J]. Journal of Structural & Construction Engineering, 66-77.

Ogura H, Yamagata K, 1988b. A Theoretical Analysis on Load ~ settlement Behavior of Nodular Piles[J]. Journal of Structural & Construction Engineering, 152-164.

Pal S, Wathugala G W, 2015. Disturbed state model for sand - geosynthetic interfaces and application to pull - out tests[J]. International Journal for Numerical & Analytical Methods in Geomechanics,23(15):1873-1892.

Randolph M F, Wroth C P, 2015. An analysis of the vertical deformation of pile groups[J]. Géotechnique,29(4):423-439.

Samieh A M, Wong R C, 2011. Modelling the responses of Athabasca oil sand in triaxial compression tests at low pressure[J]. Canadian Geotechnical Journal, 35(2):395-406.

Standing J R, Jardine R J, 2006. Some observations of the effects of time on the capacity of piles driven in sand[J]. Géotechnique,56(4):227-244.

Wu W B,Wang K H,Zhang Z Q,et al,2012. A new approach for time effect analysis of settlement for single pile based on virtual soil－pile model[J]. Journal of Central South University, 19(9): 2656-2662.

第5章 超大直径阶梯形变截面空心桩沉降计算方法

本章以超大直径阶梯形变截面空心桩的沉降计算方法研究为目的，在第4章所提出的基于扰动状态理论的荷载传递模型及时效荷载传递模型基础上提出超大直径阶梯形变截面空心桩的沉降计算方法，并通过案例验证所提出的沉降计算方法的有效性。可为实际工程中超大直径阶梯形变截面空心桩的沉降计算及设计工作提供参考。

5.1 阶梯形变截面空心桩的沉降计算方法

桩基的沉降计算一直是桩基设计理论研究中的难题之一，在过去漫长的时间里，前人对桩基的沉降计算进行了大量研究，提出了一系列计算方法，主要有荷载传递法、剪切位移传递法、弹性理论法和数值计算法四种(张忠苗，2007)。最为常用的是荷载传递法，刘忠 等(2013)基于荷载传递法，采用双折线模型推导出了单桩沉降计算的解析解，刘杰 等(2003)将该方法推广到三折线模型，可见一般情况下只能对线性的荷载传递函数得到解析解，对于非线性的荷载传递函数，较难得到解析解(刘江波 等，2013)。此外，现有的桩基沉降计算方法大都针对普通等截面桩或群桩，对于阶梯形变截面桩的沉降计算研究甚少，目前该类型桩的沉降计算大多数依靠数值软件，其沉降计算理论解法寥寥无几。因此，建立阶梯形变截面桩的沉降计算方法显得十分有必要，可丰富变截面桩的沉降计算理论，为复杂岩溶区该新型桩基的设计与施工提供理论依据。

本节将第4章提出的基于DSC的荷载传递模型引入沉降计算方法研究中，利用改进的荷载传递法推导出适用于超大直径阶梯形变截面空心桩的沉降计算方法。考虑到超大直径阶梯形变截面空心桩的桩型极为复杂，为便于读者理解，采用由简入繁的方式，首先推导出均质及分层地层中竖向荷载作用下等截面桩的计算方法，而后逐步考虑变截面、桩身自重等影响因素，将沉降计算方法推广至变截面桩及至超大直径阶梯形变截面空心桩。最后，通过对比理论计算结果与数值模拟结果，来验证本章推导的计算方法的可靠性与实用性。

5.1.1　等截面单桩的沉降计算方法

对于非线性的荷载传递函数,一般采用位移协调法求解。其思路是将桩身分成若干个单元,单元数量的划分对计算结果的精度有很大的影响,如果单元数量较少,则结果误差较大,如果单元数量较多,则计算量大而复杂。尤其是针对对于分层地基土,其强度高低低离散性大,并且呈现非线性,采用该方法计算异常复杂。因此,需要突破传统,寻找一种更好的桩基沉降计算方法。

本书基于荷载传递法对其进行改进,提出了一种新的计算方法,称之为改进的荷载传递法或分层积分法。传统的荷载传递法求解过程是解二阶的微分方程,改进后的计算方法是对微分方程进行二次积分运算,通过求解二次积分得到计算结果。采用这种方法的基本思想是先将桩进行单元的划分,然后通过简单积分求解桩基的各项参数。进行单元划分时,若桩周围是均质土,桩可作为一个单元;若为分层土,则相应每层土作为一个单元。运用这个方法,可考虑到许多因素,例如土体参数的非线性及其深度的变化、各层土体之间的变化、桩身混凝土的弹性模量随荷载的变化、桩身截面的改变等复杂因素。

1)均质地基土中等截面单桩的沉降计算方法

(1)计算模型及基本假定

首先,对均质地基土中等截面单桩的沉降计算方法进行研究,然后再推广到分层地基土中。对于均质地基土中等截面单桩,首先建立如图5-1所示的计算模型,在均质地基土中,等截面单桩桩长为L,截面积为A_p,截面周长为U,桩身弹性模量为E_p。桩周土体对桩的作用采用非线性弹簧表示,以模拟桩—土之间的荷载传递关系,其应力—应变关系采用基于DSC的荷载传递模型来描述。

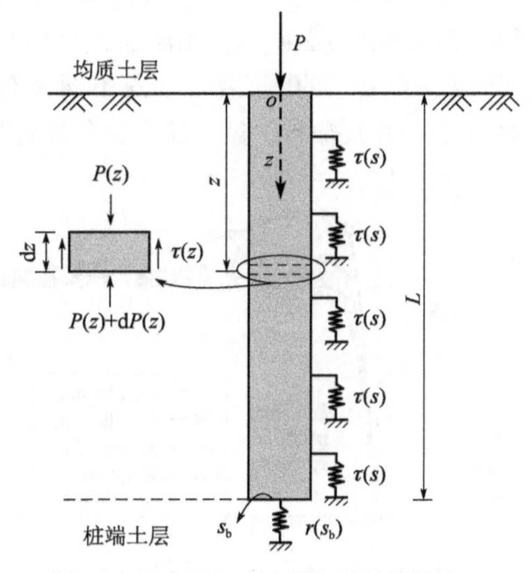

图5-1　均质地基土中单桩沉降计算模型

均质地基土中单桩沉降计算模型采用如下基本假定:

①桩体材料均质,桩身材料为各向同性线弹性体。

②假定桩体中任意一点的位移只与该点的桩侧摩阻力有关,用独立的非线性弹簧模拟土体与桩体之间的相互作用。

③非线性弹簧的应力—应变关系采用基于DSC的荷载传递模型。

(2)荷载传递模型的选取

第4章提出的基于DSC的荷载传递函数是一个隐函数,隐函数的存在对于沉降计算理论推导是一个十分棘手的问题,在保证合理的前提下,对该类函数进行适当简化。刘齐建(2005)的思路可将扰动因子D改写成式(5-1),扰动因子表达式为:

$$D=\frac{n_t(s)}{n}=\frac{n\left\{1-\exp\left[-\left(\frac{s}{\xi}\right)^{\eta}\right]\right\}}{n}=1-\exp\left[-\left(\frac{s}{\xi}\right)^{\eta}\right] \tag{5-1}$$

式中:n——总的微元数目;

$n_t(s)$——已经破损的微元数目。

当桩—土接触面的位移达到 s 时：

$$n_t(s) = \int_0^s nf(x)\,dx \tag{5-2}$$

设桩周土体的各微元强度服从 Weibull 分布，其概率密度函数 $f(x)$ 表达式为：

$$f(x) = \frac{\eta}{\xi}\left(\frac{x}{\xi}\right)^{\eta-1}\exp\left[-\left(\frac{x}{\xi}\right)^{\eta}\right] \tag{5-3}$$

式中：ξ、η——反映桩土界面材料力学性质的 Weibull 分布参数（ξ 的单位：mm）。

基于 DSC 理论，RI 状态选用线弹性模型，其表达式为 $\tau_i = ks$，式中 k 为桩土界面抗剪系数（kPa/mm）。FA 状态选用传统的莫尔—库仑模型。将 RI 状态、FA 状态和扰动因子 D 代入基本式(4-44)，最后可得到显化后的基于 DSC 的桩侧荷载传递函数。

$$\tau = ks \cdot \exp\left[-\left(\frac{s}{\xi}\right)^{\eta}\right] + \tau_c \cdot \left\{1 - \exp\left[-\left(\frac{s}{\xi}\right)^{\eta}\right]\right\} \tag{5-4}$$

由上式可知桩—土的荷载传递函数 $\tau(s)$ 受上述 4 个参数的影响，4 个参数对荷载传递方程的影响如图 5-2 所示。由图 5-2a）可知 k 变化对界面的 τ-s 曲线形状的影响较大，在初始阶段，不同的 k 值对应的增长率有显著不同，k 值越大，增长速度越快；之后阶段，k 值越大峰值强度越大，并且软化现象越明显。其他 3 个参数表现出的性质同第 4 章，此处不再重复分析。

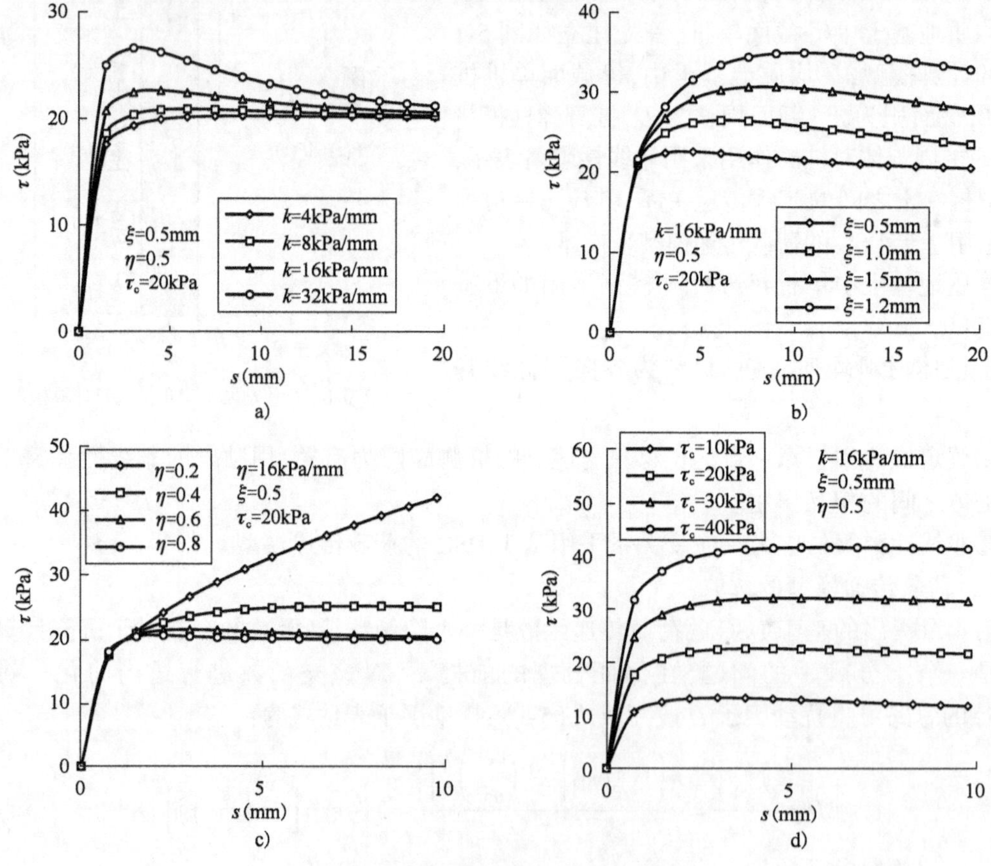

图 5-2 各个参数对 τ-s 曲线的影响

由以上分析可知，上述显化后的基于 DSC 的桩侧荷载传递函数具有计算简单的优点。因此，本章沉降计算时桩侧和桩端土体都采用上述基于 DSC 的荷载传递模型。在构建基于 DSC 的荷载传递模型时，RI 状态除了选取线弹性模型外，当然也可选择双曲线和抛物线等模型。

（3）计算公式推导

均质地基土中等截面单桩的计算模型如图 5-1 所示，在距离地面深度 z 处取桩身一微元，由任意一个单元体的静力平衡条件有：

$$\frac{\mathrm{d}P(z)}{\mathrm{d}z} = -U\tau(z) \tag{5-5}$$

式中：U——桩身周长（m）；

$P(z)$——桩轴向力（kN）；

$\tau(z)$——桩侧摩阻力（kPa）。

假定桩在深度 z 处的位移为 s，则：

$$P(z) = -E_{\mathrm{p}}A_{\mathrm{p}}\frac{\mathrm{d}s}{\mathrm{d}z} \tag{5-6}$$

将式（5-6）代入式（5-5），则：

$$\frac{\mathrm{d}^2 s}{\mathrm{d}z^2} - \frac{U}{A_{\mathrm{p}}E_{\mathrm{p}}}\tau(z) = 0 \tag{5-7}$$

式中：A_{p}——桩身截面积大小（m^2）；

E_{p}——桩体弹性模量（kPa）。

式（5-7）为荷载传递法基本微分方程，选取本章提出的基于 DSC 的荷载传递函数，则摩阻力不再是桩深度 z 的函数，而是桩位移 s 的函数，于是桩侧土体荷载传递函数为：

$$\tau(s) = ks\cdot\exp\left[-\left(\frac{s}{\xi}\right)^{\eta}\right] + \tau_{\mathrm{c}}\cdot\left\{1-\exp\left[-\left(\frac{s}{\xi}\right)^{\eta}\right]\right\} \tag{5-8}$$

假设桩端荷载传递函数也采用该模型表示：

$$r(s_{\mathrm{b}}) = k_{\mathrm{b}}s\cdot\exp\left[-\left(\frac{s_{\mathrm{b}}}{\xi_{\mathrm{b}}}\right)^{\eta_{\mathrm{b}}}\right] + \tau_{\mathrm{cb}}\cdot\left\{1-\exp\left[-\left(\frac{s_{\mathrm{b}}}{\xi_{\mathrm{b}}}\right)^{\eta_{\mathrm{b}}}\right]\right\} \tag{5-9}$$

式中：s_{b}——桩端位移（mm）。

则方程（5-7）可化简为：

$$\frac{\mathrm{d}^2 s}{\mathrm{d}z^2} - \frac{U}{A_{\mathrm{p}}E_{\mathrm{p}}}\tau(s) = 0 \tag{5-10}$$

对上式积分可得：

$$\frac{\mathrm{d}s}{\mathrm{d}z} = \pm\sqrt{\frac{2U}{A_{\mathrm{p}}E_{\mathrm{p}}}T(s) + C_1} \tag{5-11}$$

式中，$T(s)$是$\tau(s)$的原函数，由于式（5-8）为超越方程，因此我们很难直接取得 $T(s)$的具体形式，因此本书利用 MATLAB 编写代码对其进行求解。由于 C_1 是积分常数。对于受压桩，应变 $\varepsilon = \mathrm{d}s/\mathrm{d}z$，为负值，因此有：

$$\frac{\mathrm{d}s}{\mathrm{d}z} = -\sqrt{\frac{2U}{A_{\mathrm{p}}E_{\mathrm{p}}}T(s) + C_1} \tag{5-12}$$

则桩身轴力为：

$$P(z)=E_pA_p\sqrt{\frac{2U}{A_pE_p}T(s)+C_1} \tag{5-13}$$

对于基于 DSC 的荷载传递函数的原函数，其表达式较为复杂，若直接对式(5-12)进行积分求解有一定的困难，所以需要转换思维，寻找更为简单的求解方法。首先假设一个桩端位移，令 $C_2=0$，先求出积分常数 C_1，然后再对式(5-12)进行求解。具体的过程见下面改进的荷载传递法求解过程。

假定单位面积桩端阻力 r 是 s_b 的函数，即：

$$r=r(s_b)=k_bs_b\cdot\exp\left[-\eta_b\left(\frac{s}{\xi_b}\right)\right]+\tau_{cb}\cdot\left\{1-\exp\left[-\eta_b\left(\frac{s}{\xi_b}\right)\right]\right\} \tag{5-14}$$

对于长为 L 的桩，边界条件为：

$$\begin{cases}\left.\dfrac{ds}{dz}\right|_{s=s_b}=-\dfrac{r(s_b)}{E_p}\\ s|_{z=L}=s_b\end{cases} \tag{5-15}$$

从式(5-12)和式(5-15)可得积分常数：

$$C_1=\frac{r^2(s_b)}{E_p^2}-\frac{2U}{A_pE_p}T(s_b) \tag{5-16}$$

则式(5-12)可写成：

$$\frac{ds}{\sqrt{\frac{2U}{A_pE_p}T(s)+C_1}}=-dz \tag{5-17}$$

从桩端到任意深度，即从 $z=L$ 到 z，$s=s_b$ 到 s，对式(5-17)两边对应积分得：

$$\int_{s_b}^{s}\frac{ds}{\sqrt{\frac{2U}{A_pE_p}T(s)+C_1}}=L-z \tag{5-18}$$

根据式(5-18)，即可求出任意深度 z 处桩身的位移 s，从而求出桩的其他数据。求解过程为：先假设一个桩端位移 s_b，利用式(5-16)求得 C_1，即可按式(5-18)计算桩任意深度 z 处的位移 s，按式(5-12)计算轴向力 P。在桩顶，令 $z=0$，则可求得桩顶位移 s 和荷载 P。假定各不同的 s_b 值，即可求得桩顶荷载 P 与位移 s 的关系，即 P-s 曲线，及轴向力和侧阻力。对于本书的荷载传递函数，对式(5-18)进行积分较为困难，可用 MATLAB 软件计算其积分。

2)分层地基土中等截面单桩的沉降计算方法

在实际工程中，地基土往往都是非均质的成层土，每一层土的力学性质差别较大。对于分层地基土中的桩，可将每层土所在的桩段划分为一个单元，然后从桩段逐个单元往上计算，直到桩顶，计算某一个单元时中不需要与其他单元建立联立方程，求解过程比较简单。

如图 5-3 所示，假设普通等截面单桩桩侧土层划分为 n 层。自上而下依次为 $1,2,\cdots,n-1,n$ 层；相应的桩单元依次为单元 1，单元 2，…，单元 n-1，单元 n；对应的各层土的深度分别为 $L_1,L_2,\cdots,L_{n-1},L_n$。每层土体所对应的桩侧荷载传递函数都不同，故采用不同参数的基于 DSC 的荷载传递模型，其计算步骤如下：

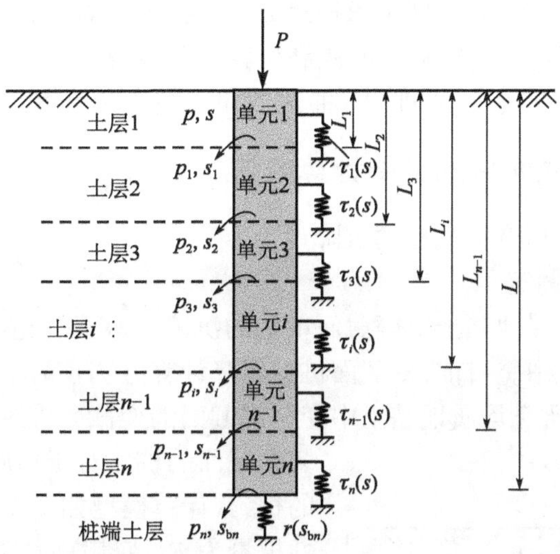

图5-3　分层地基土中单桩沉降计算模型

(1)对于第 n 层土,即深度为 $L_{n-1} \leqslant z \leqslant L_n$。第 n 层土的荷载传递函数为$\tau_n(s)$,其原函数为 $T_n(s)$,假定一个桩端位移 s_{bn},桩端阻力函数为 $r=r(s_{bn})$,则:

$$C_{1n}=\frac{r^2(s_{bn})}{E_p^2}-\frac{2U}{A_pE_p}T_n(s_{bn}) \tag{5-19}$$

$$P(z)=E_pA_p\sqrt{\frac{2U}{A_pE_p}T_n(s)+C_{1n}} \tag{5-20}$$

$$\int_{s_{bn}}^{s}\frac{ds}{\sqrt{\frac{2U}{A_pE_p}T_n(s)+C_{1n}}}=L-z \tag{5-21}$$

在第 n 层土层顶部,令 $z=L_{n-1}$,即可求得第 n 层土层顶部位移 s_{n-1}和荷载 P_{n-1}。

(2)对于第 $n-1$ 层土,即深度为 $L_{n-2} \leqslant z \leqslant L_{n-1}$。由位移和力的协调关系,第 n 层土顶部位移 s_{n-1}和荷载 P_{n-1}/A_p分别看作 $s_{b(n-1)}$和 $r(s_{b(n-1)})$就可计算第 $n-1$ 层。

$$\begin{cases} s_{b\ (n-1)}=s_{n-1} \\ r(s_{b\ (n-1)})=\dfrac{P_{n-1}}{A_p} \end{cases} \tag{5-22}$$

(3)依此类推,对于第 i 层土,即深度为 $L_{i-1} \leqslant z \leqslant L_i$。假设第 i 层土的荷载传递函数为 $\tau_i(s)$,其原函数为 $T_i(s)$,则第 i 层土为:

$$C_{1i}=\frac{r^2(s_{bi})}{E_p^2}-\frac{2u}{A_pE_p}T_i(s_{bi}) \tag{5-23}$$

$$P(z)=E_pA_p\sqrt{\frac{2U}{A_pE_p}T_i(s)+C_{1i}} \tag{5-24}$$

$$\int_{s_{bi}}^{s}\frac{ds}{\sqrt{\frac{2U}{A_pE_p}T_i(s)+C_{1i}}}=L_i-z \tag{5-25}$$

在第 i 层土层顶部，令 $z = L_{i-1}$，即可求得第 i 层土层顶部位移 s_{i-1} 和荷载 P_{i-1}。

(4)最后，令 $i=1$，即可求得桩顶荷载 P_0 和位移 s_0。假设一组第 n 层土的桩端位移 s_{bn}，即可求得桩顶荷载 P 和位移 s 的关系，即 P-s 曲线，同时，桩的其他静力特性也可得到。

5.1.2 阶梯形变截面桩的沉降计算方法

1)均质地基土中阶梯形变截面桩的沉降计算方法

(1)计算模型及基本假定

上一小节对均质和分层地基土中等截面单桩的沉降计算方法进行研究，下面将该沉降计算推广到阶梯形变截面桩中。目前，变截面桩的沉降计算方法较为罕见，加上变截面桩自身形状变化多，为此本书先将研究均质地基土中变一次截面的变截面桩沉降计算方法，再推广到变多次截面的桩。对于均质地基土中仅变一次截面的桩，其计算模型如图 5-4 所示，变截面桩桩身弹性模量为 E_p，变截面位置深度为 L_1，单元 1 截面积为 A_{p1}，截面周长为 U_1；单元 2 截面积为 A_{p2}，截面周长为 U_2。桩周土体对桩的作用采用基于 DSC 的荷载传递模型来描述，桩侧荷载传递函数为$\tau(s)$，变截面处和桩端处荷载传递函数分别为 $r_1(s)$、$r_2(s)$。

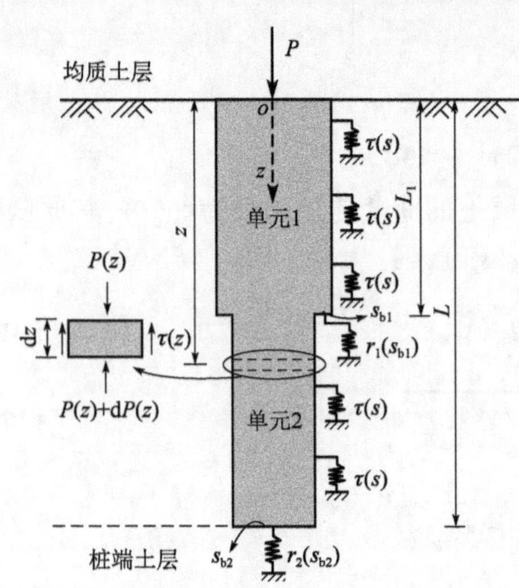

图 5-4 均质地基土中变一次截面的桩沉降计算模型

为便于方程的建立与求解，现对桩土计算模型做如下假定：

①桩体材料均质，桩身材料为各向同性线弹性体。

②假定桩体中任意一点的位移只与该点的转侧摩阻力有关，用独立的非线性弹簧模拟土体与桩体之间的相互作用。

③单桩变截面处土体受到均布等大的环形正应力，外荷载均布于桩顶。

④非线性弹簧的应力—应变关系采用基于 DSC 的荷载传递模型。

(2)均质地基土中变截面桩沉降计算

在均质土中仅变一次截面的变截面桩沉降计算模型如图 5-4 所示，可将基桩分成两个单元，则相应每段等截面桩作为一个单元，可以从底部单元开始计算，然后再计算上部单元。具体过程如下：

假设桩端位移为 s_{b2}，变截面处位移为 s_{b1}，侧阻力为$\tau(s)$，端阻力和变阶阻分别为 $r_2(s)$、$r_1(s)$，荷载传递函数选用本章提出的基于 DSC 的荷载传递函数。在桩的任意深度 z 处取一微分段，则荷载传递的基本微分方程为：

$$\frac{d^2s}{dz^2} - \frac{U}{A_p E_p}\tau(z) = 0 \tag{5-26}$$

①对于变截面桩的单元 2，即深度 $L_1 \leqslant z \leqslant L$ 处，有边界条件：

$$\begin{cases}\left.\dfrac{\mathrm{d}s}{\mathrm{d}z}\right|_{s=s_{b2}}=-\dfrac{r_2(s_{b2})}{E_p}\\ s|_{z=L}=s_{b2}\end{cases} \tag{5-27}$$

则可得式(5-26)的解为：

$$C_2=\frac{r_2^2(s_{b2})}{E_p^2}-\frac{2U}{A_pE_p}T(s_{b2}) \tag{5-28}$$

$$\int_{s_{b2}}^{s}\frac{\mathrm{d}s}{\sqrt{\dfrac{2U}{A_pE_p}T(s)+C_2}}=L-z \tag{5-29}$$

$$P(z)=E_pA_p\sqrt{\frac{2U}{A_pE_p}T(s)+C_2} \tag{5-30}$$

式中：$T(s)$——$\tau(s)$的原函数；

C_2——积分常数；

$P(z)$——桩任意截面的轴向力(kN)。

根据假设的桩端位移为s_{b2}，可由式(5-29)计算出常数C_2，再由式(5-29)求出任意深度处桩的位移s，令$z=L_1$，即可求出变截面处位移s_1，将变截面处位移s_1代入式(5-30)中得到变截面下部轴力P_1。再将基桩变截面处的位移s_1和荷载$P_1/A_1+r_1(s_1)\times(A_1-A_2)/A_1$分别当作$s_{b1}$和$r_1(s_{b1})$，便解决了变截面处的受力和位移的关系。

②对于变截面桩变截面处，即深度$z=L_1$处，有：

$$\begin{cases}s_{b1}=s_1\\ r_1(s_{b1})=\dfrac{P_1+r_1(s_1)(A_1-A_2)}{A_1}=\dfrac{4P_1+r_1(s_1)\pi(d_1^2-d_2^2)}{\pi d_1^2}\end{cases} \tag{5-31}$$

式中：d_1——桩基单元1的直径(m)；

d_2——桩基单元2的直径(m)。

③对于变截面桩的单元1，即深度$z\leqslant L_1$处，有边界条件：

$$\begin{cases}\left.\dfrac{\mathrm{d}s}{\mathrm{d}z}\right|_{s=s_{b1}}=-\dfrac{r_1(s_{b1})}{E_p}\\ z=L, s=s_{b1}\end{cases} \tag{5-32}$$

则可得式(5-32)的解为：

$$C_1=\frac{r_1{}^2(s_{b1})}{E_p^2}-\frac{2u}{A_pE_p}T(s_{b1}) \tag{5-33}$$

$$\int_{s_{b1}}^{s}\frac{\mathrm{d}s}{\sqrt{\dfrac{2U}{A_pE_p}T(s)+C_1}}=L_1-z \tag{5-34}$$

$$P(z)=E_pA_p\sqrt{\frac{2U}{A_pE_p}T(s)+C_1} \tag{5-35}$$

根据变截面处的位移s_{b1}，然后计算出常数C_1，再由式(5-35)求出任意深度处桩的位移s，

令 $z=0$,即可求得桩顶位移 s 和荷载 P。假设一组的 s_{b2} 值,即可求得桩顶荷载 P 与位移 s 的关系,即 P-s 曲线,以及变截面桩轴向力和侧阻力。根据上述计算过程,在 MATLAB 中编程程序,方便计算。

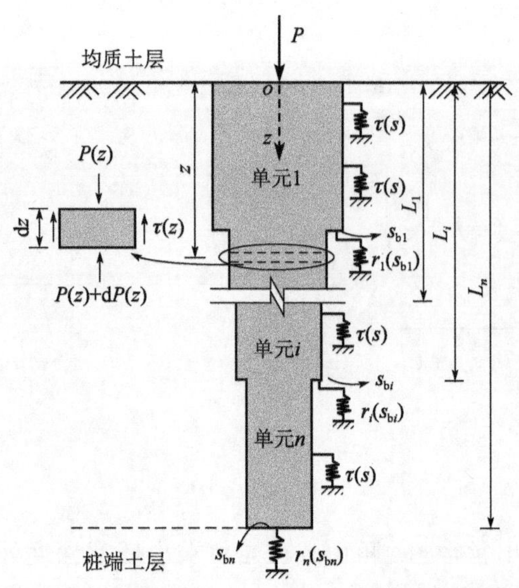

图 5-5　均质地基土中 n 阶变截面的桩沉降计算模型

以上推导了均质土中仅变一次截面的变截面桩沉降计算方法,对于变截面桩,截面变化的次数通常是多次的,下面说明均质土中变 $n-1$ 次截面的 n 阶变截面桩沉降计算过程,计算简图如图 5-5 所示。将基桩每段等截面桩作为一个单元,则变截面桩可分层 n 个单元,从桩基底部单元 n 开始计算,然后逐个单元往上计算,最后计算到第一个单元即桩顶部所在单元停止。假设桩端位移为 s_{bn},既可以用以上介绍的方法求得单元 n 和单元 $n-1$ 交界处桩的位移 s_{n-1} 和轴力 p_{n-1},把位移 s_{n-1} 和荷载 $P_{n-1}/A_{n-1}+r_{n-1}(s_{n-1})\times(A_{n-1}-A_n)/A_{n-1}$ 分别看作 $s_{b(n-1)}$ 和 $r_{n-1}(s_{b(n-1)})$ 就可计算单元 $n-1$ 了,以此类推,即可求得桩顶荷载 P 与位移 s,以及变截面桩的轴向力和侧阻力与深度的关系。

2)分层地基土中阶梯形变截面桩的沉降计算方法

实际工程中变截面桩所在的地基土往往都是非均质的分层土,每一层土的物理和力学性质都不同,导致桩周荷载传递函数相差较大。对于分层地基土中变一次截面的变截面桩,首先将变一次截面的变截面桩基按照截面大小分成两桩段,接着再进行单元的划分,根据基桩变截面位置的不同,分为以下两种情况:如果基桩变截面处刚好位于土层间的交界面上时,可将每层土视为一个单元,如图 5-6 所示;如果基桩变截面处位于某层土层中时,该层土沿变截面分成两个单元,其余土层各自分成一个单元。如图 5-7 所示,基桩变截面处位于土层 $j+2$ 处,则将土层 $j+2$ 分成单元 $j+2$ 和单元 $(j+2)'$,其余各层土层分别为一个单元。

单元划分好之后,即可从桩基底部开始逐个单元往上计算。如图 5-6、图 5-7 所示,变截面桩基按照截面大小分成了两桩段,第一桩段和第二桩段,则每桩段桩身的沉降计算可以根据本书第 5.1.1 小节分层地基土中等截面单桩的沉降计算方法来计算。对于第一桩段和第二桩段的交界面即变截面处的计算过程如下:

对于图 5-6 中模型一变截面处的计算,首先根据第二桩段桩身沉降的计算可以得到单元 $j+2$ 顶部的位移 s_{j+1} 和轴力 p_{j+1},然后令:

$$\begin{cases} s_{b(j+1)} = s_{j+1} \\ r[s_{b(j+1)}] = \dfrac{p_{j+1}+r(s_{j+1})(A_{j+1}-A_{j+2})}{A_{j+1}} = \dfrac{p_{j+1}+r(s_{j+1})\dfrac{\pi}{4}(d_{j+1}^2-d_{j+2}^2)}{\dfrac{\pi}{4}d_{j+1}^2} \end{cases} \tag{5-36}$$

式中:A_{j+1}、A_{j+2}——桩基单元 $j+1$ 和单元 $j+2$ 截面面积;

d_{j+1}、d_{j+2}——桩基单元 $j+1$ 和单元 $j+2$ 的直径。

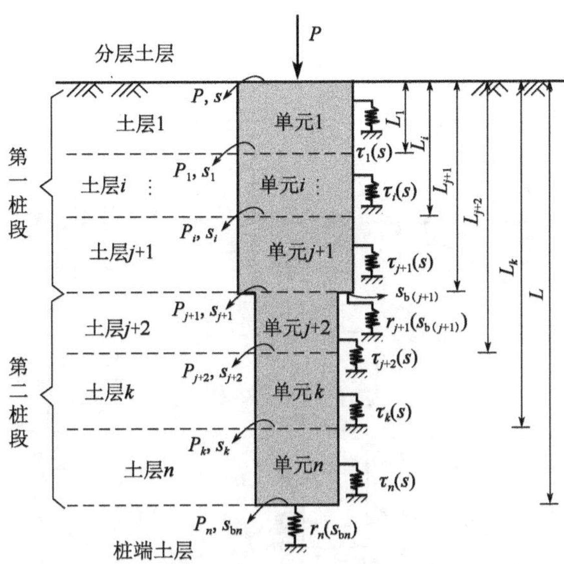

图 5-6　分层地基土中变一次截面的桩沉降计算模型一

根据变截面处的位移 $s_{b\ (j+1)}$ 和阻力 $r[s_{b\ (j+1)}]$，就可以对第一桩段进行计算，最后求得桩顶荷载 P 与位移 s 的关系，即 P-s 曲线，以及变截面桩轴向力和侧阻力。同理，可以计算出图 5-7中模型二变截面桩的沉降，这里就不重复说明。

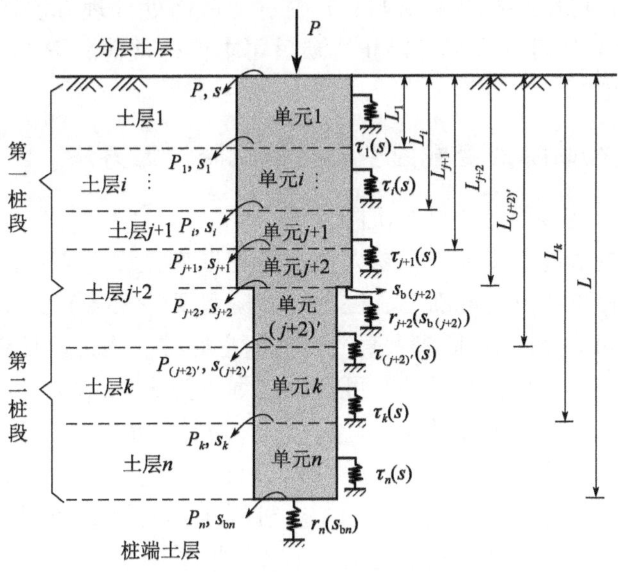

图 5-7　分层地基土中变一次截面的桩沉降计算模型二

以上推导了分层地基土中仅变一次截面的变截面桩沉降计算方法，对于 n' 阶变截面桩，计算简图如图 5-8 所示。首先，将变截面桩基按照截面大小分成若干桩段，相同大小的截面段作为一个桩段，图中截面尺寸改变数为 $n'-1$ 次，分成了 n'个桩段；然后再进行单元的划分，若基桩变截面处刚好位于土层间的交界面上时，可将相邻桩段中的每层土视为一个单元，如

图 5-8所示第一次变截面处所示，若基桩变截面处位于某层土层中时，该层土沿变截面分成两个单元，其余土层各自为一个单元，如图 5-8 第 $n'-1$ 次变截面处所示。

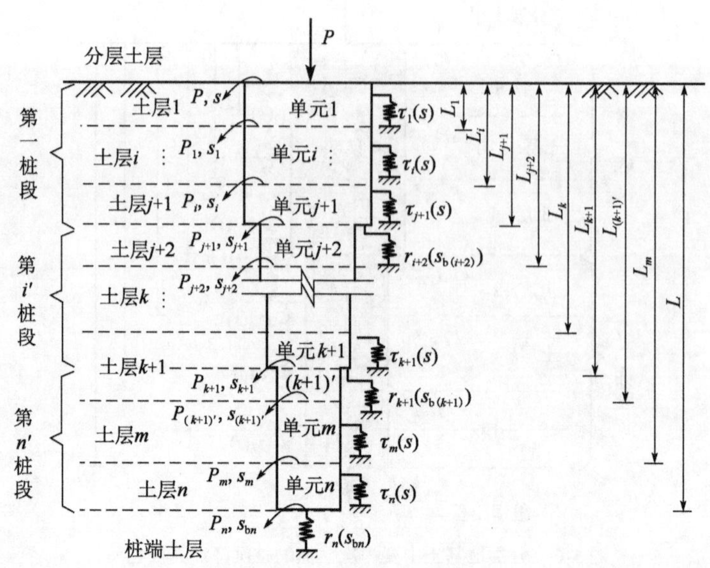

图 5-8　分层地基土中 n'阶变截面桩的沉降计算模型

划分好桩段和单元后，从变截面桩基桩端桩段 n' 开始计算，每个桩段可以按照本书第 5.1.1小节分层地基土中等截面单桩的沉降计算方法来计算，然后一个桩段一个桩段往上计算，遇到变截面处时，可按照本书第 5.1.1 节中对变截面处处理方法进行计算，最后计算到第一桩段单元 1 后，即桩顶部所在单元停止。最后可求得桩顶荷载 P 与位移 s，以及变截面桩的轴向力和侧阻力等数据。

5.1.3　超大直径阶梯形变截面空心桩的沉降计算方法

1）超大直径阶梯形变截面空心桩的沉降计算

将上述沉降计算方法进一步推广至超大直径阶梯形变截面空心桩。在均质地基土中，选取目前典型的超大直径阶梯形变截面空心桩的计算模型图（图 5-9），该桩桩身为 n 阶变截面，为节约材料将桩身中间部分挖空，形成大直径变截面空心桩。为方便计算，首先对该桩进行计算单元的划分，根据桩身截面面积的不同，可将该桩划分为 $n+2$ 个单元。假设该桩桩身弹性模量为 E_p；从桩顶到桩端桩径分别为 $d_1, d_2, \cdots, d_{n-1}, d_n$；单元编号自上而下依次为 $1, 2, \cdots, n+1, n+2$；对应的各单元底部的深度分别为 $L_1, L_2, \cdots, L_{n+1}, L_{n+2}$；截面周长为 $U_1, U_2, \cdots, U_{n+1}, U_{n+2}$；截面积为 $A_{p1}, A_{p2}, \cdots, A_{p(n+1)}, A_{p(n+2)}$。桩周土体对桩的作用采用基于 DSC 的荷载传递模型来模拟。桩土计算模型的假定同上一小节阶梯形变截面桩。

需要特别注意的是，随着桩基直径的变大，桩基体积的不断增大，桩基自重增大到一定程度时，沉降计算中桩基自重不可忽略。尤其是本书的超大直径阶梯形变截面空心桩，其自重高达上万千牛，在沉降计算中应该考虑自重因素的影响，然而现有研究采用荷载传递法时均未计算桩体自重，现引入桩体自重并对荷载传递法的基本微分方程进行修正和求解。

取桩身第 $n+2$ 个单元作为研究对象，其微元的受力分析如图 5-9 所示。可得静力平衡方程为：

$$\frac{\mathrm{d}P(z)}{\mathrm{d}z} = -U_{n+2}\tau(z) + \gamma_{\mathrm{p}}A_{\mathrm{p}(n+2)} \tag{5-37}$$

式中：γ_{p}——桩体重度（$\mathrm{N/m^3}$）。

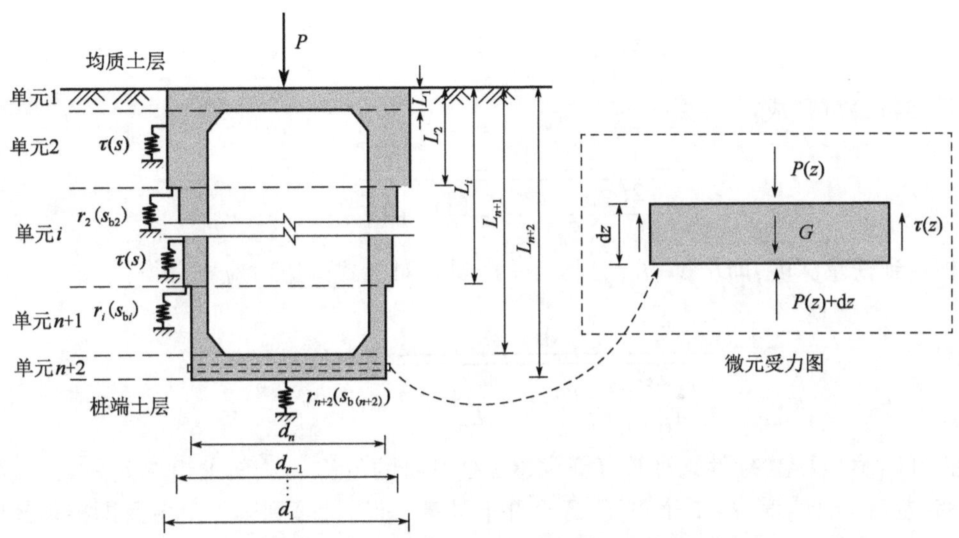

图5-9 均质地基土中 n 阶变截面空心桩沉降计算模型

桩单元产生的弹性压缩量为：

$$\mathrm{d}s = -\frac{P(z)}{E_{\mathrm{p}}A_{\mathrm{p}(n+2)}}\mathrm{d}z \tag{5-38}$$

故可得到考虑桩体自重情况下荷载传递法的基本微分方程为：

$$\frac{\mathrm{d}^2 s}{\mathrm{d}z^2} - \frac{U_{n+2}}{A_{\mathrm{p}(n+2)}E_{\mathrm{p}}}\tau(z) + \frac{\gamma_{\mathrm{p}}}{E_{\mathrm{p}}} = 0 \tag{5-39}$$

桩周荷载传递函数取式(5-8)和式(5-9)，则方程(5-39)可简化为：

$$\frac{\mathrm{d}^2 s}{\mathrm{d}z^2} - \frac{U_{n+2}}{A_{\mathrm{p}(n+2)}E_{\mathrm{p}}}\tau(s) + \frac{\gamma_{\mathrm{p}}}{E_{\mathrm{p}}} = 0 \tag{5-40}$$

对上式积分一次可得：

$$\frac{\mathrm{d}s}{\mathrm{d}z} = \pm\sqrt{\frac{2U_{n+2}}{A_{\mathrm{p}(n+2)}E_{\mathrm{p}}}T(s) - \frac{2\gamma_{\mathrm{p}}}{E_{\mathrm{p}}}s + C_1} \tag{5-41}$$

对于受压桩，应变 $\varepsilon = \frac{\mathrm{d}s}{\mathrm{d}z}$，必须为负值，因此有：

$$\frac{\mathrm{d}s}{\mathrm{d}z} = -\sqrt{\frac{2U_{n+2}}{A_{\mathrm{p}(n+2)}E_{\mathrm{p}}}T(s) - \frac{2\gamma_{\mathrm{p}}}{E_{\mathrm{p}}}s + C_1} \tag{5-42}$$

则桩身轴力为：

$$P(z) = E_{\mathrm{p}}A_{\mathrm{p}}\sqrt{\frac{2U_{n+2}}{A_{\mathrm{p}(n+2)}E_{\mathrm{p}}}T(s) - \frac{2\gamma_{\mathrm{p}}}{E_{\mathrm{p}}}s + C_1} \tag{5-43}$$

对于单元 $n+2$，有边界条件：

$$\begin{cases}\left.\dfrac{\mathrm{d}s}{\mathrm{d}z}\right|_{s=s_{\mathrm{b}}}=-\dfrac{r_{n+2}(s_{\mathrm{b}})}{E_{\mathrm{p}}}\\ s\big|_{z=L}=s_{\mathrm{b}}\end{cases} \tag{5-44}$$

可得积分常数：

$$C_1=\frac{r_{n+2}^2(s_{\mathrm{b}})}{E_{\mathrm{p}}^2}-\frac{2U_{n+2}}{A_{\mathrm{p}(n+2)}E_{\mathrm{p}}}T(s_{\mathrm{b}})+\frac{2\gamma_{\mathrm{p}}}{E_{\mathrm{p}}}s_{\mathrm{b}} \tag{5-45}$$

方程(5-42)可写成：

$$\frac{\mathrm{d}s}{\sqrt{\dfrac{2U_{n+2}}{A_{\mathrm{p}(n+2)}E_{\mathrm{p}}}T(s)-\dfrac{2\gamma_{\mathrm{p}}}{E_{\mathrm{p}}}s+C_1}}=-\mathrm{d}z \tag{5-46}$$

从桩端到任意深度，即从 $z=L_{n+2}$ 到 z，$s=s_{\mathrm{b}}$ 到 s，对上式两边对应积分得：

$$\int_{s_{\mathrm{b}}}^{s}\frac{\mathrm{d}s}{\sqrt{\dfrac{2U_{n+2}}{A_{\mathrm{p}(n+2)}E_{\mathrm{p}}}T(s)-\dfrac{2\gamma_{\mathrm{p}}}{E_{\mathrm{p}}}s+C_1}}=L_{n+2}-z \tag{5-47}$$

上式可用 MATLAB 软件来计算任意深度 z 处桩身的位移 s，从而求出单元 $n+2$ 顶部的轴力和位移，然后再计算第 $n+1$ 个单元，逐个往上计算，最后计算到第一个单元即桩顶部所在单元停止。遇到变截面位置时，按照本章第 5.1.2 节中对变截面处的计算方法进行处理，最后将此算法在 MATLAB 软件中编成了相应计算程序。

当然，上述对于均质土中超大直径阶梯形变截面空心桩基的计算方法同样适用于分层地基土中，两者计算方法差别在于单元的划分，对于分层地基土，划分单元时应考虑到不同土层的影响，每层土当作一个桩段，具体划分方法类似本章 5.1.2 小节分层地基土中变截面桩，此处不重复说明。

2)方法验证

以吉安深圳大桥 ϕ15m 超大直径阶梯形变截面空心桩基础工程验证本书提出的理论计算方法的可行性，桩土模型如图 4-1 所示。在桩顶施加一个 16000kN 的竖向荷载，计算至模型达到平衡状态，而后以 8000kN 的增幅逐步施加 13 级荷载，数值模拟结果如图 5-10 所示。

由图可见，桩侧摩阻力随荷载的增加而逐渐增大，但其值随深度而波动。故而采用加权平均计算法对桩的总平均侧摩阻力进行计算。计算公式如下：

$$\tau=\frac{\sum\tau_{l_i}\cdot l_i}{\sum l_i} \tag{5-48}$$

式中：l_i——单元 i 的长度(m)；

τ_{l_i}——单元 i 的侧摩阻力(Pa)。

根据不同荷载等级作用下的数值模拟结果，可取得桩的总平均侧摩阻力和沉降关系，如图 5-10b)所示。使用 DSC 荷载传递模型[式(5-8)]对该关系进行拟合可得：

$$\tau=0.32223s\cdot\exp\left[-\left(\frac{s}{75.34543}\right)^{1.91034}\right]+84.88255\cdot\left\{1-\exp\left[-\left(\frac{s}{75.34543}\right)^{1.91034}\right]\right\} \tag{5-49}$$

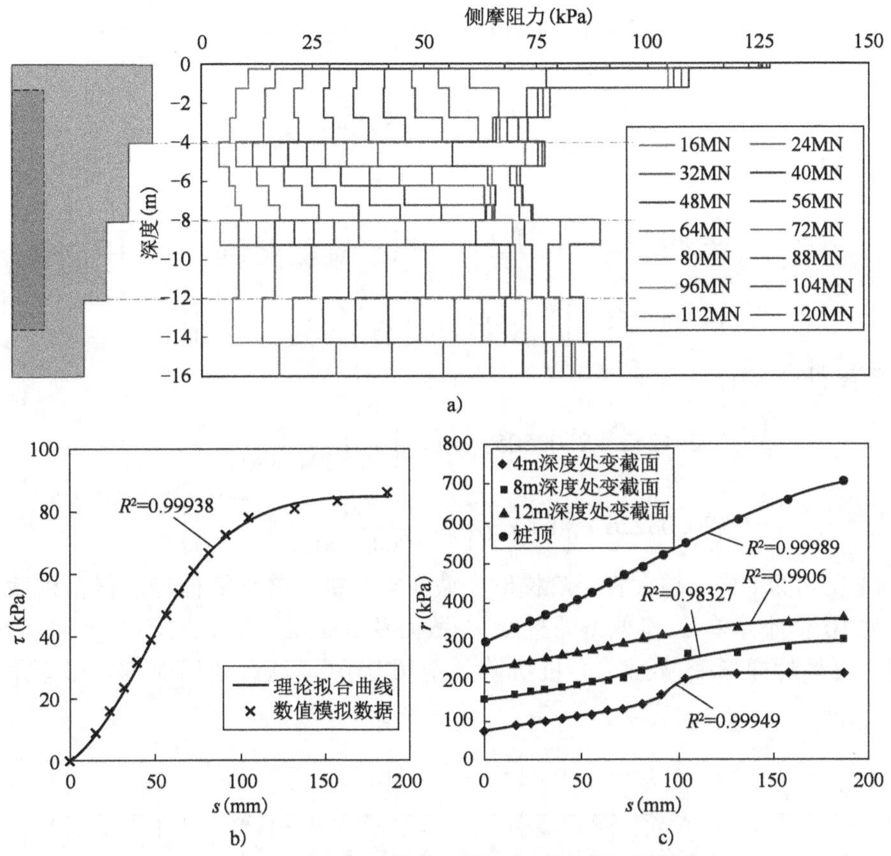

图 5-10　ϕ15m 超大直径阶梯形变截面空心桩静载试验模拟结果

进一步提取桩变截面及桩端下方土体法向应力，即可取得不同荷载等级下各变截面及桩端应力与沉降的对应关系，如图 5-10c）所示。值得注意的是，由于巨大的桩身自重，使得超大直径阶梯形变截面空心桩在施加桩顶荷载之前，其桩端和各变截面处就已存在一定的初始阻力。因此，桩端和各变截面处的 DSC 荷载传递模型也必须考虑该因素：

$$r_i = r_{wi} + r(s_{bi}) = r_{wi} + k_{bi}s_{bi} \cdot \exp\left[-\left(\frac{s_{bi}}{\xi_{bi}}\right)^{\eta_{bi}}\right] + \tau_{c\ bi} \cdot \left\{1 - \exp\left[-\left(\frac{s_{bi}}{\xi_{bi}}\right)^{\eta_{bi}}\right]\right\} \tag{5-50}$$

式中：r_{wi}——桩身自重产生的初始阻力。

利用式（5-50），采用最小二乘法对图 5-10c）所示结果进行拟合，拟合结果如下。

4m 深度处：

$$\begin{aligned} r_3 = 76.83608 + 0.74111 s_{b3} \cdot \exp\left[-\left(\frac{s_{b3}}{100.07231}\right)^{12.58329}\right] + \\ 144.2906 \cdot \left\{1 - \exp\left[-\left(\frac{s_{b3}}{100.07231}\right)^{12.58329}\right]\right\} \end{aligned} \tag{5-51}$$

8m 深度处：

$$r_4 = 155.4455 + 0.57051 s_{b4} \cdot \exp\left[-\left(\frac{s_{b4}}{122.80539}\right)^{2.71965}\right] + 149.48713 \cdot \left\{1 - \exp\left[-\left(\frac{s_{b4}}{122.80539}\right)^{2.71965}\right]\right\} \tag{5-52}$$

12m 深度处：

$$r_4 = 155.4455 + 0.57051 s_{b4} \cdot \exp\left[-\left(\frac{s_{b4}}{122.80539}\right)^{2.71965}\right] + 149.48713 \cdot \left\{1 - \exp\left[-\left(\frac{s_{b4}}{122.80539}\right)^{2.71965}\right]\right\} \tag{5-53}$$

16m 深度处(桩端)：

$$r_{10} = 302.1252 + 2.02505 s_{b} \cdot \exp\left[-\left(\frac{s_{b}}{204.89041}\right)^{2.46426}\right] + 420.08226 \cdot \left\{1 - \exp\left[-\left(\frac{s_{b}}{204.89041}\right)^{2.46426}\right]\right\} \tag{5-54}$$

图 5-11 所示为 ϕ15m 超大直径阶梯形变截面空心桩沉降计算模型。根据桩截面面积，将桩身划分为 10 个计算单元，将取得的桩侧、变截面及桩端位置的 DSC 荷载传递函数引入本书提出的超大直径阶梯形变截面空心桩沉降计算方法中，而后，利用 MATLAB 软件编写计算程序。

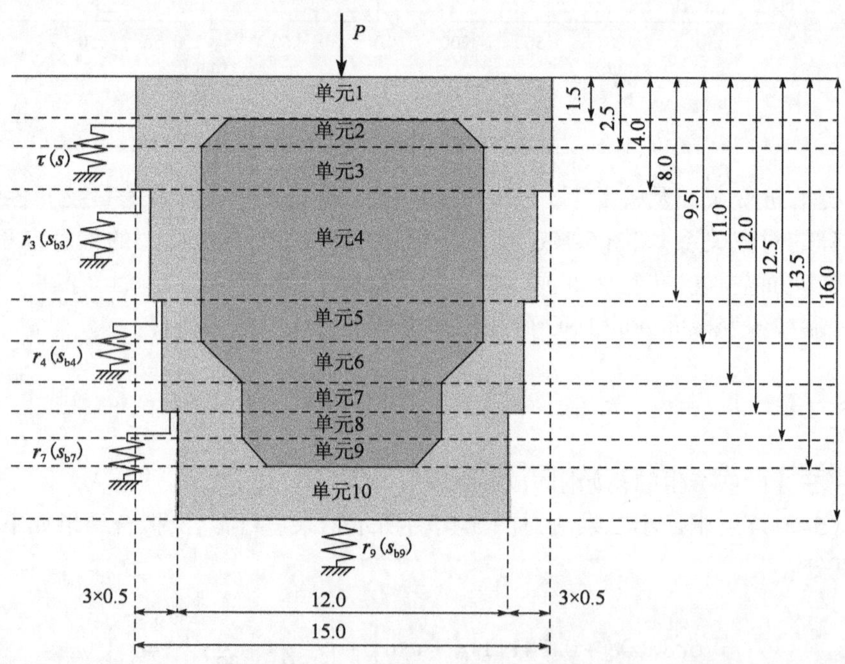

图 5-11　ϕ15m 超大直径阶梯形变截面空心桩沉降计算模型(尺寸单位：m)

将采用本书提出的计算方法计算出来的理论沉降值与数值模拟结果进行对比，如图 5-12 所示。由图可见，理论解与数值解相当吻合。由此可证明本书提出的计算方法对于超大直径阶梯形变截面空心桩的沉降计算具有较好的适用性。

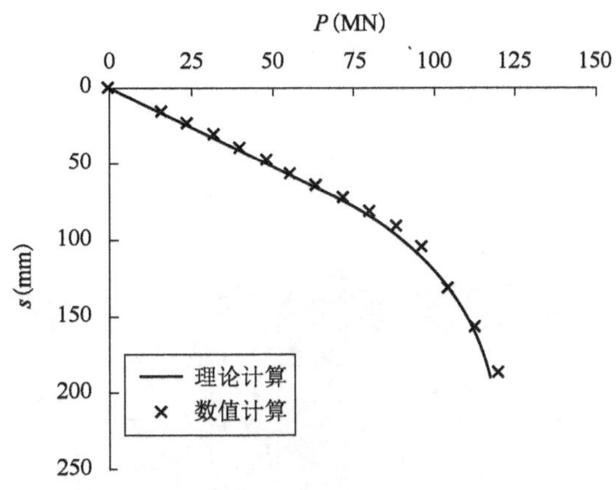

图 5-12 理论解与数值模拟 p-s 曲线对比

5.2 考虑时效扰动的超大直径阶梯形变截面桩沉降计算方法

桩基沉降的时效性一直是岩土工程界长期关注且研究较多的问题之一,目前已经有众多学者对桩基沉降的时效性进行了理论研究(贺武斌,2003;薛凤忠 等,2014;李振亚 等,2015)。现有研究中大多将土体简化为常见的双曲线模型、广义开尔文模型或 Voigt 体模型,从而推导出等截面单桩的沉降—时间特性,这些模型都未能较好地反映出土体的时效扰动扰动特性,并且未将计算方法推广到变截面桩。为此,本节将第 4 章提出的基于 DSC 的时效荷载传递模型应用于超大直径阶梯形变截面空心桩的长期沉降计算方法研究中,基于荷载传递法,首先推导出均质及分层地层中竖向荷载作用下等截面桩的长期沉降计算方法,而后逐步推广至变截面桩及超大直径阶梯形变截面空心桩。最后,通过对比理论计算结果与数值模拟结果,以此验证本章推导的计算方法的可靠性与实用性。

5.2.1 考虑时效扰动的等截面单桩沉降计算方法

1)均质地基土中等截面单桩长期沉降计算方法

(1)计算模型及基本假定

为研究均质地基土中静载作用下等截面单桩长期沉降计算方法,首先建立如图 5-13 所示的计算模型图,在均质地基土中,等截面单桩桩长为 l,截面积为 A_{p},截面周长为 U,桩身弹性模量为 E_{p}。桩周土体对桩的作用采用基于 DSC 的蠕变本构模型描述。

采用如下的基本假定:

①桩体为等截面的均质杆件,桩身材料为各向同性线弹性体。

②桩侧土体为均质各向同性体,其对桩的作用可以用桩土接触面上基于 DSC 的蠕变本构模型来模拟,模型中剪切模量 G_k,黏滞系数 η_k 和 η_n,摩擦片摩阻力 τ_n。

③桩端土体对桩的作用可以用桩土接触面上基于 DSC 的蠕变本构模型来模拟,模型中弹性模量 $E_{\mathrm{b}k}$,黏滞系数 $\eta_{\mathrm{b}k}$ 和 $\eta_{\mathrm{b}n}$,摩擦片摩阻力 $\tau_{\mathrm{b}n}$。

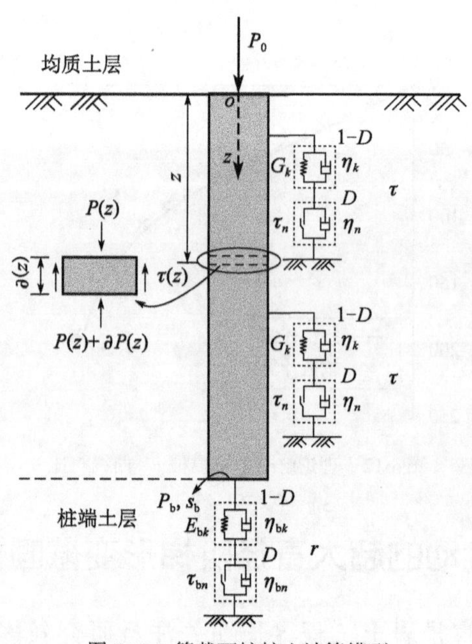

图 5-13　等截面桩桩土计算模型

(2)定解问题的建立和求解

假定桩在深度 z 处的位移为 s,由该处单元体的静力平衡条件得到:

$$\frac{\partial P(z)}{\partial z} = -U\tau \tag{5-55}$$

桩单元体产生的弹性压缩为:

$$\frac{\partial s}{\partial z} = -\frac{P(z)}{A_p E_p} \tag{5-56}$$

桩身基本微分方程为:

$$\frac{\partial^2 s}{\partial z^2} = \frac{U}{A_p E_p}\tau \tag{5-57}$$

假设作用于桩顶的荷载随着时间保持大小不变,桩周土体采用本书第 4 章提出的基于 DSC 的蠕变本构模型,桩侧土体蠕变方程可表示为:

$$\gamma = \frac{(1-D)\tau}{G_k}\left[1-\exp\left(-\frac{G_k}{\eta_k}t\right)\right] + \frac{D(\tau-\tau_n)}{\eta_n}t \tag{5-58}$$

桩端土体蠕变方程可表示为:

$$\varepsilon = \frac{(1-D_b)r}{E_{bk}}\left[1-\exp\left(-\frac{E_{bk}}{\eta_{bk}}t\right)\right] + \frac{D_b(r-r_n)}{\eta_{bn}}t \tag{5-59}$$

式中:ε——法向应变;

r——法向应力(kPa);

E_{bk}——弹性模量,$E_{bk} = G_k \times [2(1+v)]$,$v$ 为土体的泊松比。

由于桩侧土体受到的是剪应力,其蠕变方程可表示为:

$$\tau = \frac{\gamma\eta_n + D\tau_n t}{\frac{\eta_n(1-D)}{G_k}\left[1-\exp\left(-\frac{G_k}{\eta_k}t\right)\right] + Dt} \tag{5-60}$$

令

$$M_{\mathrm{s}}(t)=\frac{\eta_{n}}{\frac{\eta_{n}(1-D)}{G_{k}}\left[1-\exp\left(-\frac{G_{k}}{\eta_{k}}t\right)\right]+Dt} \tag{5-61}$$

$$N_{\mathrm{s}}(t)=\frac{D\tau_{n}t}{\frac{\eta_{n}(1-D)}{G_{k}}\left[1-\exp\left(-\frac{G_{k}}{\eta_{k}}t\right)\right]+Dt} \tag{5-62}$$

则式(5-60)可化简为：

$$\tau=\gamma M_{\mathrm{s}}(t)+N_{\mathrm{s}}(t)=\frac{sM_{\mathrm{s}}(t)}{l}+N_{\mathrm{s}}(t) \tag{5-63}$$

式中：l——研究的桩段长度(m)。

将式(5-63)代入式(5-57)得到：

$$\frac{\partial^{2}s}{\partial z^{2}}=\frac{U}{A_{\mathrm{p}}E_{\mathrm{p}}}\left[\frac{sM_{\mathrm{s}}(t)}{l}+N_{\mathrm{s}}(t)\right] \tag{5-64}$$

令

$$\alpha^{2}(t)=\frac{UM_{\mathrm{s}}(t)}{A_{\mathrm{p}}E_{\mathrm{p}}l} \tag{5-65}$$

$$\beta(t)=\frac{UN_{\mathrm{s}}(t)}{A_{\mathrm{p}}E_{\mathrm{p}}} \tag{5-66}$$

则式(5-64)可以表示为：

$$\frac{\partial^{2}s}{\partial z^{2}}=\alpha^{2}(t)s+\beta(t) \tag{5-67}$$

上式微分方程对应的齐次方程的通解为：

$$S(z)=c_{1}\mathrm{e}^{\alpha(t)z}+c_{2}\mathrm{e}^{-\alpha(t)z} \tag{5-68}$$

微分方程的一个特解为：

$$s^{*}(z)=-\frac{\beta(t)}{\alpha^{2}(t)} \tag{5-69}$$

因此，微分方程对应的通解为：

$$s(z)=S+s^{*}=c_{1}\mathrm{e}^{\alpha(t)z}+c_{2}\mathrm{e}^{-\alpha(t)z}-\frac{\beta(t)}{\alpha^{2}(t)} \tag{5-70}$$

将式(5-70)代入式(5-56)得到轴力为：

$$P(z)=-\alpha(t)A_{\mathrm{p}}E_{\mathrm{p}}(c_{1}e^{\alpha(t)z}-c_{2}\mathrm{e}^{-\alpha(t)z}) \tag{5-71}$$

引入边界条件，桩端的力与位移连续条件为：

$$\begin{cases}E_{\mathrm{p}}A_{\mathrm{p}}\left.\dfrac{\partial s}{\partial z}\right|_{z=0}=P_{0}\\ s\big|_{z=0}=s_{0}\end{cases} \tag{5-72}$$

解得：

$$\begin{cases} c_1 = \dfrac{1}{2} \times \left[s_0 - \dfrac{P_0}{\alpha(t) E_p A_p} + \dfrac{\beta(t)}{\alpha^2(t)} \right] \\ c_2 = \dfrac{1}{2} \times \left[s_0 + \dfrac{P_0}{\alpha(t) E_p A_p} + \dfrac{\beta(t)}{\alpha^2(t)} \right] \end{cases} \tag{5-73}$$

将求得的 c_1 和 c_2 代入式(5-70)和式(5-71)得：

$$s(z) = \frac{1}{2} e^{\alpha(t)z} \left[s_0 - \frac{P_0}{\alpha(t) E_p A_p} + \frac{\beta(t)}{\alpha^2(t)} \right] + \frac{1}{2} e^{-\alpha(t)z} \left[s_0 + \frac{P_0}{\alpha(t) E_p A_p} + \frac{\beta(t)}{\alpha^2(t)} \right] - \frac{\beta(t)}{\alpha^2(t)} \tag{5-74}$$

$$P(z) = -\frac{1}{2} \alpha(t) A_p E_p \left\{ e^{\alpha(t)z} \left[s_0 - \frac{P_0}{\alpha(t) E_p A_p} + \frac{\beta(t)}{\alpha^2(t)} \right] - e^{-\alpha(t)z} \left[s_0 + \frac{P_0}{\alpha(t) E_p A_p} + \frac{\beta(t)}{\alpha^2(t)} \right] \right\} \tag{5-75}$$

因为

$$\cosh[\alpha(t)z] = \frac{e^{\alpha(t)z} + e^{-\alpha(t)z}}{2} \tag{5-76}$$

$$\sinh[\alpha(t)z] = \frac{e^{\alpha(t)z} - e^{-\alpha(t)z}}{2} \tag{5-77}$$

为表达简洁明了，将式(5-74)和式(5-75)改写成矩阵的形式：

$$\begin{Bmatrix} s(z) \\ P(z) \end{Bmatrix} = \begin{bmatrix} \cosh[\alpha(t)z] & \dfrac{-\sinh[\alpha(t)z]}{\alpha(t) A_p E_p} \\ -\alpha(t) A_p E_p \sinh[\alpha(t)z] & \cosh[\alpha(t)z] \end{bmatrix} \begin{Bmatrix} s_0 \\ P_0 \end{Bmatrix} + \begin{Bmatrix} \cosh[\alpha(t)z] \dfrac{\beta(t)}{\alpha^2(t)} - \dfrac{\beta(t)}{\alpha^2(t)} \\ -A_p E_p \sinh[\alpha(t)z] \dfrac{\beta(t)}{\alpha(t)} \end{Bmatrix} = \boldsymbol{K}(z) \begin{Bmatrix} s_0 \\ P_0 \end{Bmatrix} + \boldsymbol{T}(z) \tag{5-78}$$

当 $z=l$ 时，即桩端处的荷载和位移为：

$$\begin{Bmatrix} s_b \\ P_b \end{Bmatrix} = \begin{bmatrix} \cosh[\alpha(t)(l)] & \dfrac{-\sinh[\alpha(t)(l)]}{\alpha(t) A_p E_p} \\ -\alpha(t) A_p E_p \sinh[\alpha(t)(l)] & \cosh[\alpha(t)(l)] \end{bmatrix} \begin{Bmatrix} s_0 \\ P_0 \end{Bmatrix} + \begin{Bmatrix} \cosh[\alpha(t)(l)] \dfrac{\beta(t)}{\alpha^2(t)} - \dfrac{\beta(t)}{\alpha^2(t)} \\ -A_p E_p \sinh[\alpha(t)(l)] \dfrac{\beta(t)}{\alpha(t)} \end{Bmatrix} = \boldsymbol{K}(l) \begin{Bmatrix} s_0 \\ P_0 \end{Bmatrix} + \boldsymbol{T}(l) \tag{5-79}$$

即：

$$s_b = \frac{1}{2} e^{\alpha(t)l} \left[s_0 - \frac{P_0}{\alpha(t) E_p A_p} + \frac{\beta(t)}{\alpha^2(t)} \right] + \frac{1}{2} e^{-\alpha(t)l} \left[s_0 + \frac{P_0}{\alpha(t) E_p A_p} + \frac{\beta(t)}{\alpha^2(t)} \right] - \frac{\beta(t)}{\alpha^2(t)} \tag{5-80}$$

$$P_b = -\frac{1}{2} \alpha(t) A_p E_p \left\{ e^{\alpha(t)l} \left[s_0 - \frac{P_0}{\alpha(t) E_p A_p} + \frac{\beta(t)}{\alpha^2(t)} \right] - e^{-\alpha(t)l} \left[s_0 + \frac{P_0}{\alpha(t) E_p A_p} + \frac{\beta(t)}{\alpha^2(t)} \right] \right\} \tag{5-81}$$

对于桩端土体,当桩端土处于弹性状态时,桩端荷载 P_b 作用下,根据圆板下无限弹性地基的弹性理论 Boussinesq 解,则:

$$s_b = \frac{1-\nu^2}{E_s d} P_b \tag{5-82}$$

式中:d——桩的直径(m);

ν——桩端土层泊松比;

E_s——桩端土层弹性模量(kPa)。

假定桩底土体采用本书基于扰动—元件组合模型描述,桩端土体位移的黏弹性解答可由式(5-82)通过黏弹性对应原理求得:

$$s_b = \frac{1-\nu^2}{M_{sb}(t) d} P_b \tag{5-83}$$

其中

$$M_{sb}(t) = \frac{\eta_{bn}}{\dfrac{\eta_{bn}(1-D_b)}{E_{bk}} \times \left[1-\exp\left(-\dfrac{E_{bk}}{\eta_{bk}}t\right)\right] + D_b t}$$

将式(5-80)和式(5-81)代入式(5-83)中整理得:

$$\begin{aligned}&\cosh[\alpha(t)(l)]s_0 + \frac{-\sinh[\alpha(t)(l)]}{\alpha(t)A_p E_p}p_0 + \cosh[\alpha(t)(l)]\frac{\beta(t)}{\alpha^2(t)} - \frac{\beta(t)}{\alpha^2(t)} = \\ &X_1\left\{-\alpha(t)A_p E_p \sinh[\alpha(t)(l)]s_0 + \cosh[\alpha(t)(l)]p_0 - A_p E_p \sinh[\alpha(t)(l)]\frac{\beta(t)}{\alpha(t)}\right\}\end{aligned} \tag{5-84}$$

解得:

$$s_0(t) = \frac{X_3 P_0 + X_4}{X_2} \tag{5-85}$$

式中参数表达式为:

$$X_1 = \frac{1-\nu^2}{M_{sb}(t) d}$$

$$X_2 = \cosh[\alpha(t)(l)] + X_1 \alpha(t) A_p E_p \sinh[\alpha(t)(l)]$$

$$X_3 = X_1 \cosh[\alpha(t)(l)] + \frac{\sinh[\alpha(t)(l)]}{\alpha(t) A_p E_p}$$

$$X_4 = -X_1 A_p E_p \sinh[\alpha(t)(l)]\frac{\beta(t)}{\alpha(t)} - \cosh[\alpha(t)(l)]\frac{\beta(t)}{\alpha^2(t)} + \frac{\beta(t)}{\alpha^2(t)}$$

按照上述计算思路与步骤,可使用 MATLAB 软件编制等截面桩长期沉降计算方法的程序。

2)分层地基土中等截面单桩长期沉降计算方法

上面推导了均质地基土中静载作用下等截面单桩长期沉降的计算方法,下面将该方法推广到实际工程中的成层地基土。考虑桩侧土体的成层特性,将桩土系统从上至下划分为 n 层,自上而下依次为 $1,2,\cdots,n-1,n$ 层,相应的各层土的厚度分别为 $l_1,l_2,\cdots,l_{n-1},l_n$。每层土体的物理力学性质都不同,故需要采用不同参数的基于 DSC 的蠕变本构模型,如图 5-14 所示。

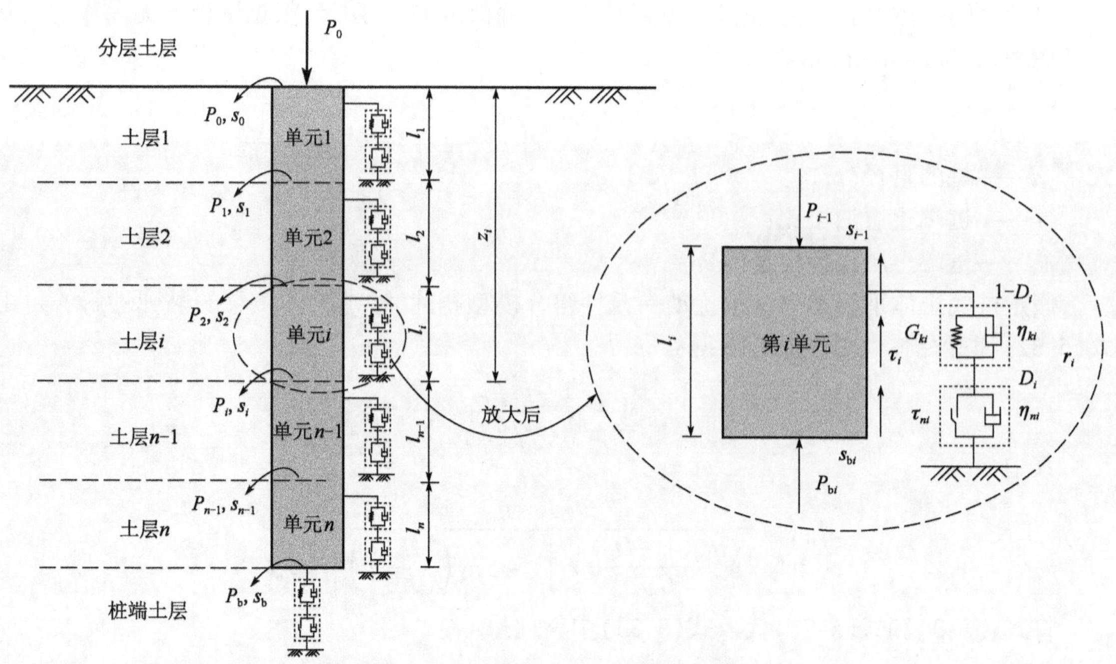

图 5-14　分层地基土中等截面桩桩土计算模型

考虑桩身单元静力平衡条件可以得到桩身基本平衡方程如下：

$$A_p E_p \frac{\partial^2 s}{\partial z^2} - U\tau_i = 0 \quad (i = 1, 2, \cdots, n) \tag{5-86}$$

桩顶处的边界条件为：

$$\begin{cases} A_p E_p \left.\dfrac{\partial s}{\partial z}\right|_{z=0} = P_0 \\ s\big|_{z=0} = s_0 \end{cases} \tag{5-87}$$

相邻桩身微单元分界面($z = z_i$)两侧的桩身位移和力满足如下连续条件：

$$\begin{cases} P_{bi} = P_i \\ s_{bi} = s_i \end{cases} \quad (i = 1, 2, \cdots, n) \tag{5-88}$$

假设作用在桩顶的恒定荷载为 P_0，则对于第一层土，根据桩侧土的情况可用上一小节推导出的公式直接计算出桩身单元 1 任一点的位移和轴力，并由此得出第一层土中桩身单元 1 下部位移和轴力。

$$\begin{Bmatrix} s_{b1} \\ P_{b1} \end{Bmatrix} = \boldsymbol{K}_1(l_1) \begin{Bmatrix} s_0 \\ P_0 \end{Bmatrix} + \boldsymbol{T}_1(l_1) \tag{5-89}$$

再将桩身单元 1 的下部位移和轴力作为桩身单元 2 的桩上部位移和轴力，于是可得桩身单元 2 内任一点的位移和轴力，同样可得出桩身单元 2 的下部位移和轴力。

$$\begin{cases}\begin{Bmatrix} s_1 \\ P_1 \end{Bmatrix} = \begin{Bmatrix} s_{b1} \\ P_{b1} \end{Bmatrix} \\ \begin{Bmatrix} s_2 \\ P_2 \end{Bmatrix} = \boldsymbol{K}_2(l_2)\begin{Bmatrix} s_1 \\ P_1 \end{Bmatrix} + \boldsymbol{T}_2(l_2) \end{cases} \tag{5-90}$$

同理,第 i 层土的桩单元 i,受力如图 5-14 所示,其桩段上部、下部的位移和轴力可以分别表示为:

$$\begin{Bmatrix} s_i \\ P_i \end{Bmatrix} = \boldsymbol{K}_i(l_i)\begin{Bmatrix} s_{i-1} \\ P_{i-1} \end{Bmatrix} + \boldsymbol{T}_i(l_i) \tag{5-91}$$

桩按土层分为 n 段,依次对每一土层进行迭代,可以得到每一土层的桩身位移和轴力情况,并相应地计算出该层的桩端位移和轴力以供下层使用,由此可得到单桩桩端位移 s_b、轴力 p_b 和桩顶位移 s_0、轴力 P_0 的关系:

$$\begin{Bmatrix} s_b \\ P_b \end{Bmatrix} = \prod_{i=n}^{1}\boldsymbol{K}_i(l_i)\begin{Bmatrix} s_0 \\ P_0 \end{Bmatrix} + \sum_{i=2}^{n}\left[\left(\prod_{n}^{i}\boldsymbol{K}_i(l_i)\right)\boldsymbol{T}_{i-1}(l_{i-1})\right] + \boldsymbol{T}_n(l_n) \tag{5-92}$$

将式(5-92)与式(5-78)联立即可求得 $s_0(t)$ 的表达式,进而得到其他参数随时间的变化值。

蠕变模型中的τ_n 为材料内部细观颗粒的屈服应力,可以考虑加载初期即产生黏塑性应变,且黏塑性变形区域大小直接由蠕变扰动因子控制,该阈值便可近似取为零。当$\tau_n=0$ 时,式(5-92)可简化为:

$$\begin{Bmatrix} s_b \\ P_b \end{Bmatrix} = \prod_{i=n}^{1}\boldsymbol{K}_i(l_i)\begin{Bmatrix} s_0 \\ P_0 \end{Bmatrix} = \boldsymbol{K}\begin{Bmatrix} s_0 \\ P_0 \end{Bmatrix} \tag{5-93}$$

其中,$\boldsymbol{K} = \prod_{i=n}^{1}\boldsymbol{K}_i(l_i)$。

将式(5-92)和式(5-82)联立可得:

$$s_0(t) = P_0\frac{[X_1\boldsymbol{K}(2,2) - \boldsymbol{K}(1,2)]}{[\boldsymbol{K}(1,1) - X_1\boldsymbol{K}(2,1)]} \tag{5-94}$$

式中参数 X_1 表达式为:$X_1 = \dfrac{1-\nu^2}{M_{sb}(t)d}$,$\boldsymbol{K}(i,j)$ 为矩阵 $\boldsymbol{K}$ 中的元素。

5.2.2 考虑时效扰动的阶梯形变截面桩沉降计算方法

1)均质地基土中变截面桩长期沉降计算方法

(1)计算模型及基本假定

对于均质地基土中非刚性变截面桩长期沉降计算,首先研究仅变一次截面的变截面桩,然后再推广到 n 阶变截面桩。首先,建立如图 5-15 所示的变截面桩计算模型图,在均质地基土中,假设变截面桩的弹性模型为 E_p,桩段长度为 l_1,单元 1 的直径为 d_1,周长为 U_1,面积为 A_{p1},桩段长度为 l_1;单元 2 的直径为 d_2,周长为 U_2,面积为 A_{p2},桩段长度为 l_2。桩侧、变截面处以及桩端都采用基于 DSC 的蠕变本构模型描述。

为便于方程的建立与求解,现对桩土计算模型做如下假定:

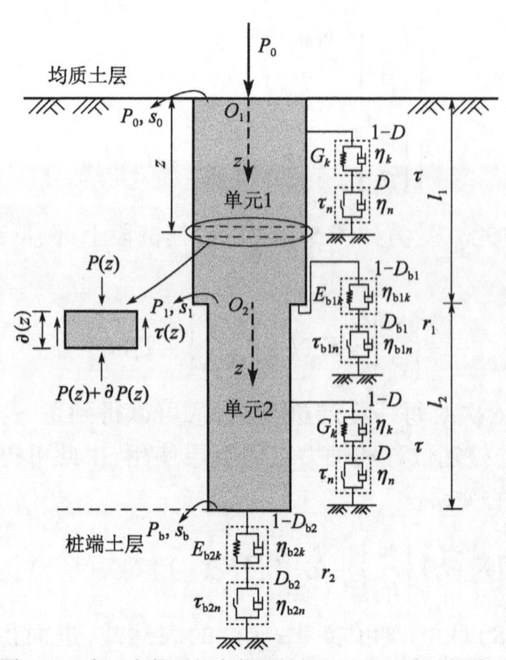

图 5-15　变一次截面的变截面桩桩土长期沉降计算模型

①桩体为均质杆件，桩身材料为各向同性线弹性体。

②桩侧土体为均质各向同性体，其对桩的作用可以用桩土接触面上基于 DSC 的蠕变本构模型来模拟，模型中剪切模量 G_k，黏滞系数 η_k 和 η_n，摩擦片摩阻力 τ_n。

③假设变截面处土体受到均布相等的环形压应力，变截面处土体对桩的作用可以用基于 DSC 的蠕变本构模型来模拟。

④桩端土体对桩的作用也可以用基于 DSC 的蠕变本构模型来模拟。

(2)公式推导

在均质土中仅变一次截面的变截面桩沉降计算模型如图 5-15 所示。首先根据变截面位置可以将变截面桩分成两个单元，相应每段等截面桩作为一个单元，如图 5-15 中单元 1 和单元 2，可以从基桩上部单元开始计算，然后再计算下部单元。具体过程如下：

在变截面桩桩顶施加一个固定的荷载 P_0，当 $t=0$ 时，桩顶位移为 s_0，桩身任意截面位置位移用 s 表示，在单元 1 和单元 2 分别建立局部坐标系 O_1 和 O_2，则对于单元 1，桩段在深度 z 处任意截面的位移满足如下的微分方程和边界条件。

$$\begin{cases} A_{p1}E_p\dfrac{\partial^2 s}{\partial z^2}-U_1\tau_1=0 \quad (0\leqslant z\leqslant l_1) \\ A_{p1}E_p\left.\dfrac{\partial s}{\partial z}\right|_{z=0}=P_0 \\ s\big|_{z=0}=s_0 \end{cases} \tag{5-95}$$

解得：

$$\begin{Bmatrix} s(z) \\ P(z) \end{Bmatrix} = \begin{bmatrix} \cosh[\alpha(t)z] & \dfrac{-\sinh[\alpha(t)z]}{\alpha(t)A_{p1}E_p} \\ -\alpha(t)A_{p1}E_p\sinh[\alpha(t)z] & \cosh[\alpha(t)z] \end{bmatrix} \begin{Bmatrix} s_0 \\ P_0 \end{Bmatrix} + \begin{Bmatrix} \cosh[\alpha(t)z]\dfrac{\beta(t)}{\alpha^2(t)} - \dfrac{\beta(t)}{\alpha^2(t)} \\ -A_{p1}E_{p1}\sinh[\alpha(t)z]\dfrac{\beta(t)}{\alpha(t)} \end{Bmatrix} = \boldsymbol{K}_1(z)\begin{Bmatrix} s_0 \\ P_0 \end{Bmatrix} + \boldsymbol{T}_1(z) \quad (0 \leqslant z \leqslant l_1) \tag{5-96}$$

当 $z = l_1$ 时，即变截面处的荷载和位移为：

$$\begin{Bmatrix} s_{b1} \\ P_{b1} \end{Bmatrix} = \boldsymbol{K}_1(l_1)\begin{Bmatrix} s_0 \\ P_0 \end{Bmatrix} + \boldsymbol{T}_1(l_1) \tag{5-97}$$

在基桩变截面处，土体采用的是本书基于扰动—元件组合模型，如图5-16所示，假设变截面处土体受到的环形荷载为 R_b，则其黏弹性解答可由式(5-82)通过黏弹性对应原理求得。

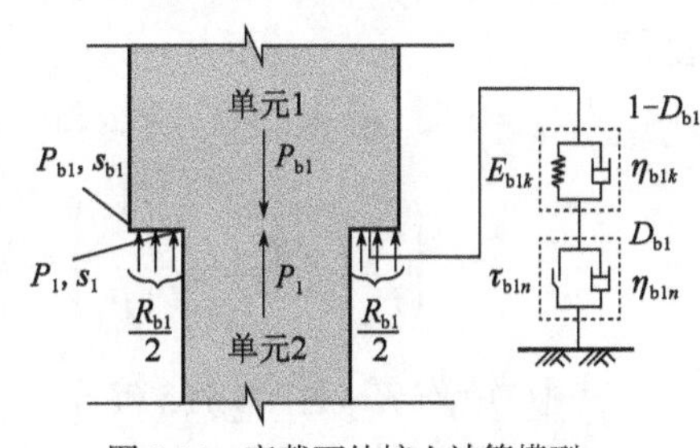

图5-16　变截面处桩土计算模型

$$R_{b1} = \frac{M_{sb1}(t)(d_1 - d_2)}{1 - \nu_{b1}^2} s_{b1} \tag{5-98}$$

其中，$M_{sb1}(t) = \dfrac{\eta_{b1n}}{\dfrac{\eta_{b1n}(1 - D_{b1})}{E_{b1k}}\left[1 - \exp\left(-\dfrac{E_{b1k}}{\eta_{b1k}}t\right)\right] + D_{b1}t}$。

对于单元2，在局部坐标系 O_2 中，单元2在深度 z 处任意截面的位移满足如下的微分方程和边界条件。

$$\begin{cases} A_{p2}E_p\dfrac{\partial^2 s}{\partial z^2} - U_2\tau_2 = 0 \quad (0 \leqslant z \leqslant l_2) \\ P_1 = P_{b1} - R_{b1} \\ s_1 = s_{b1} \end{cases} \tag{5-99}$$

解得：

$$\begin{Bmatrix} s(z) \\ P(z) \end{Bmatrix} = \begin{bmatrix} \cosh[\alpha(t)z] & \dfrac{-\sinh[\alpha(t)z]}{\alpha(t)A_{p2}E_p} \\ -\alpha(t)A_{p2}E_p\sinh[\alpha(t)z] & \cosh[\alpha(t)z] \end{bmatrix} \begin{Bmatrix} s_1 \\ P_1 \end{Bmatrix} + \begin{Bmatrix} \cosh[\alpha(t)z]\dfrac{\beta(t)}{\alpha^2(t)} - \dfrac{\beta(t)}{\alpha^2(t)} \\ -A_{p2}E_p\sinh[\alpha(t)z]\dfrac{\beta(t)}{\alpha(t)} \end{Bmatrix} = \boldsymbol{K}_2(z)\begin{Bmatrix} s_1 \\ P_1 \end{Bmatrix} + \boldsymbol{T}_2(z) \tag{5-100}$$

其中，$\begin{Bmatrix} s_1 \\ P_1 \end{Bmatrix} = \begin{Bmatrix} s_{b1} \\ P_{b1} - R_{b1} \end{Bmatrix}$。

当 $z = l_2$ 时，即桩端处的荷载和位移为：

$$\begin{Bmatrix} s_b \\ P_b \end{Bmatrix} = \boldsymbol{K}_2(l_2)\begin{Bmatrix} s_1 \\ P_1 \end{Bmatrix} + \boldsymbol{T}_2(l_2) \tag{5-101}$$

在变截面桩桩端处：

$$P_{\mathrm{b}}=\frac{M_{\mathrm{sb2}}(t)d_2}{1-\nu_{\mathrm{b2}}^2}s_{\mathrm{b}} \tag{5-102}$$

其中，$M_{\mathrm{sb2}}(t)=\dfrac{\eta_{\mathrm{b2}n}}{\dfrac{\eta_{\mathrm{b2}n}(1-D_{\mathrm{b2}})}{E_{\mathrm{b2}k}}\times\left[1-\exp\left(-\dfrac{E_{\mathrm{b2}k}}{\eta_{\mathrm{b2}k}}t\right)\right]+D_{\mathrm{b2}}t}$。

联立式(5-101)和式(5-102)即可求得 $s_0(t)$ 的表达式，进而得到其他参数随时间的变化值。

当$\tau_n=0$时，将式(5-97)代入式(5-101)可得：

$$\begin{Bmatrix}s_{\mathrm{b}}\\P_{\mathrm{b}}\end{Bmatrix}=\boldsymbol{K}_2(l_2)\begin{Bmatrix}s_1\\P_1\end{Bmatrix}=\boldsymbol{K}_2(l_2)\begin{Bmatrix}s_{\mathrm{b1}}\\P_{\mathrm{b1}}-R_{\mathrm{b1}}\end{Bmatrix}=\boldsymbol{K}\begin{Bmatrix}s_0\\P_0\end{Bmatrix}+\boldsymbol{K}_2(l_2)\begin{Bmatrix}0\\-R_{\mathrm{b1}}\end{Bmatrix} \tag{5-103}$$

其中，矩阵 $\boldsymbol{K}=\boldsymbol{K}_2(l_2)\boldsymbol{K}_1(l_1)$。

将上式展开得：

$$\begin{cases}s_{\mathrm{b}}=\boldsymbol{K}(1,1)s_0+\boldsymbol{K}(1,2)P_0-\boldsymbol{K}_2(1,2)R_{\mathrm{b1}}\\P_{\mathrm{b}}=\boldsymbol{K}(2,1)s_0+\boldsymbol{K}(2,2)P_0-\boldsymbol{K}_2(2,2)R_{\mathrm{b1}}\end{cases} \tag{5-104}$$

根据式(5-98)可得：

$$R_{\mathrm{b1}}=Y_1s_{\mathrm{b1}}=Y_1[\boldsymbol{K}_1(1,1)s_0+\boldsymbol{K}_1(1,2)P_0] \tag{5-105}$$

其中，令参数 $Y_1=\dfrac{M_{\mathrm{sb1}}(t)(d_1-d_2)}{1-\nu_{\mathrm{b1}}^2}$。

将式(5-105)、式(5-104)联立后代入式(5-102)可求得：

$$s_0(t)=P_0\frac{-\boldsymbol{K}(2,2)+\boldsymbol{K}_2(2,2)\boldsymbol{K}_1(1,2)Y_1+\boldsymbol{K}(1,2)Y_2-\boldsymbol{K}_1(1,2)\boldsymbol{K}_2(1,2)Y_1Y_2}{\boldsymbol{K}(2,1)-\boldsymbol{K}_2(2,2)\boldsymbol{K}_1(1,1)Y_1-\boldsymbol{K}(1,1)Y_2+\boldsymbol{K}_1(1,1)\boldsymbol{K}_2(1,2)Y_1Y_2} \tag{5-106}$$

式中：Y_2——参数，表达式为：$Y_2=\dfrac{M_{\mathrm{sb2}}(t)d_2}{1-\nu_{\mathrm{b2}}^2}$；

$\boldsymbol{K}(i,j)$——矩阵 $\boldsymbol{K}$ 中的元素；

$\boldsymbol{K}_1(i,j)$——矩阵$\boldsymbol{K}_1$ 中的元素，其下标数字仅代表编号；

$\boldsymbol{K}_2(i,j)$——矩阵$\boldsymbol{K}_2$ 中的元素，其下标数字仅代表编号。

式(5-106)即为变一次截面的变截面桩在长期荷载 P_0 作用下桩顶位移 s_0 随时间变化的具体表达式，将上述计算步骤和公式在 MATLAB 软件中编成相应的计算程序，即可求得桩顶位移 s_0 随时间变化的 s_0-t 曲线。

以上推导了均质地基土中非刚性仅变一次截面的变截面桩长期沉降计算方法，实际工程中的变截面桩通常是变多次截面的桩，下面说明均质土中变 $n-1$ 次截面的 n 阶变截面桩的长期沉降计算的过程，计算简图如图 5-17 所示。首先，将基桩每段等截面桩作为一个单元，则变截面桩可分成 n 个单元，从变截面桩桩顶单元 1 开始计算，然后逐个单元往下计算，最后计算到第 n 个单元即桩顶所在单元停止。

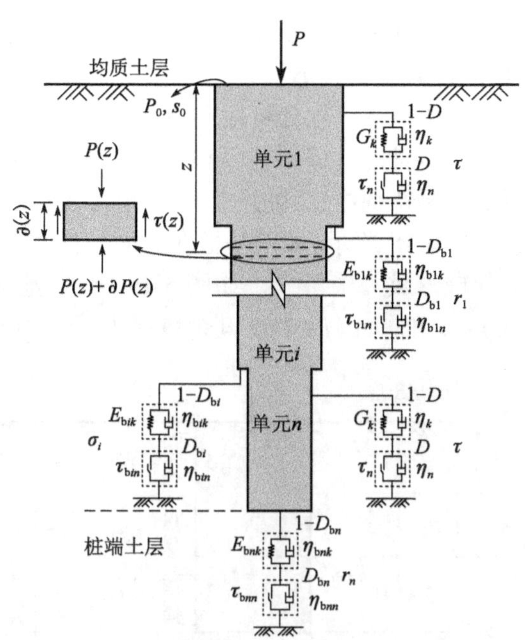

图 5-17　n 阶变截面桩桩土长期沉降计算模型

对于单元 $i(1\leqslant i\leqslant n)$，在局部坐标系 O_i 中，单元 i 在深度 z 处任意截面的位移满足如下的微分方程和边界条件：

$$\begin{cases}A_{\mathrm{p}i}E_p\dfrac{\partial^2 s}{\partial z^2}-U_i\,\tau=0 \quad (0\leqslant z\leqslant l_i)\\ P_{i-1}=P_{\mathrm{b}(i-1)}-R_{\mathrm{b}(i-1)}\\ s_{i-1}=s_{\mathrm{b}(i-1)}\end{cases} \tag{5-107}$$

解得：

$$\begin{Bmatrix}s(z)\\P(z)\end{Bmatrix}=\begin{bmatrix}\cosh[\alpha(t)z] & \dfrac{-\sinh[\alpha(t)z]}{\alpha(t)A_{\mathrm{p}i}E_{\mathrm{p}}}\\ -\alpha(t)A_{\mathrm{p}i}E_{\mathrm{p}}\sinh[\alpha(t)z] & \cosh[\alpha(t)z]\end{bmatrix}\begin{Bmatrix}s_{i-1}\\P_{i-1}\end{Bmatrix}+$$
$$\begin{Bmatrix}\cosh[\alpha(t)z]\dfrac{\beta(t)}{\alpha^2(t)}-\dfrac{\beta(t)}{\alpha^2(t)}\\ -A_{\mathrm{p}i}E_{\mathrm{p}2}\sinh[\alpha(t)z]\dfrac{\beta(t)}{\alpha(t)}\end{Bmatrix}=\boldsymbol{K}_i(z)\begin{Bmatrix}s_{i-1}\\P_{i-1}\end{Bmatrix}+\boldsymbol{T}_i(z) \tag{5-108}$$

其中，$\begin{Bmatrix}s_{i-1}\\P_{i-1}\end{Bmatrix}=\begin{Bmatrix}s_{\mathrm{b}(i-1)}\\P_{\mathrm{b}(i-1)}-R_{\mathrm{b}(i-1)}\end{Bmatrix}$。

桩按照变截面位置分为 n 个单元，依次对每一单元进行迭代，可以得到每一单元的桩身位移和轴力情况，并按照变截面处的位移和荷载处理方法计算出该单元的底部位移和轴力以供下个单元使用，最后可得到变 n 次截面的变截面桩桩端位移 s_{b}、轴力 P_{b} 和桩顶位移 s_0、轴力 P_0 的关系，进而求出桩顶位移—时间的关系。

2）分层地基土中变截面桩长期沉降计算方法

实际工程中变截面桩所在的地基土往往都是非均质的分层土，分层地基土中变一次截面的桩长期沉降计算模型如图 5-18 和图 5-19 所示，分层地基土中桩身处在 n 层土中，每一层土的物理力学性质都不同。具体计算步骤如下：

首先，需要对变截面桩和分层地基土划分桩段和单元。根据变截面处的位置，将变一次截面的变截面桩沿着变截面处分成两桩段，第一桩段和第二桩段。根据土层的不同，将变截面桩分成 n 个单元，但在变截面处需要特别注意，如果基桩变截面处刚好位于土层间的交界面上，可将每层土视为一个单元，如图 5-18 所示；如果基桩变截面处位于某层土层中，该层土沿变截面分成两个单元，其余土层各自分成一个单元。如图 5-19 所示，基桩变截面处位于土层 $j+2$ 处，则将土层 $j+2$ 分成单元 $j+2$ 和单元 $(j+2)'$，其余各层土层分别为一个单元。

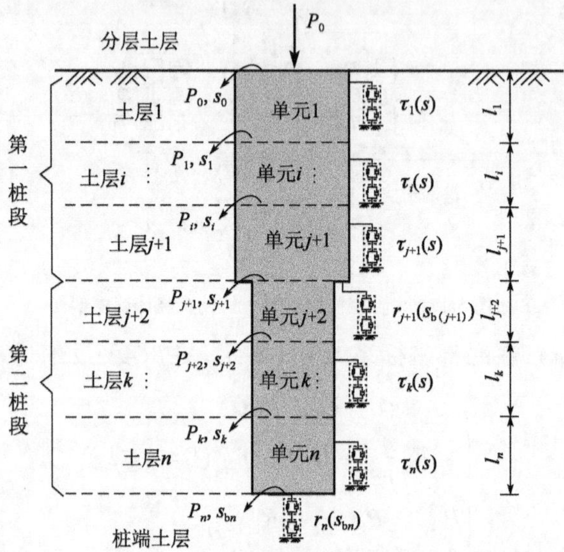

图 5-18　分层地基土中变一次截面的桩长期沉降计算模型一

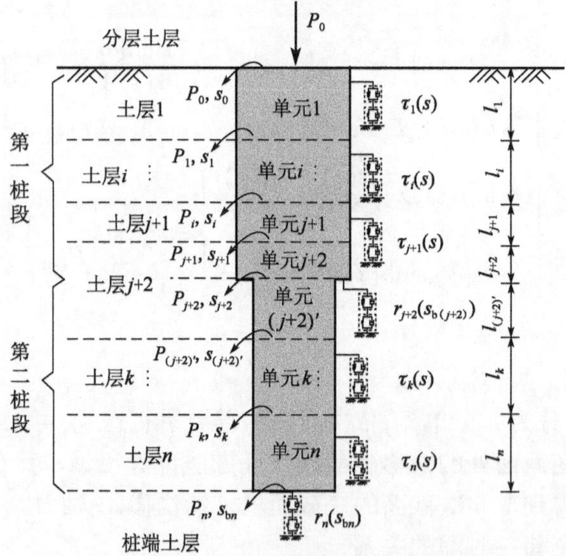

图 5-19　分层地基土中变一次截面的桩长期沉降计算模型二

接着，就可以对分层地基土中变一次截面的变截面桩进行长期沉降计算。先计算第一桩段，从基桩顶部开始逐个单元往下计算，直到计算到变截面处；然后，根据变截面处的受力平衡对变截面处进行位移和受力的转化；最后对第二桩段进行计算，同理逐个单元往下计算，直到计算到桩端处终止。

(1)模型一

对于第一桩段，根据分层地基土中等截面单桩长期沉降计算方法，对于第 i 层土的桩单元 i 有：

$$\begin{Bmatrix} s_i \\ P_i \end{Bmatrix} = \boldsymbol{K}_i(l_i)\begin{Bmatrix} s_{i-1} \\ P_{i-1} \end{Bmatrix} + \boldsymbol{T}_i(l_i) \tag{5-109}$$

对于基桩第一桩段，从上到下，依次对每一单元进行迭代，可以得到每一单元的桩身位移和轴力情况，最后可得到第一桩段桩端位移 $s_{\mathrm{b}(j+1)}$、轴力 $p_{\mathrm{b}(j+1)}$ 和桩顶位移 s_0、轴力 p_0 的关系：

$$\begin{Bmatrix} s_{\mathrm{b}(j+1)} \\ P_{\mathrm{b}(j+1)} \end{Bmatrix} = \prod_{i=j+1}^{1}\boldsymbol{K}_i(l_i)\begin{Bmatrix} s_0 \\ P_0 \end{Bmatrix} + \sum_{i=2}^{j+1}\left[\left(\prod_{j+1}^{2}\boldsymbol{K}_i(l_i)\right)\boldsymbol{T}_{i-1}(l_{i-1})\right] + \boldsymbol{T}_{j+1}(l_{j+1}) \tag{5-110}$$

(2)变截面处

$$\begin{Bmatrix} s_{j+1} \\ P_{j+1} \end{Bmatrix} = \begin{Bmatrix} s_{\mathrm{b}(j+1)} \\ P_{\mathrm{b}(j+1)} - R_{\mathrm{b}(j+1)} \end{Bmatrix} \tag{5-111}$$

(3)第二桩段

对于第 k 层土的桩单元 k：

$$\begin{Bmatrix} s_k \\ P_k \end{Bmatrix} = \boldsymbol{K}_k(l_k)\begin{Bmatrix} s_{k-1} \\ P_{k-1} \end{Bmatrix} + \boldsymbol{T}_k(l_k) \tag{5-112}$$

同理，依次对第二桩段每一单元进行迭代，最后可得到桩端位移 $s_{\mathrm{b}n}$、轴力 $p_{\mathrm{b}n}$ 和变截面处位移 s_{j+1}、轴力 p_{j+1} 的关系。

$$\begin{Bmatrix} s_{\mathrm{b}n} \\ P_{\mathrm{b}n} \end{Bmatrix} = \prod_{n}^{j+2}\boldsymbol{K}_k(l_k)\begin{Bmatrix} s_{j+1} \\ P_{j+1} \end{Bmatrix} + \sum_{k=j+3}^{n}\left[\left(\prod_{n}^{k}\boldsymbol{K}_k(l_k)\right)\boldsymbol{T}_{k-1}(l_{k-1})\right] + \boldsymbol{T}_n(l_n) \tag{5-113}$$

联立式(5-110)、式(5-111)和式(5-113)可得桩端位移 s_{b}、轴力 P_{b} 和桩顶位移 s_0、轴力 P_0 的关系，然后可以求出桩顶位移随着时间的变化关系。

模型二仅比模型一多了一个单元，其计算方法和模型一类似，这里就不重复说明其计算过程。

以上推导了分层地基土中变一次截面的桩长期沉降计算方法，下面介绍 n' 阶变截面桩的长期沉降计算方法，计算简图如图 5-20 所示。首先，将变截面桩基按照截面大小分成若干桩段，相同大小的截面段作为一个桩段，如图 5-20 所示，图中截面尺寸改变数为 $n'-1$ 次，分成了 n' 个桩段；然后再进行单元的划分，若基桩变截面处刚好位于土层间的交界面上时，可将相邻桩段中的每层土视为一个单元，如图 5-20 第一次变截面处所示；若基桩变截面处位于某层土层中时，该层土沿变截面分成两个单元，其余土层各自为一个单元，如图 5-20 第 n'-1 次变截面处所示。划分好桩段和单元后，从变截面桩桩顶第一桩段开始计算，每个桩段可以按照本书第 5.1.1 小节分层地基土中等截面单桩的沉降计算方法来计算，然后一个桩段一个桩段往下计算，遇到变截面处时，可按照本书第 5.1.2 节中对变截面处的处理方法进行计算，最后计算到第 n' 个桩段单元 n(即桩端所在单元)后停止。

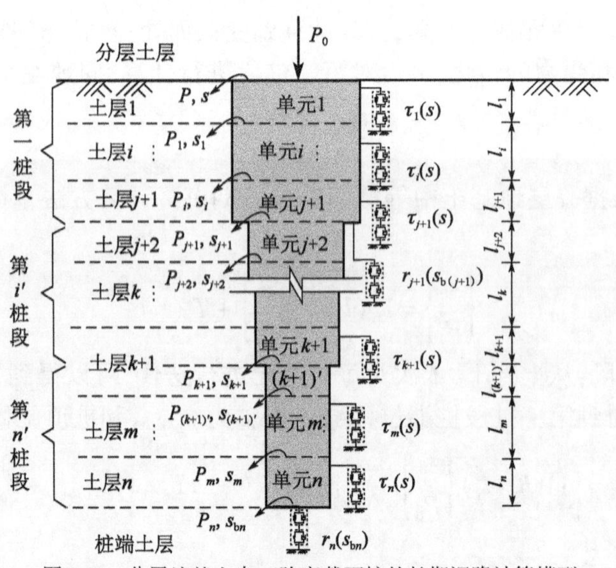

图 5-20　分层地基土中 n' 阶变截面桩的长期沉降计算模型

5.2.3　超大直径阶梯形变截面空心桩长期沉降计算方法

与传统桩型相比,超大直径阶梯形变截面空心桩的桩径超大,其自重较一般桩型要大得多,传统桩在计算桩基长期沉降时均未考虑桩体自重,对于超大直径阶梯形变截面空心桩,若其长期沉降计算中不考虑自重,计算结果将产生一定误差。因此,在上节的理论基础上增加桩身的自重后进行超大直径桩长期沉降计算方法的推导,对该类型桩基提供一种更为精确的理论计算方法。

1)计算模型及基本假定

首先研究在均质地基土中的超大直径阶梯形变截面空心桩长期沉降计算方法,选取目前具有代表性的超大直径阶梯形变截面空心桩的计算模型图(图 5-21),该桩桩身为 n 阶变截面,桩的弹性模型为 E_p。根据桩截面面积的不同,可将该桩划分为 $n+2$ 个单元,从桩顶到桩端桩径分别为 $d_1,d_2,\cdots,d_{n-1},d_n$,单元编号自上而下依次为 $1,2,\cdots,n+1,n+2$;对应的各桩段的长度分别为 $l_1,l_2,\cdots,l_{n+1},l_{n+2}$;截面周长为 $U_1,U_2,\cdots,U_{n+1},U_{n+2}$;截面积为 $A_{p1},A_{p2},\cdots,A_{p(n+1)},A_{p(n+2)}$。在该桩桩顶施加一个固定的荷载 P_0,当 $t=0$ 时,桩顶位移为 s_0,桩侧、变截面处以及桩端都采用基于 DSC 的蠕变本构模型描述。桩土计算模型的假定同 5.2.2 小节阶梯形变截面桩。

2)公式推导

取桩身第 1 个单元作为研究对象,其微元的受力分析如图 5-21 所示,由单元体的静力平衡条件得到:

$$\frac{\partial P(z)}{\partial z}=-U_1\tau+\gamma_p A_{p1} \tag{5-114}$$

桩单元体产生的弹性压缩为:

$$\frac{\partial s}{\partial z}=-\frac{P(z)}{A_{p1}E_p} \tag{5-115}$$

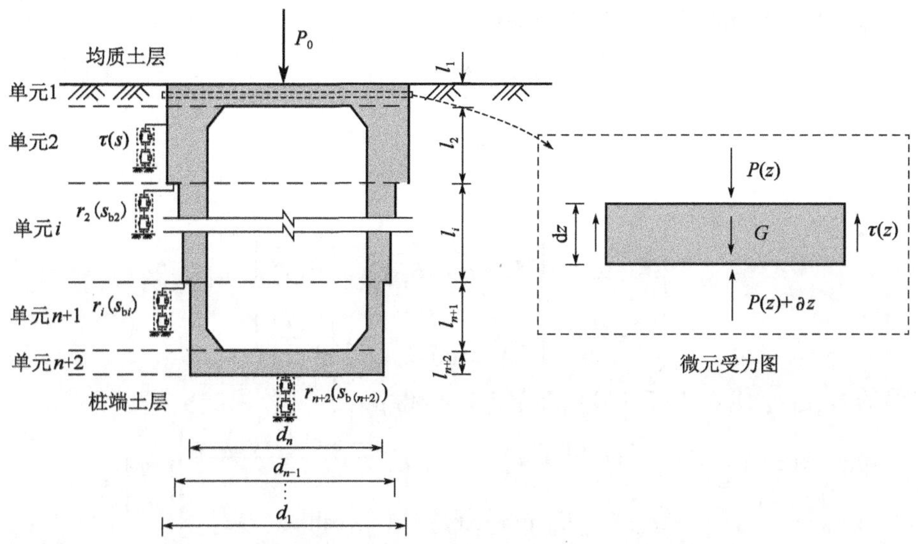

图 5-21　均质地基土中 n 阶变截面空心桩长期沉降计算模型

桩身基本微分方程为：

$$\frac{\partial^2 s}{\partial z^2}=\frac{U_1}{A_{p1}E_p}\tau-\frac{\gamma_p}{E_p} \tag{5-116}$$

桩周土体模型的蠕变方程选用 5.2.1 小节所提出的函数，将式(5-63)代入式(5-116)得到：

$$\frac{\partial^2 s}{\partial z^2}=\frac{U_1}{A_{p1}E_p}\left[\frac{sM_s(t)}{l}+N_s(t)\right]-\frac{\gamma_p}{E_p} \tag{5-117}$$

令

$$\alpha^2(t)=\frac{U_1M_s(t)}{A_{p1}E_pl} \tag{5-118}$$

$$\beta'(t)=\frac{U_1N_s(t)}{A_{p1}E_p}-\frac{\gamma_p}{E_p} \tag{5-119}$$

则式(5-117)可以表示为：

$$\frac{\partial^2 s}{\partial z^2}=\alpha^2(t)s+\beta'(t) \tag{5-120}$$

上式微分方程对应的齐次方程的通解为：

$$S(z)=c_3e^{\alpha(t)z}+c_4e^{-\alpha(t)z} \tag{5-121}$$

微分方程的一个特解为：

$$s^*(z)=-\frac{\beta'(t)}{\alpha^2(t)} \tag{5-122}$$

故，微分方程对应的通解为：

$$s(z)=S+s^*=c_3e^{\alpha(t)z}+c_4e^{-\alpha(t)z}-\frac{\beta'(t)}{\alpha^2(t)} \tag{5-123}$$

将式(5-70)代入式(5-56)得到轴力为：

$$P(z)=-\alpha(t)A_{p1}E_p(c_3e^{\alpha(t)z}-c_4e^{-\alpha(t)z}) \tag{5-124}$$

引入边界条件，桩端的力与位移连续条件为：

$$\begin{cases} E_{\mathrm{p}}A_{\mathrm{p1}}\dfrac{\partial s}{\partial z}\Big|_{z=0}=P_0 \\ s\big|_{z=0}=s_0 \end{cases} \tag{5-125}$$

解得：

$$\begin{cases} c_3=\dfrac{1}{2}\times\left[s_0-\dfrac{P_0}{\alpha(t)E_{\mathrm{p}}A_{\mathrm{p1}}}+\dfrac{\beta'(t)}{\alpha^2(t)}\right] \\ c_4=\dfrac{1}{2}\times\left[s_0+\dfrac{P_0}{\alpha(t)E_{\mathrm{p}}A_{\mathrm{p1}}}+\dfrac{\beta'(t)}{\alpha^2(t)}\right] \end{cases} \tag{5-126}$$

将求得的 c_3 和 c_4 代入式(5-123)和式(5-114)得：

$$\begin{aligned} \begin{Bmatrix} s(z) \\ P(z) \end{Bmatrix} &= \begin{bmatrix} \cosh[\alpha(t)z] & \dfrac{-\sinh[\alpha(t)z]}{\alpha(t)A_{\mathrm{p1}}E_{\mathrm{p}}} \\ -\alpha(t)A_{\mathrm{p1}}E_{\mathrm{p}}\sinh[\alpha(t)z] & \cosh[\alpha(t)z] \end{bmatrix}\begin{Bmatrix} s_0 \\ P_0 \end{Bmatrix}+ \\ &\quad \begin{Bmatrix} \cosh[\alpha(t)z]\dfrac{\beta(t)}{\alpha^2(t)}-\dfrac{\beta'(t)}{\alpha^2(t)} \\ -A_{\mathrm{p1}}E_{\mathrm{p}}\sinh[\alpha(t)z]\dfrac{\beta'(t)}{\alpha(t)} \end{Bmatrix}=\boldsymbol{K}'_1(z)\begin{Bmatrix} s_0 \\ P_0 \end{Bmatrix}+\boldsymbol{T}'_1(z) \end{aligned} \tag{5-127}$$

当 $z=l_1$ 时，即单元 1 下部的荷载和位移为：

$$\begin{Bmatrix} s_1 \\ P_1 \end{Bmatrix}=\boldsymbol{K}'_1(l_1)\begin{Bmatrix} s_0 \\ P_0 \end{Bmatrix}+\boldsymbol{T}'_1(l_1) \tag{5-128}$$

采用式(5-128)求出单元 1 的 s_1 和 P_1 后，再进行单元 2 的求解，以此类推，直到桩端。

对于单元 $i(1\leqslant i\leqslant n+2)$，在局部坐标系 O_i 中，单元 i 在深度 z 处任意截面的位移满足如下的微分方程和边界条件：

$$\begin{cases} A_{\mathrm{p}i}E_{\mathrm{p}}\dfrac{\partial^2 s}{\partial z^2}-U_i\tau+\dfrac{\gamma_{\mathrm{p}}}{E_{\mathrm{p}}}=0 \quad (0\leqslant z\leqslant l_i) \\ P_{i-1}=P_{\mathrm{b}(i-1)}-R_{\mathrm{b}(i-1)} \\ s_{i-1}=s_{\mathrm{b}(i-1)} \end{cases} \tag{5-129}$$

若单元 i 上部未出现变阶情况，则式(5-129)中 $R_{\mathrm{b}(i-1)}=0$。

解得：

$$\begin{aligned} \begin{Bmatrix} s(z) \\ P(z) \end{Bmatrix} &= \begin{bmatrix} \cosh[\alpha(t)z] & \dfrac{-\sinh[\alpha(t)z]}{\alpha(t)A_{\mathrm{p}i}E_{\mathrm{p}}} \\ -\alpha(t)A_{\mathrm{p}i}E_{\mathrm{p}}\sinh[\alpha(t)z] & \cosh[\alpha(t)z] \end{bmatrix}\begin{Bmatrix} s_{i-1} \\ P_{i-1} \end{Bmatrix}+ \\ &\quad \begin{Bmatrix} \cosh[\alpha(t)z]\dfrac{\beta'(t)}{\alpha^2(t)}-\dfrac{\beta'(t)}{\alpha^2(t)} \\ -A_{\mathrm{p}i}E_{\mathrm{p2}}\sinh[\alpha(t)z]\dfrac{\beta'(t)}{\alpha(t)} \end{Bmatrix}=\boldsymbol{K}'_i(z)\begin{Bmatrix} s_{i-1} \\ P_{i-1} \end{Bmatrix}+\boldsymbol{T}'_i(z) \end{aligned} \tag{5-130}$$

其中，$\begin{Bmatrix} s_{i-1} \\ P_{i-1} \end{Bmatrix}=\begin{Bmatrix} s_{\mathrm{b}(i-1)} \\ P_{\mathrm{b}(i-1)}-R_{\mathrm{b}(i-1)} \end{Bmatrix}$。

依次对每一单元进行迭代计算，最后可得到 n 阶变截面空心桩桩端位移 s_b、轴力 P_b 和桩顶位移 s_0、轴力 P_0 的关系，进而求出桩顶位移随时间变化的关系。

可将以上对于均质土中超大直径阶梯形变截面空心桩基的计算方法推广到分层地基土中，对于分层地基土，划分单元时应考虑到不同土层的影响，每层土当作一个桩段，具体划分方法类似本章5.2.2小节分层地基土中变截面桩。最后，将以上计算过程在MATLAB软件中编制相应的计算程序，方便对桩基沉降的时效性进行计算。

3)方法验证

以吉安深圳大桥 ϕ14m 超大直径阶梯形变截面空心桩基础工程实例数值模拟结果来验证本书提出的沉降计算方法的有效性。根据桩基空心体体积相等的原则，将桩基中部空心体部分等效为直径9m、高10m的圆柱形空心体，1/4 桩—土模型如图5-22所示，具体模拟方法及参数取值同4.2.3小节案例。

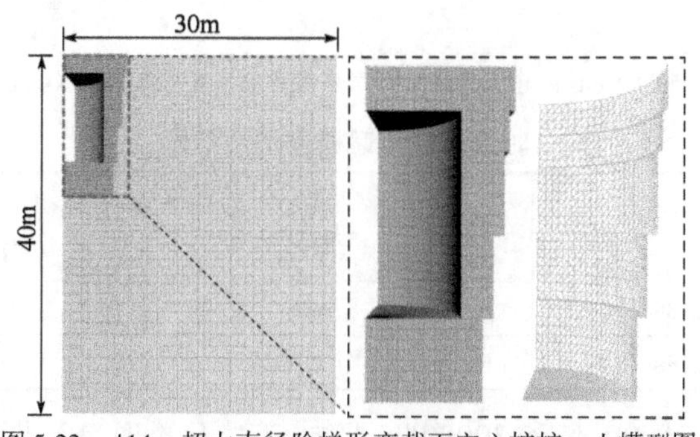

图5-22 ϕ14m 超大直径阶梯形变截面空心桩桩—土模型图

该桩的长期沉降计算模型如图5-23所示。根据桩的截面积将桩划分为5个计算单元，使用MATLAB软件编制长期沉降计算程序。

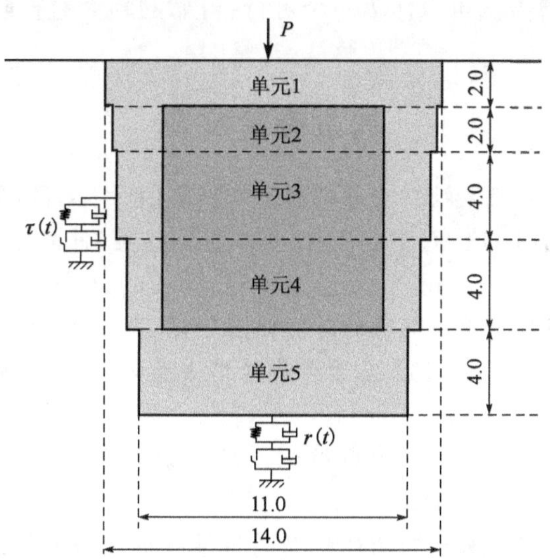

图5-23 ϕ14m 超大直径阶梯形变截面空心桩长期沉降计算模型(尺寸单位:m)

为了获得DSC时效荷载传递模型的参数，利用MATLAB软件对 ϕ14m 超大直径阶梯形变截面空心桩在40000kN竖向荷载作用下的 s-t 曲线进行反演(图5-24)。表5-1列出了拟合取得的模型参数。

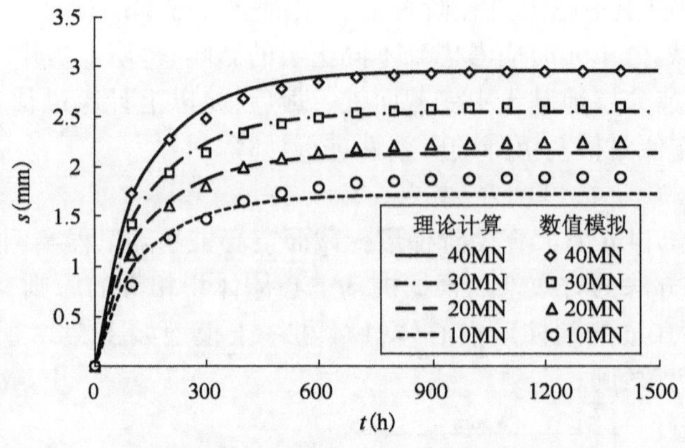

图5-24 ϕ14m超大直径阶梯形变截面空心桩长期沉降 s-t 曲线

时效荷载传递模型拟合参数 表5-1

位置	A	B	E_k/G_k (MPa)	τ/σ (MPa)	τ_n/σ_n (MPa)	η_k (MPa·h)	η_n (MPa·h)
变截面/桩端	7.188×10^{11}	0.388	425	1	0	27230	18
桩侧	7.188×10^{11}	0.388	163.462	1	0	27230	18

将该桩在10000kN、20000kN和30000kN竖向荷载下的理论长期沉降曲线与数值模拟结果进行了比较,如图5-24所示。由图可见,由于拟合误差的积累,数值模拟与计算曲线之间的差异随着目标荷载与标定荷载(40000kN)的差值逐渐增大。但总体而言,两个结果吻合较好,这表明了本书提出的计算方法可以作为一个可行、可靠的超大直径阶梯形变截面空心桩长期沉降的预测方法。

本章参考文献

陈光林,2013. 超大直径波纹钢空心桩的开发研究[D]. 南昌:华东交通大学.

陈育民,徐鼎平,2013. FLAC/FLAC 3D基础与工程实例[M]. 北京:中国水利水电出版社:400.

贺武斌,2003. 静荷载下单桩沉降的时间效应研究[D]. 杭州:浙江大学.

刘忠,唐漾,杜欢欢,等,2013. 基于荷载传递法的单桩沉降解析解[J]. 湘潭大学自科学报,35(2):35-40.

刘杰,张可能,肖宏彬,2003. 考虑桩侧土软化时单桩荷载——沉降关系的解析算法[J]. 中国公路学报,16(2):61-64.

刘江波,韦世卓,2013. 基于双曲线模型的桥梁基桩沉降计算方法研究[J]. 中外公路,33(6):163-166.

刘齐建,2005. 软土地铁建筑结构抗震设计计算理论的研究[D]. 上海:同济大学.

李振亚,王奎华,吕述晖,等,2015. 考虑桩侧土体非线性的静荷载作用下的单桩沉降时间效应研究[J]. 岩石力学与工程学报(5):1022-1030.

王宏, 2015. 基于三折线软化模型的钻孔灌注桩沉降特性研究及施工控制[D]. 重庆:重庆大学.

潘时声, 1991. 用分层积分法分析桩的荷载传递[J]. 建筑结构学报, 12(5):68-79.

王俊炜, 2014. 变截面与等截面管桩单桩承载性状及经济对比分析[D]. 株洲:湖南工业大学.

王伯惠, 上官兴, 1999. 中国钻孔灌注桩新发展[M]. 北京:人民交通出版社:306.

王东栋, 孙钧, 2011. 基于广义剪切位移法的桥梁桩基长期沉降分析[J]. 岩土工程学报, 33(s2):47-53.

薛凤忠, 田娇, 王昭空, 等, 2014. 考虑桩—岩接触面流变的桩岩联合受力性能研究[J]. 岩土力学(5):1438-1444.

褚东升, 杨云安, 宋瑞斌, 2014. ϕ15m 超大直径空心桩在复杂岩溶地层中的应用[J]. 水运工程(02):180-184.

张忠苗, 2007. 桩基工程[M]. 北京:中国建筑工业出版社:542.

Huang M, Jiang S, Xu C S, et al, 2020. A new theoretical settlement model for large step - tapered hollow piles based on disturbed state concept theory[J]. Computers and Geotechnics, 124: 103626(1-11).

Ismael N, 2003. Load Tests on Straight and Step Tapered Bored Piles in Weakly Cemented Sands[C]. International Symposiumon on Field Measurements in Geomechanics.

Jiang S, Huang M, Deng A, et al, 2021. Theoretical Solution for Long - Term Settlement of a Large Step-Tapered Hollow Pile in Karst Topography[J]. International Journal of Geomechanics, 21(8):04021148(1-14).

第6章

超大直径阶梯形变截面空心桩工程应用

基于前文对新型桩基的承载机理及理论计算方法的研究，本章结合工程现场实际情况，系统介绍岩溶区超大直径阶梯形变截面空心桩的现有桩型及其建造方法，并提出多工况条件下的新型多墩柱桩型。本章内容有助于读者更详细地了解超大直径阶梯形变截面空心桩的现场使用情况，为该桩型在岩溶区的应用推广提供参考。

6.1 工程概况

江西吉安深圳大桥基础下方是岩溶发育地区，原 L1 桥墩下方 80 余米范围内是一系列串珠式溶洞，且无厚度为 4m 以上的完整基岩，现场地层情况如图 6-1a)所示。经多方研讨决定分别采用 ϕ14m、ϕ15m 超大直径阶梯形变截面空心桩方案对现场岩溶地层进行处置，桥型布置方案如图 6-2 所示，桥址区岩土层及其工程地质特征见表 6-1。

图 6-1　地层情况

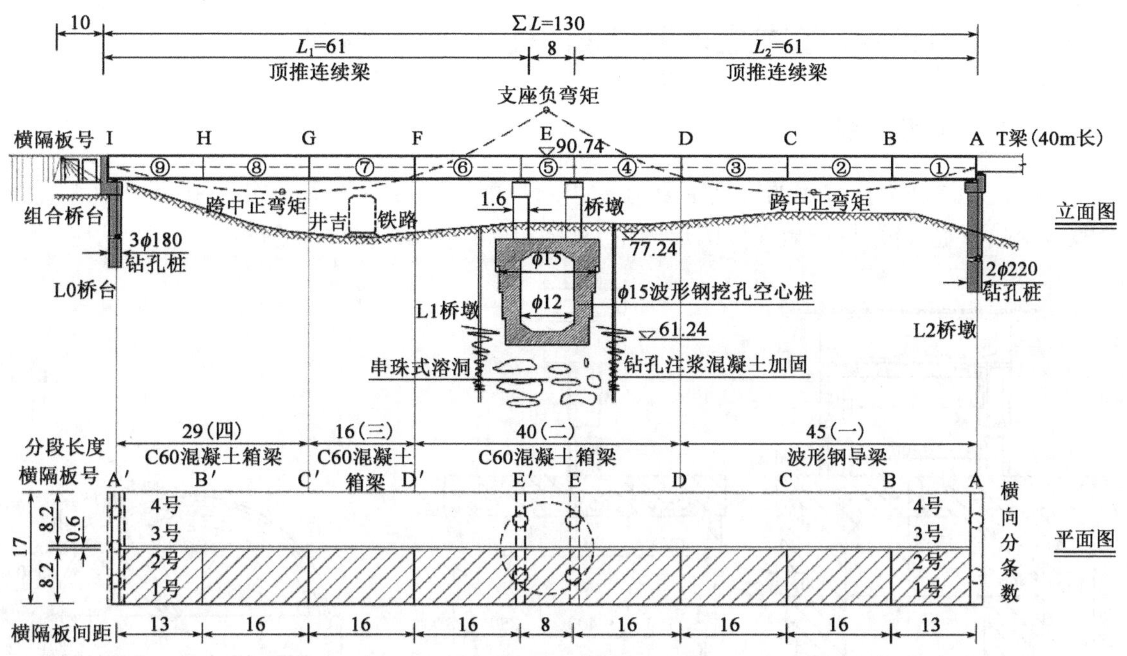

图6-2 新桥型方案(尺寸单位:m)

桥址区岩土层及其工程地质特征 表6-1

土　层	工程地质特征
第①$_1$层:杂填土(Q_4^{ml})	零星分布,浅黄色、黄褐色夹杂色,稍湿,由黏土、风化碎石、砾石组成,成份复杂,结构松散,多为铁路边坡治理废弃堆填土。
第①$_2$层:植表土(Q_4^{ml})	灰褐色~灰黑色,软塑,以黏粒为主,含大量植物根系和腐殖质,无摇震反应,切面稍光滑,韧性一般,干强度中等。
第②层:粉质黏土(Q_4^{al})	土黄色、黄褐色,可塑~硬塑状,以黏粒、粉粒为主,部分地段含细砂、粗砂较多,刀切面较光滑,摇震反应无,稍有光泽,干强度中等,韧性一般。
第③$_1$层:全风化页岩(P_1^{m})	上部砖红色、下部土黄色,可塑~硬塑,以黏粒为主,含细砂较多,薄片状结构,土状。
第③$_2$层:全风化页岩(P_1^{m})	零星分布,黄褐色,软塑,以黏粒为主,含粗砂较多,薄片状结构,风化成土状。其中在zk16、zk17、zk18和zk20四个孔底部见土洞,半充填,充填物为黏砂土,大多呈软塑和流塑状,钻进时钻具自动下沉。
第③$_3$层:强风化页岩(P_1^{m})	零星分布,灰黑色,母岩为炭质页岩,片层构造,裂隙发育,岩石破碎,层理清晰,岩芯多呈碎块状,少为土层。
第④$_1$层:中风化灰岩(P_1^{q})	灰黑色,隐晶质结构,中厚层状构造,岩体风化裂隙一般,含少量白色方解石晶脉,岩芯多呈柱状及短柱状,少量碎块状,节长多为10.25cm。岩石较为坚硬,为硬质岩。其中K0+260~K0+360和K0+820~K1+020(zk1、zk2、zk16、zk17、zk21)段岩溶发育,多表现为溶洞,洞高1.7~7.0 m,大多为半充填溶洞,充填物成分为黏土夹砂、碎石,松软。施工时孔内全漏水。
第④$_2$层:微风化灰岩(P_1^{q})	灰黑色,隐晶质结构,中厚层状构造,裂隙不发育,岩芯以柱状及长柱状为主,少量短柱状或碎块状,节长多为15.35cm。岩石较为坚硬,为硬质岩。

6.2 深圳大桥超大直径变截面空心桩使用情况

6.2.1 实用桩型

江西吉安深圳大桥采用的桩型主要为 ϕ14m 两墩柱和 ϕ15m 四墩柱矩形排列式超大直径阶梯形变截面空心桩，桩体截面以圆形为主，具体布置如图 6-3、图 6-4 所示。

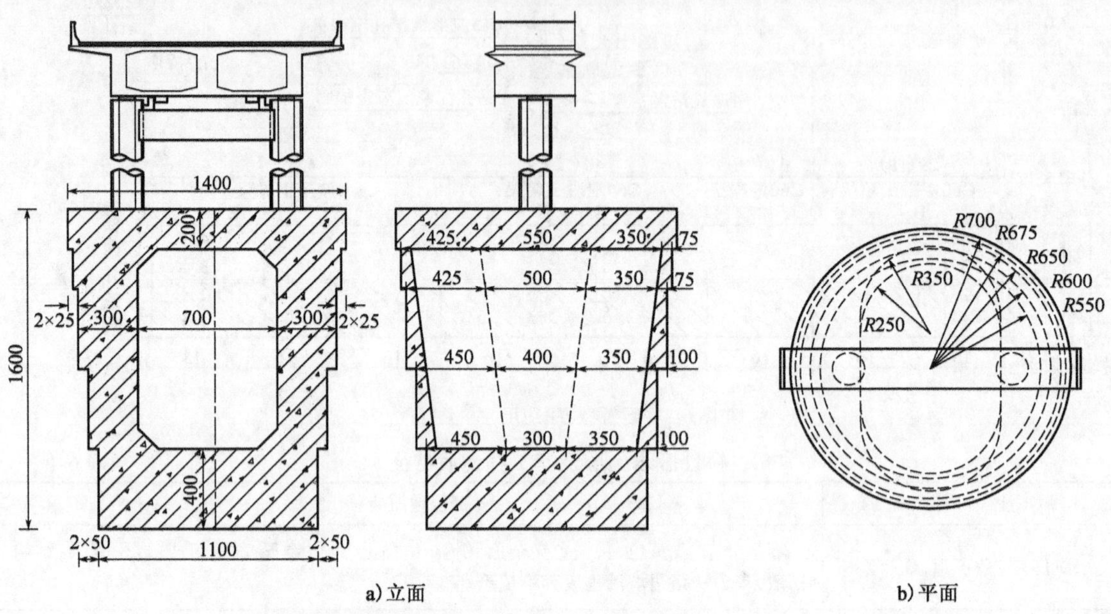

图 6-3 江西吉安深圳大桥 ϕ14m 两墩柱超大直径变截面空心桩结构图（尺寸单位：cm）

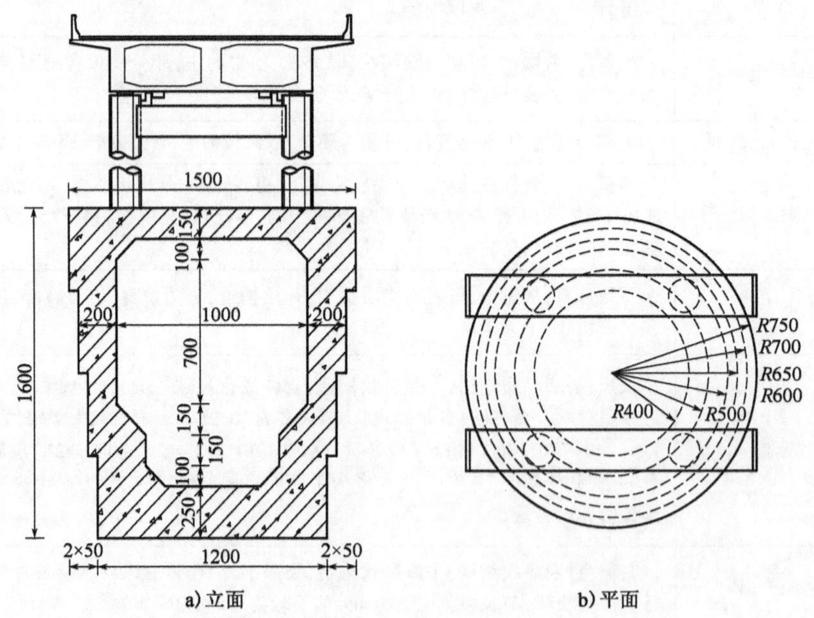

图 6-4 江西吉安深圳大桥 ϕ15m 四墩柱超大直径变截面空心桩结构图（尺寸单位：cm）

6.2.2 施工工法

吉安深圳大桥一共设计完成6个波纹钢挖孔桩，其中0号、1号、7号和8号桥台(墩)离吉井铁路、京九铁路较近，并且1号桥墩处于岩溶发育区，桩基钻孔施工对铁路路基稳定存在较大影响。实际施工中，波纹钢挖孔空心桩施工时必须确保对铁路路基和行车不产生影响。波纹钢变截面空心桩结构的施工工艺如下：

(1)波纹钢变截面挖孔空心桩长16m，每4m为一节段，从上而下桩直径分别为15m、14m、13m、12m，桩身内部挖空，如图6-3所示。桩基础底部标高落在粉质黏土层，不进入岩层，不扰动岩溶发育区，结合有效的施工防护措施，对铁路路基的安全稳定基本无影响。

(2)以波纹钢作为大直径挖孔桩的护筒(护筒作为变截面桩结构的组成部分)。

(3)桩身及桩底采用填塞素混凝土及压浆方式处理，以提高桩的承载力。桩底标高以下10m内要求无溶洞存在，若有则需压浆处理。

(4)波纹钢变截面桩直径达15m，可将桩挖空，变为空心桩，以减轻桩自重。

(5)施工采用分层挖孔法，操作简单。

(6)变截面挖孔桩承载力由桩端抗力及桩侧摩阻力组成，具有扩大基础及摩擦桩的双重特点。

6.2.3 施工步骤

1)工艺流程

施工工艺流程为：①平整场地→②测量放样→③桩身开挖→④护壁混凝土施工→⑤波纹钢板安装→⑥波纹钢和护壁之间回填素混凝土→⑦一层施工完毕→⑧重复以上③～⑥步骤→⑨空心桩顶板支模板、扎钢筋→⑩空心桩顶板浇筑混凝土直至施工完毕。

2)施工顺序

超大直径阶梯形变截面空心桩的施工过程主要包括借助小型挖机，并配合波纹钢与填石压浆技术，自上而下分段完成桩身基坑开挖与围堰的施工，而后采用波纹钢做内模，最终完成桩身的浇筑。具体施工步骤如下：

(1)场地平整。挖孔桩开挖前，需要对场地进行平整，清除淤泥、杂物，桩位标高要高出原地面30cm，坑中设置集水井进行抽水施工防止地面水侵入孔内，示意图如图6-5a)所示。

(2)测量放样。场地平整好后，依次进行：①定点放样：利用全站仪测量放样点，将桩基开挖面用石灰放出边线。挖孔桩第一层的线形控制非常重要，直接影响下一层开挖的准确性，所以开挖过程中务必经常检查开挖线形，避免欠挖、超挖。②标高控制：挖孔桩标高控制也非常重要，因此每挖一个台阶(4m深)需要重新测量一次中心点，复核上一个台阶开挖位置的准确性。

(3)桩身开挖。因桩身孔径最大达15m，为确保施工进度，采用220型长臂挖掘机进入桩孔内进行开挖，人工配合修整开挖面边坡。土方开挖顺序为：先中间，后周边。出土采用250kN起重机将装入桶内的碴土垂直运输到地面，再用自卸汽车运输至指定弃土场，防止污染环境。每开挖1～4m深(靠近铁路侧一次开挖1m，远离铁路侧一次开挖4m)后，立即进行护壁钢筋绑扎和混凝土浇筑,待混凝土达到设计强度后再进行下一层桩土开挖。当在桩土开挖时遇地下水,可在孔内中心位置挖 4 个集水坑并及时将水抽出,以防桩孔土层因水浸泡而坍塌。

(4)混凝土护壁。根据现场实际,为确保铁路行车安全,对靠近铁路的 1 号桥墩左右幅、7 号桥墩右幅、8 号桥墩左幅,采取开挖 1.0m 后立即支护的措施,护壁厚度为 30cm,护壁材料采用 C30 钢筋混凝土,钢筋采用 ϕ10mm 盘条钢筋按 20cm × 20cm 网格状布置,并采用 U 形卡将钢筋网格固定在坑壁上,U 形卡按梅花形布置。护壁内模板采用定制钢模,并用角钢支撑,也可以采用在钢模板后直接堆土的方法,以防止模板因受力不均而变形。远离铁路的桩基因地质条件好且无水,一次可开挖 4m,并安装波纹钢,然后在坑壁和波纹钢之间回填混凝土作为护壁,可节省一道工序。

(5)波纹钢护壁。挖孔桩使用的前提是保证孔壁施工的安全,因此采用新型薄壁高强度波纹钢(厚度仅 2 ~4mm)分层、分段做成弧形波纹钢板,节段重约 80kN,采用 250kN 汽车起重机分片吊装入孔的方法进行安装[现场作业见图 6-6a)],用高强度螺栓紧密拼接形成围堰,弧形波纹钢板内外喷涂乳化沥青两遍,接缝处采用密封胶密封,形成可以防水、阻水的安全工作场所。示意图如图 6-5b)所示。

(6)变截面空心桩施工。一般挖孔桩是等直径的,施工不方便,速度慢,而波纹钢薄壁管采用的是阶梯形变截面,自上而下各层直径为 ϕ15m、ϕ14m、ϕ13m、ϕ12m,共四层,每层内径相差 2 ×0.5m。其目的是不受上层混凝土护壁强度影响,挖掘机可以连续施工。从结构上讲,桩顶直径增大后,十分有利于减少水平力和弯矩所产生的桩身应力。各层之间的阶梯也能承担混凝土围堰的自重,减少垂直荷载所产生土压应力。在波纹钢外模外侧安置压浆管,在基坑与围堰之间回填等粒径卵石后,再注入水泥浆,形成波纹钢注浆混凝土围堰,示意图如图 6-5c)和 d)所示,现场作业如图 6-6b) ~ e)所示。

(7)空心桩桩身混凝土施工。挖孔桩达到设计深度后,利用人工将基地平整,并清理孔底松散的土块,铺上 1.0m 厚的碎石垫层,绑扎底板钢筋,浇筑 1.0m 厚度钢筋混凝土底板,现场作业如图 6-6e)所示;之后,绑墩身钢筋,用波纹钢做内模浇筑墩身混凝土(厚度 1.5 ~2.5m)。全墩波纹钢内模用量 11t,与其他方法的内模相比,波纹钢更为经济。其后,用钢管脚手架浇筑钢筋混凝土顶板,顶板(中间单孔)形成空心桩基础;接着施工四个 ϕ2.0m 墩柱和两根帽梁。示意图如 6-5e) ~ h)所示,现场作业如图 6-6f)和 g)所示。

(8)空心桩下部进行注浆加固。为了确保空心桩稳定,减少下方岩体溶蚀、溶洞发育等因素而导致溶洞塌落、地面沉降等事故的发生,设计按较密实土体考虑,采用注浆措施加固地基。空心桩底应力扩散至桩底以下 $3D$(36m)深度时,附加应力小于 10KPa。注浆材料如硅酸盐水泥、膨润土、水玻璃要求 7d 强度不小于 1.5MPa,28d 强度不小于 2MPa。实施方案采用“双外环钻孔注浆 + 中部桩底注浆”。以空心桩中心为圆心,沿直径为 19.5m 和 16.5m 的圆周在空心桩外侧按梅花形均匀布设两圈注浆孔,每圈 24 个。中部注浆沿直径为 11m 和 4m 的圆周在空心桩平面内均匀布设两圈注浆孔,外圈 12 个,内圈 4 个。全桥六根波纹钢空心桩注浆加固工作顺利,注浆量达 10000m^3。其后进行钻芯取样检测,结果达到设计要求(芯样 28d 强度大于1.5MPa),取样率为注浆孔的 5%。

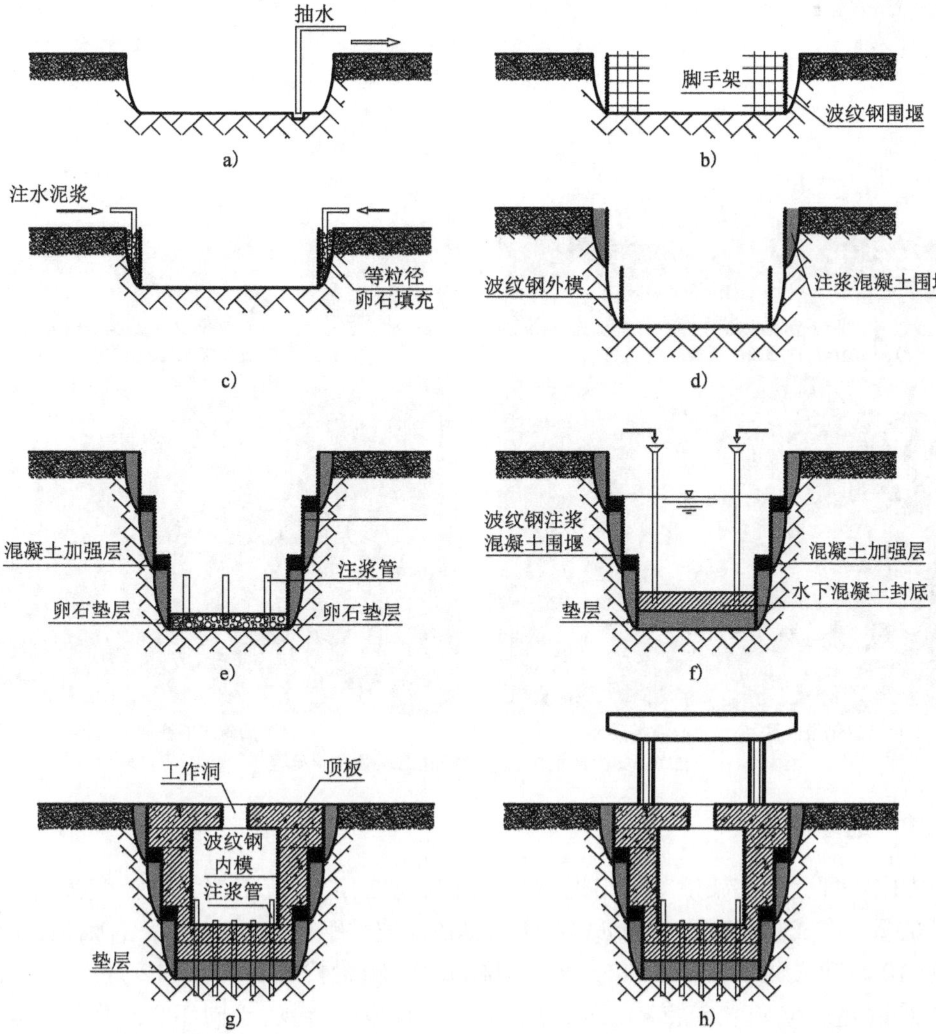

抽水

a)

脚手架
波纹钢围堰

b)

注水泥浆
等粒径
卵石填充

c)

波纹钢外模
注浆混凝土围堰

d)

混凝土加强层
注浆管
卵石垫层
卵石垫层

e)

波纹钢注浆
混凝土围堰
混凝土加强层
水下混凝土封底
垫层

f)

工作洞
顶板
波纹钢
内模
注浆管
垫层

g)

h)

图6-5　超大直径阶梯形变截面空心桩施工工艺

a)汽车起重机逐层提升波纹钢护壁作业

b)开挖第一层拼装围堰波纹钢

c)边挖土边拼装围堰波纹钢

图　6-6

d) $\phi15/\phi14/\phi13/\phi12$四层波纹钢到底

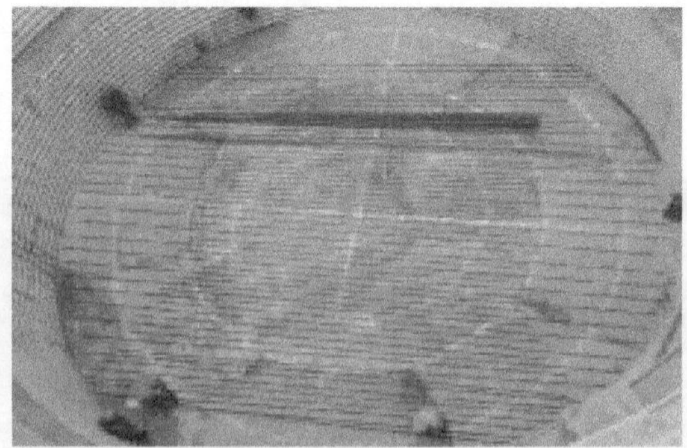

e) 挖孔桩底部浇筑混凝土封底

f) 用波纹钢做内模，浇筑空心墩混凝土

g) 封顶后施工四柱墩及帽梁

图 6-6 波纹钢挖孔空心桩施工现场作业流程

6.2.4 通车情况

江西吉安深圳大道高架桥基础出现串珠式溶洞地层，通过应用超大直径变截面空心桩后最终攻克难题。在成功修建了 5 个 $\phi14$m、1 个 $\phi15$m 波纹钢挖孔空心桩后，右幅长 933m 桥梁于 2015 年 10 月建成通车；左幅 2×65 波纹钢腹板 PC 箱梁桥于 2017 年 12 月 4 日顶推到位，2018 年 4 月钢导梁 65 孔浇筑混凝土顶、底板后张拉预应力合拢，于同年 9 月份进行动荷载试验，10 月份左幅全线建成通车，如图 6-7 所示。

a) 2017年12月左幅施工

b) 2018年9月左幅933m桥梁贯通

图 6-7 吉安深圳大道跨铁路高架桥建设过程

6.3　多工况大直径空心桩型设计与施工步骤

实际工程中时常出现三墩柱、四墩柱甚至是五墩柱一字排列的工况，如能在原桩型基础上进行适当改进，其适用范围将会进一步扩大，有利于该新型桩的应用推广。本节将分别提出一种三墩柱及四墩柱一字排列超大直径阶梯形变截面空心桩桩型设计方案，为在类似工程中超大直径阶梯形变截面空心桩的设计及施工提供依据。

6.3.1　桩型设计

基于超大直径空心桩基本特点，分别设计了三墩柱、四墩柱一字排列式超大直径阶梯形变截面空心桩桩型。如图6-8所示，新型多墩柱空心桩截面由两个等直径半圆与一个矩形组成，截面整体呈“0”型；桩体内部为空心，可使桩体总重量大大减小；桩身沿深度方向呈倒阶梯形，桩顶处布置十字梁，其中长边布置主梁，短边布置次梁，主次梁交点位于墩柱下方；新型多墩柱空心桩根据上部墩柱数量进行十字梁的布设，使其适用于公路桥梁工程中常见的多墩柱一字排列的工况。

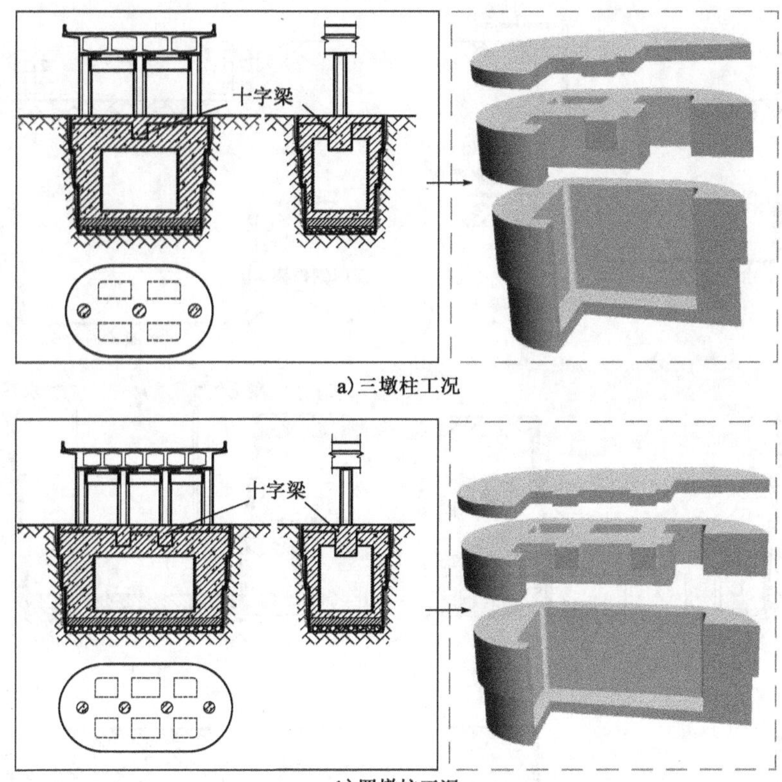

a)三墩柱工况

b)四墩柱工况

图6-8　多工况超大直径阶梯形变截面空心桩示意图

6.3.2　施工步骤

多工况大直径桩基施工与原型桩施工方法类似，借助小型挖机进行桩身基坑的开挖，并结合波纹钢与填石注浆技术自上而下分段共同完成围堰的施工，再用波纹钢做内模浇筑空心桩，以三墩柱一字排列式桩型为例，施工工艺流程如下：

(1)平整场地,利用小型挖掘机开挖基坑,坑中设置集水井进行抽水施工,如图6-9a)所示。

(2)使用吊机拼装曲面波纹钢片,形成首节大直径竖向管,搭设脚手架,使用螺栓将上下层波纹钢连成整体,接缝用特制胶密封止水,完成波纹钢围堰外模,如图6-9b)所示。

(3)在波纹钢外模外侧安置压浆管,在基坑与围堰之间回填等粒径卵石后,再注入水泥浆,形成波纹钢注浆混凝土围堰,如图6-9c)所示。

(4)在围堰内抽水,开挖第二层基坑,再安放直径较前缩小一级的第二层波纹钢外模,用同样施工方法完成多层上大下小的变直径波纹钢混凝土围堰,如图6-9d)所示。

(5)完成多层变径波纹钢混凝土围堰后,在基底铺填1m厚等粒径卵石层,在其中插入压浆管,如图6-9e)所示。

(6)在围堰内放水,浇筑水下混凝土封底,如图6-9f)所示。

(7)养护期后抽水,在围堰内绑扎桩体钢筋,安装内模。自下而上分层完成中下部钢筋混凝土空心桩基,如图6-9g)所示。

(8)安装梁板模,绑扎主次梁、顶板钢筋,完成钢筋混凝土空心桩基上部,如图6-9h)所示。

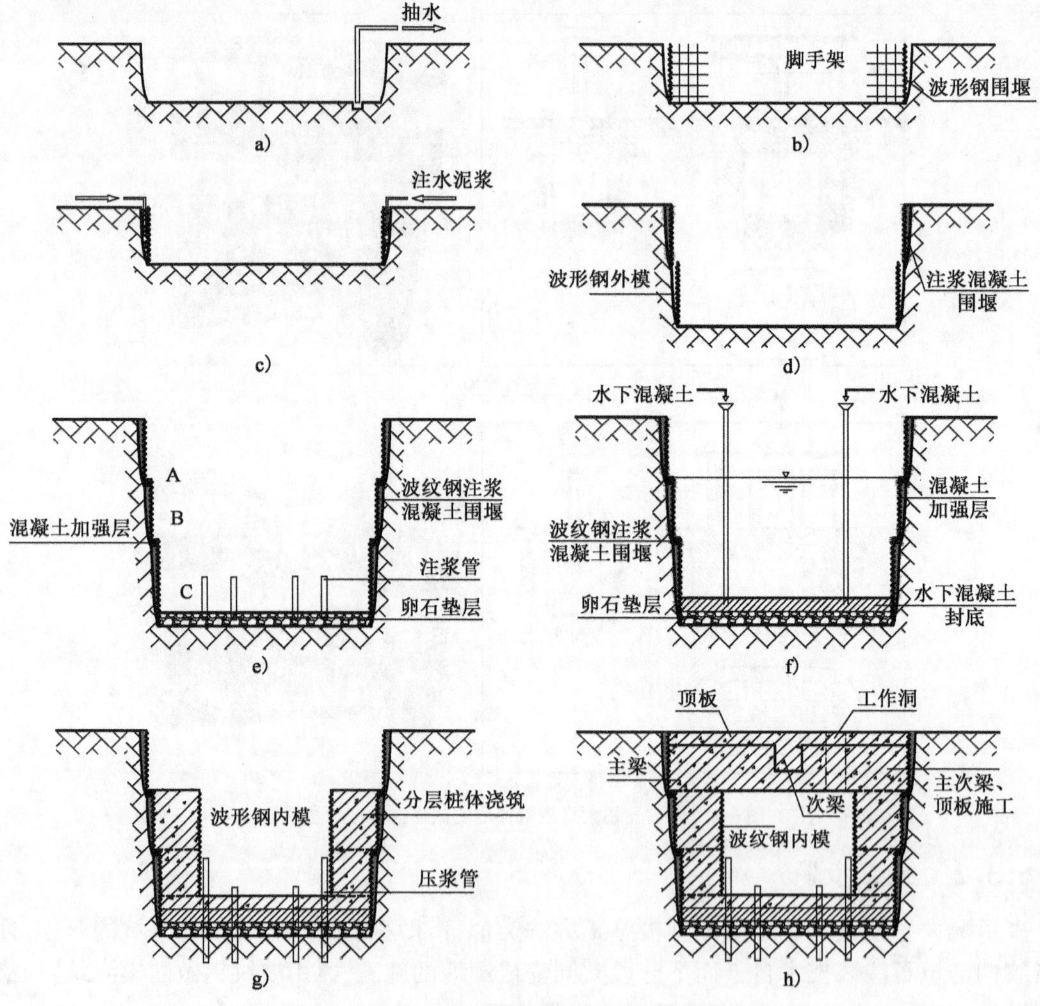

图6-9　新型超大直径阶梯形变截面空心桩施工工艺

6.4 超大直径阶梯形变截面空心桩的桩身受力性状

6.4.1 模型的建立

结合地质勘察报告及超大直径空心桩成桩工艺,采用 FLAC 3D 建立 1:1 吉安深圳大桥工程中 ϕ15m 超大直径变阶空心桩的 1/4 桩土三维模型,各结构模型及网格划分如图 6-10 所示。其中,模型土体为 40m×40m×50m 立方体,桩体模型分为围堰及桩身两部分,围堰侧壁厚度为 60cm,底板厚度为 150cm,墩柱截面尺寸与实际桥墩一直,但高度仅为 0.25m,作为施加桩顶荷载用。考虑到吉安深圳大桥中该桩桩身全部落于粉质黏土层之上,且上层杂填土、植表土厚度较小,故模拟土层仅设置一层。考虑计算精度并兼顾计算效率,模型桩身位置单元划分较密,以桩体、围堰及土体三者接触边缘网格划分最为致密,距桩中心越远单元划分越稀疏,其中桩体网格边长在 0.12 ~0.36m 之间,土体网格边长在 0.12 ~4m 之间。根据吉安深圳大桥工程地质勘察资料及施工资料显示,桩周土层为粉质黏土,桩体采用 C30 钢筋混凝土浇筑而成,围堰采用等粒径卵石回填、C30 素混凝土注浆,根据《混凝土结构设计规范》(GB 50010—2010)(2015 年版)的规定,钢筋混凝土的密度在 2400 ~2500kg/m^{3}之间,而素混凝土的密度在 2200 ~2400 kg/m^{3}之间,二者弹性模量相差并不大,在 10% 以内,故模拟取桩身与围堰弹性模量值一致,桩身密度取为 2500kg/m^3,围堰密度取为 2200kg/m^3。土体单元采用 Mohr-Coulomb 模型,桩体采用 Elastic 模型,各单元参数按表 6-2、表 6-3 进行选取(后文中数值模拟均采用此参数)。桩顶荷载主要包含墩柱、桥梁上部结构自重,并综合考虑施工期间及投入使用期间的活荷载,总荷载约为 50000kN,即本模拟桩顶施加荷载大小。

模型材料参数 表 6-2

单元	密度 (kg/m^3)	泊松比	弹性模量 (MPa)	体积模量 (MPa)	剪切模量 (MPa)	黏聚力 (kPa)	内摩擦角
桩体	2500	0.2	30000	16700	12500	—	—
围堰	2200	0.2	30000	16700	12500	—	—
土体	1950	0.3	25	20.83	9.62	60	20

接触面参数 表 6-3

单 元	$k_n = k_s$ (MPa)	黏聚力 (kPa)	摩擦角 (°)
接触面	1346	48	16

6.4.2 实用桩型应力分析

图 6-11 所示为 ϕ15m 超大直径变阶空心桩身竖向应力云图。由图可得,桩内空心侧壁及变阶处转角均出现较为明显的应力集中现象。由于桩体内部空心的存在,桩顶板及侧壁均出现了部分受拉区域;超大直径空心桩直径巨大,其单位深度的桩身自重较一般小直径桩要大得多,使得桩身竖向应力表现出先增大后减小的分布形式。

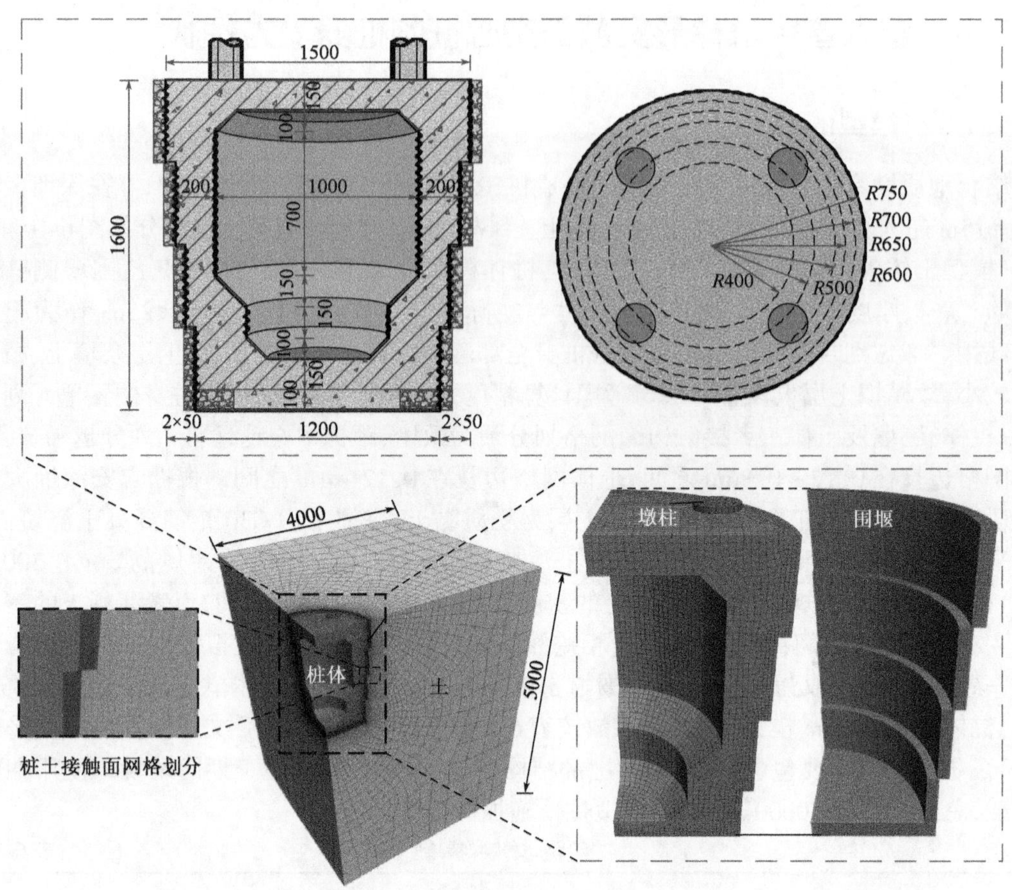

图 6-10　桩土模型及网格划分(尺寸单位:cm)

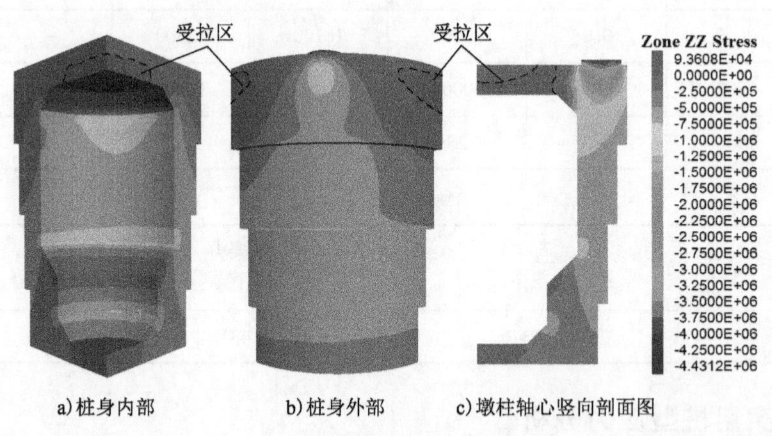

图 6-11　桩体竖向应力云图

围堰可作为桩身外模,对于桩体起到了一定的支撑保护作用,此外,围堰的存在相当于增大、增长了桩径及桩长,提高了桩承载力。图 6-12 所示为 ϕ15m 超大直径变阶空心桩周围堰的竖向应力云图。由图可见,在桩顶荷载作用下,首层围堰外侧出现了大范围的受拉区域,距离墩柱最近的侧壁上出现两处应力集中点,各层变截面处同样出现了应力集中点,其范围呈扇形沿深度递增;受桩顶荷载施加点布置特点及空心体的共同影响,围堰底板竖向应力表现出以圆点为中心沿径向向外递增的分布规律来。

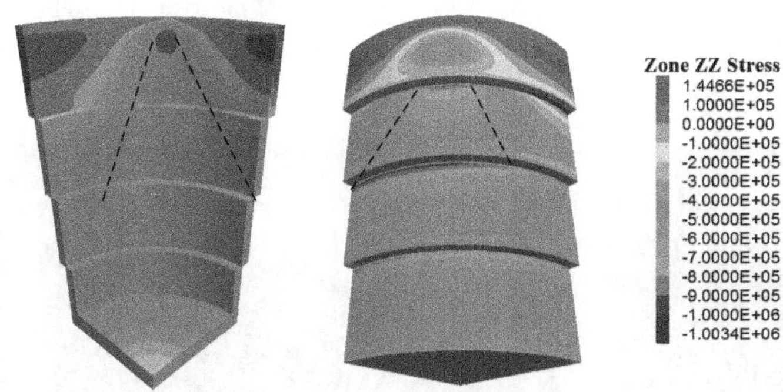

图 6-12 围堰竖向应力云图

图 6-13 为桩周土层的竖向应力云图。由图可见,受重力作用,土体应力总体表现出沿深度方向规则的分层递增的规律;在桩顶荷载作用下,桩周土体竖向应力有所增加,呈现出以桩为中心,沿径向递减的趋势。观察细部云图可以发现,受桩身剪切作用,变阶及桩端边缘处土体较同一深度土体而言应力略有下降,而变阶端中部土体的竖向应力则在桩顶荷载作用下,受桩体挤压而出现应力集中现象。

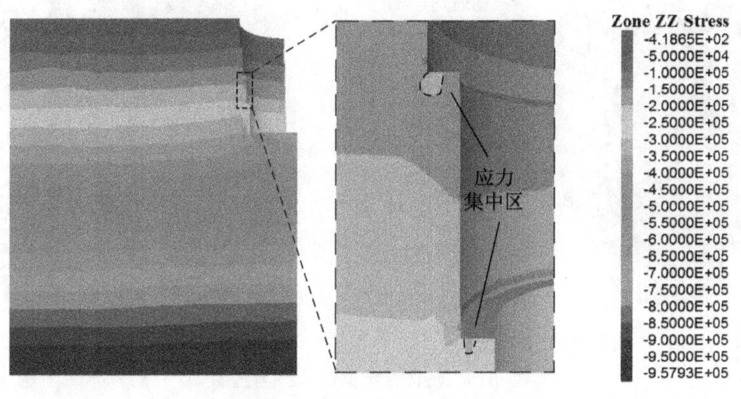

图 6-13 土体竖向应力云图

6.4.3 多工况桩体应力分析

通过 FLAC 3D 计算得到桩体应力云图,如图 6-14 所示。由三墩柱及四墩柱式桩体模型应力云图可得到类似的规律:最大压应力出现在桩基顶部施加竖向荷载的局部范围内,即墩柱和桩基接触处;沿桩体顶面外围、主次梁侧顶板及桩体上部侧壁均出现拉应力,此外,桩底侧壁沿长边方向亦出现一定范围的受拉区域。

由于新型桩体结构较为复杂,为便于观察桩体内部受力情况,分别列出桩基过轴心点 *XOZ* 平面、*YOZ* 平面及主次梁处剖面竖向应力云图,如图 6-15、图 6-16 所示。由图可知,最大压应力出现在竖向荷载施加处,并呈半球状由球心向外递减,桩内空心侧壁与桩底板交界处出现较为明显的应力集中现象；除桩体上部外围与桩底板出现部分拉应力外，受拉区域主要集中于主梁与次梁及梁与顶板连接处的一定范围内，四墩柱桩体首层短边变阶处亦出现一定范围的受拉区域。综上所述，新型桩在承受竖向荷载作用下，其受拉区域主要集中于桩体上部外围区域与主次梁交界处以及桩体下部的长边侧壁。因此，在应用新型桩时，应着重受拉区域的加固处理，尤以主次梁交界处为重。此外，可对桩体侧壁与底板交界处进行倒角处理来缓解桩内空心下部的应力集中现象。

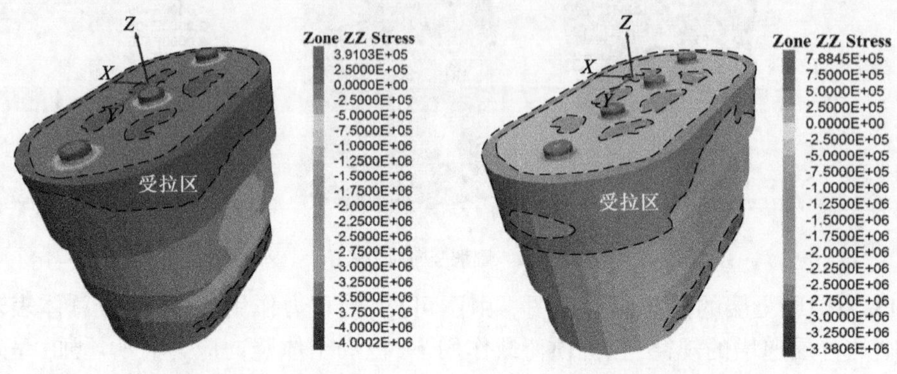

a）三墩柱式桩应力云图　　b）四墩柱式桩应力云图

图 6-14　桩体模型应力云图

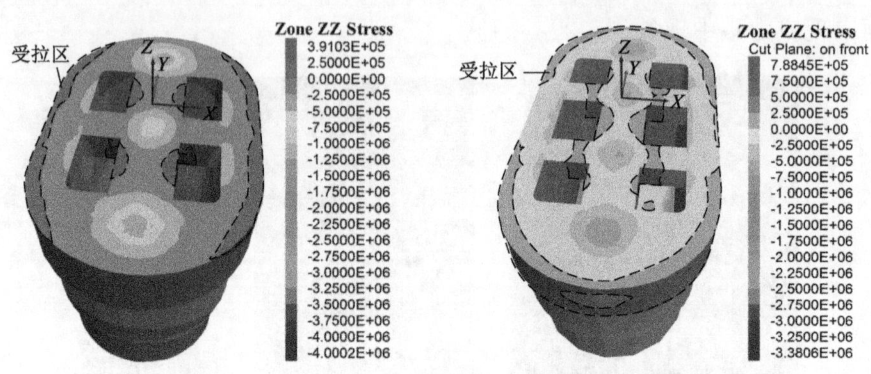

a）三墩柱式桩梁结构应力云图　　b）四墩柱式桩梁结构应力云图

图 6-15　桩体模型梁结构应力云图

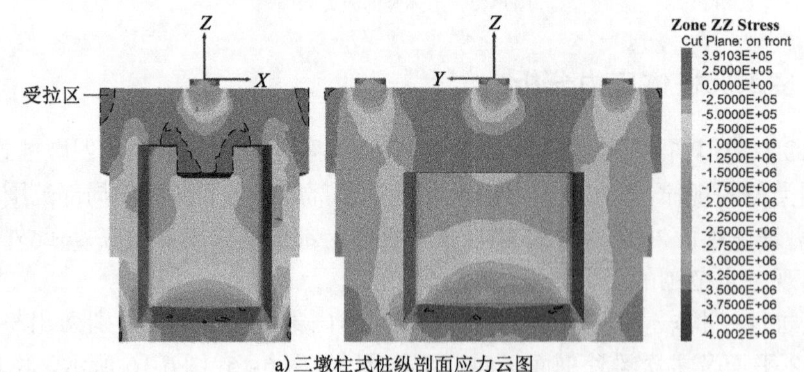

a）三墩柱式桩纵剖面应力云图

图　6-16

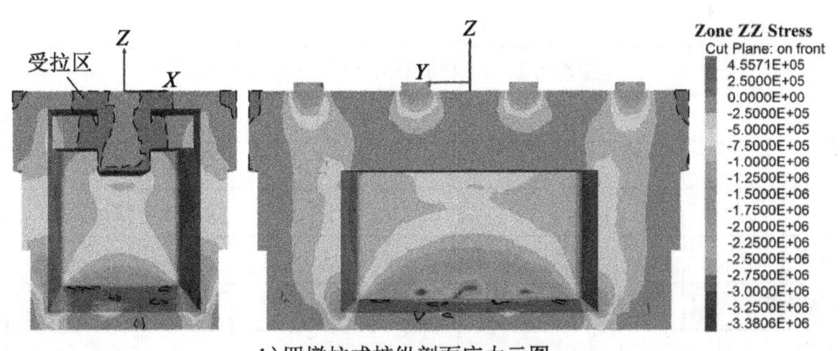

b)四墩柱式桩纵剖面应力云图

图 6-16　桩体模型纵剖面应力云图

6.5　经济社会效益

6.5.1　原设计方案成本核算

深圳大道跨铁路高架桥的起始 0 号桥台，左、右幅均设计为 3ϕ1.8m 钻孔桩。右幅先开工，由于施工区域下部无溶洞，施工较顺利，单根 ϕ1.8m 钻孔桩约 21 天完成，费用见表 6-4 中(二)：施工直接费用 12 万元/单桩，全幅钻孔直接费 3 × 12 = 36 万元。而左幅 3ϕ1.8m 钻孔桩遇有孔旁小溶洞，施工用尽了常规手段：①护筒(4.12 万元)、②回填片石(15.22 万元)、③注浆加固溶洞(35.29 万元)、④溶洞处理(34.23 万元)等，与溶洞有关的费用共 98.86 万元。这些处理手段又将工期延长至 9 个月 14 天(284 工日)，使租借的钻机闲置费达 128.8 万元、人工误工费达 336 万元，其中最严重的 1 根 ϕ1.8m 钻孔桩合计花费 254 万元。现将右、左幅各选 1 根 ϕ1.8m 钻孔桩作为代表，证明有溶洞的 100m，ϕ1.8m 钻孔桩时间增至(100/40) × 21 天 = 52.5 天。由此还可以得到溶洞施工时间增大系数 $\eta_1 = 284/52 = 5.5$，直接费增长系数 $\eta_2 = 254/12 = 21$。采用这两根代表性钻孔桩比较系数对原设计钻孔桩遇到串珠式溶洞时所需费用进行推算，由此得到波纹钢外包混凝土围堰挖孔空心桩的经济效益。

左、右幅桥台钻孔直接费用对比(桥台 3ϕ1.8m 钻孔桩施工)　　表 6-4

(一)左幅桥其中 1 根有最不利溶洞的桩实际费用				
名称	单位	单价(元)	数量	费用(万元)
起重机	月	1800	3.6	0.65
挖机	月	24000	3.6	8.64
C30，ϕ1.80m 钻孔桩	m	840	43.33	3.64
钢筋	t	500	9.538	0.48
水下 C30 混凝土	m^3	290	129.6	3.76
①溶洞处理	m^3	420	815.1	34.23
②超灌 C30 混凝土	m^3	290	65.4	1.90
③护筒跟进	m^3	8444.20	4.9	4.12
④灌注 C20 混凝土	m^3	290	22	0.64

续上表

(一)左幅桥其中1根有最不利溶洞的桩实际费用				
名称	单位	单价(元)	数量	费用(万元)
⑤回填片石	m^3	66.68	2282.82	15.22
⑥钻孔	m^3	230.76	523	12.07
⑦注浆加固	m^3	520.55	678	35.29
钻机停工(租借计算)	月	230000	5.60	128.80
人工误工费	月	6000	5.60	3.36
单根 ϕ1.8m 桩	时间:284 天			254 万元/根
桥台 3ϕ1.8m 桩	3×254=762 万元			
(二)没有溶洞右幅桥实际1根桩价格				
名称	单位	单价(元)	数量	费用(万元)
起重机	月	1800	0.7	0.13
挖机	月	24000	0.7	1.68
C30,ϕ1.80m 钻孔桩	m	840	40.031	3.36
钢筋(工费)	t	500	7.78	0.39
钢筋材料	t	4073	7.78	3.17
混凝土材料	m^3	290	101.81	2.95
合计	时间:21 天			12 万元/根
桥台 3ϕ1.8m 桩	3×12=36 万元			

2012 年初大桥钻孔桩工程开工,6 个桥墩位置钻孔作业时连续出现漏浆、塌孔和溶洞掉钻头等现象无法解决,导致工程中途停工。经专家分析后,对跨吉衡铁路两侧 L1、L2 和 L3 桥墩位置补充进行了 CT 和雷达波检测,发现墩位下存在 80m 深的串珠状溶洞,且坚硬石灰岩层厚度均小于设计所需的 4m,无法设计摩擦桩或支承桩,因此桩长应加大至 $L=100$m,即考虑用超过 80m 后的 20m 地层来作为摩擦支承。按常规无溶洞的情况,计算单根 ϕ1.8m 钻孔桩的费用,见表 6-5,总费用为 33.6 万元/根×6 根=202 万元/墩。按前述 0 号桥台两根有溶洞和无溶洞的桩工程直接费对比,造价提高系数按照 21 倍计算,考虑到中墩处有 80m 深串珠式溶洞的实际情况,故钻孔桩应加长 20m,按总长 100m 计算。这样采用 100m 长的钻孔桩需要加上护筒跟进、片石填洞、钻孔、注浆、反复冲孔、打捞钻头等处理溶洞的常规手段,其工期要延长 $t=(100/40)\times21$ 天 $=52.5$ 天,钻孔的直接费提高系数 $\eta=21$ 倍,共计 21×202=4242 万元。混凝土体积 15300m^3,因此单位体积的直接费用为 2.8 万元/m^3,如此昂贵的造价和长时间冲孔桩方案是不可接受的。

中墩设计 6ϕ1.8m 钻孔桩无溶洞中施工直接费 表 6-5

名称	单位	单价(元)	数量	费用(万元)
起重机	月	1800	3	0.54
冲击钻机	月	24000	3	7.2
C30,ϕ1.80m 钻孔桩	m	840	100	8.4
钢筋(工费)	t	500	22.0279	1.1

续上表

<table>
<tr><th>名称</th><th>单位</th><th>单价(元)</th><th>数量</th><th>费用(万元)</th></tr>
<tr><td>钢筋材料</td><td>t</td><td>4073</td><td>22.0279</td><td>9.0</td></tr>
<tr><td>水下混凝土工程</td><td>m^3</td><td>290</td><td>254.3</td><td>7.4</td></tr>
<tr><td>合计(单根)</td><td colspan="3">工作时间(100/40)×21 天 =52.5 天</td><td>33.6 万元</td></tr>
<tr><td>A.正常情况下钻孔桩(双排 6ϕ1.8m)</td><td colspan="4">无溶洞 33.6×6 =202 万元：
①桩径 6ϕ1.8m；面积 $A=6\times25.5=153\text{m}^3$；
②桩长 $n=40\text{m}$；体积 6120m^3；
③施工直接费 2020000/6120 =331 元/m^3</td></tr>
<tr><td>溶洞提高系数
$\eta=B/A$</td><td colspan="4">0 号桥台右幅(无溶洞)和左幅(有溶洞)两根 ϕ1.8m 钻孔桩，对比得到溶洞提高系数 η：
①时间增长系数 $\eta_1=284/52=5.5$ 倍；
②直接费用增大系数 $\eta_2=254$ 万/12 =21 倍</td></tr>
<tr><td>B.有溶洞钻孔桩 (6ϕ1.8m)</td><td colspan="4">①有溶洞时间 $t=\eta_1\cdot t_0=5.5\times52$ 天 =286 天；
②有溶洞费用 $M=\eta_2 M_1=21\times202=4242$ 万元</td></tr>
</table>

6.5.2 新型桩基经济效益

深圳大桥左幅中墩波纹钢挖孔空心桩直接施工费用见表 6-6，具体施工费用如下：

(1)总费用 827 万元，其中挖孔空心桩 220 万元占总费用 27%，空心桩周和底部对原溶洞进行钻孔、注浆加固费用 607 万元，占总费用 73%。该项施工步骤是在波纹钢挖孔空心桩完成以后进行，能够与立柱、帽梁同时施作，不占用工期。

(2)空心桩总费用与进洞桩基相比仅为 19%，6ϕ1.8m 钻孔桩穿入溶洞情况下的造价 4242 万元。说明采用不进溶洞的超大直径(ϕ15m/ϕ12m)×16m 深(波纹钢外包混凝土围堰挖孔空心桩 + 桩底注浆填实溶洞)的施工方案相比传统 6ϕ1.8m×100m 深的冲击钻孔桩方案的施工直接费节省了 4242 −827 =3415 万元(约占 80%)。

(3)采用不进溶洞的超大直径(ϕ15m/ϕ12m)空心桩基础的工期仅 63 天，仅为进洞处理的 6ϕ1.8m 钻孔桩工期 653 天的 10%，即空心桩比钻孔桩快 9 倍。

(4)按照左幅 L1、L2 中间墩空心桩对比加深的钻孔桩，仅一个桥墩就节省 3415 万元。

吉安深圳大道跨铁路高架桥中墩挖孔桩直接费用 表 6-6

<table>
<tr><td rowspan="7">波形钢围堰挖孔空心桩基础
(ϕ15m/ϕ12m)</td><td colspan="5">①L1、L2 挖孔桩工程直接费</td></tr>
<tr><td>名称</td><td>单位</td><td>单价(元)</td><td>数量</td><td>费用(万元)</td></tr>
<tr><td>挖掘机挖土</td><td>m^3</td><td>108</td><td>2656</td><td>28.69</td></tr>
<tr><td>空心桩混凝土浇筑</td><td>m^3</td><td>166</td><td>1268</td><td>21.06</td></tr>
<tr><td>护壁混凝土浇筑</td><td>m^3</td><td>80</td><td>501</td><td>4.01</td></tr>
<tr><td>挖孔桩钢筋加工</td><td>t</td><td>550</td><td>79</td><td>4.31</td></tr>
<tr><td>C30 混凝土</td><td>m^3</td><td>358</td><td>1769</td><td>63.35</td></tr>
</table>

续上表

<table>
<tr><td rowspan="16">波形钢围堰挖孔空心桩基础
(φ15m/φ12m)</td><td colspan="6">①L1、L2 挖孔桩工程直接费</td></tr>
<tr><td>钢筋</td><td>t</td><td>4073</td><td>78</td><td colspan="2">31.95</td></tr>
<tr><td>波纹钢安装</td><td>m</td><td>70</td><td>995</td><td colspan="2">6.97</td></tr>
<tr><td>运土方</td><td>m^3</td><td>20</td><td>2656</td><td colspan="2">5.31</td></tr>
<tr><td>打混凝土</td><td>m^3</td><td>30</td><td>1619</td><td colspan="2">4.86</td></tr>
<tr><td>钻孔</td><td>m</td><td>238</td><td>3863</td><td>91.82</td><td rowspan="2">607</td></tr>
<tr><td>注浆加固</td><td>m^3</td><td>519</td><td>9928</td><td>515.06</td></tr>
<tr><td>合计</td><td colspan="5">777.39 万元</td></tr>
<tr><td colspan="6">②L1、L2 挖孔桩材料费用</td></tr>
<tr><td>名称</td><td>单位</td><td>单价(元/m)</td><td>数量</td><td colspan="2">费用(万元)</td></tr>
<tr><td>波纹钢(外)5mm</td><td>m</td><td>511</td><td>678.32</td><td colspan="2">34.66</td></tr>
<tr><td>波纹钢(内)4mm</td><td>m</td><td>435</td><td>317.17</td><td colspan="2">13.80</td></tr>
<tr><td>合计</td><td colspan="5">48.46 万元</td></tr>
<tr><td colspan="6">③L1、L2 挖孔桩机械费用</td></tr>
<tr><td>1000kN 起重机台班
(挖掘机起吊)</td><td>台班</td><td>15000</td><td>1</td><td colspan="2">1.5 万元</td></tr>
<tr><td>合计</td><td colspan="5">1.5 万元</td></tr>
<tr><td></td><td>①②③总计</td><td colspan="5">(φ15m/φ14m/φ13m/φ12m)空心桩总计 827 万元</td></tr>
<tr><td colspan="2">A. 6φ1.8m 钻孔桩方案</td><td>工期</td><td>2.3×284=653 天</td><td>造价</td><td colspan="2">21×202=4242 万元</td></tr>
<tr><td colspan="2">B. 波纹钢挖孔空心桩方案</td><td>工期</td><td>63 天
(工期仅为传统钻孔桩的 10%)</td><td>造价</td><td colspan="2">777.39+48.46+1.5=827 万元
(造价仅为传统钻孔桩的 19%)</td></tr>
</table>

综上所述,在吉安深圳大桥桩基设计中创造性应用超大直径变截面空心桩,按照左幅 L1 与 L2 中间墩空心桩对比加深的钻孔桩,一个桥墩可节省成本约 3415 万元,而全桥共 6 根新型基桩,考虑到其他几根新型桥桩的尺寸整体略小(考虑 0.6 的成本折减),保守估算可节省成本约 3415+3415×0.6×5=13660 万元。吉安深圳大桥高架桥工程的成功实践,展示了首创的波纹钢围堰变截面挖孔空心桩的重大经济意义,打破了覆盖型岩溶桥梁桩基施工的困局,为覆盖型岩溶区公路桥梁建设提供了重要借鉴,整体提升了我国桥梁桩基的建造技术水平。

本章参考文献

《工程地质手册》编委会, 2007. 工程地质手册:第 4 版[M]. 北京:中国建筑工业出版社:1099.

方焘, 2012. 阶梯形变截面桩变形及承载特性研究[D]. 重庆:重庆大学.

冯忠居, 谢永利, 上官兴, 2005. 桥梁桩基新技术:大直径钻埋预应力混凝土空心桩[M]. 北京:人民交通出版社:174.

郭志广，魏丽敏，何群，等，2014. 基于双曲线模型的增强型桩荷载传递特性研究[J]. 水文地质工程地质. 41(4)：68-74.

李宁，韩火亘，1999. 单桩复合地基加固机理数值试验研究[J]. 岩土力学. 20(4)：42-49.

刘成宇，1990. 土力学：第2版[M]. 北京：中国铁道出版社：306.

楼晓明，房卫祥，费培芸，等，2005. 单桩与带承台单桩荷载传递特性的比较试验[J]. 岩土力学. 26(9)：1399-1402.

吕福庆，吴文，1995. 桩的垂直静载试验极限承载力判定方法综述[J]. 岩土力学(4)：85-93.

孙书伟，林杭，任连伟，2011. FLAC 3D 在岩土工程中的应用[M]. 北京：中国水利水电出版社：438.

王俊炜，2014. 变截面与等截面管桩单桩承载性状及经济对比分析[D]. 株洲：湖南工业大学.

徐江，龚维明，张琦，等，2017. 大口径钢管斜桩竖向承载特性数值模拟与现场试验研究[J]. 岩土力学. 38(8)：2434-2440.

徐维钧，2007. 桩基施工手册[M]. 北京：人民交通出版社.

杨有莲，朱俊高，2008. 钻孔变截面灌注桩的荷载传递特性[J]. 水利水电科技进展，36(3)：37-39.

易耀林，刘松玉，李涛，等，2009. 钉形搅拌桩单桩承载力及荷载传递特性的数值模拟研究[J]. 岩土力学. 30(6)：1843-1849.

周杨，肖世国，徐骏，等，2017. 变截面螺纹桩竖向承载特性试验研究[J]. 岩土力学. 38(3)：747-754.

中国建筑科学研究院，2014. 建筑桩基检测技术规范：JGJ 106—2014[S]. 北京：中国建筑工业出版社.

Jiang S, Huang M, Fang T, et al, 2019. A new large step-tapered hollow pile and its bearing capacity[J]. Proceedings of the Institution of Civil Engineers - Geotechnical Engineering, 173(3): 1-37.